高等职业教育药学类专业规划教材

分析化学

第二版

谢美红　闫冬良　李　春　主编

 化学工业出版社

·北京·

《分析化学》介绍了分析化学的相关知识，主要内容有绪论、误差与分析数据处理、滴定分析法概论、滴定分析常用仪器及基本操作、酸碱滴定法、沉淀滴定法、氧化还原滴定法、配位滴定法、电位法和永停滴定法、紫外-可见分光光度法、原子吸收分光光度法、荧光分析法和色谱分析法等。书中集中设计编写了三十个操作技能项目，以便训练和提高学生的实践操作技能。书末附有达标测评参考答案和附录，以便自学查阅。为方便教学，本书配有电子课件。

本书可供高等职业院校药学类专业、医学检验专业及相关专业使用，也可作为分析化学从业人员的参考资料。

图书在版编目（CIP）数据

分析化学/谢美红，闫冬良，李春主编．—2版．—北京：化学工业出版社，2020.7（2023.1重印）
高等职业教育药学类专业规划教材
ISBN 978-7-122-36743-3

Ⅰ.①分⋯　Ⅱ.①谢⋯②闫⋯③李⋯　Ⅲ.①分析化学-高等职业教育-教材　Ⅳ.①O65

中国版本图书馆CIP数据核字（2020）第082043号

责任编辑：旷英姿　李　瑾　　　　　　　　装帧设计：史利平
责任校对：王鹏飞

出版发行：化学工业出版社（北京市东城区青年湖南街13号　邮政编码100011）
印　　装：三河市延风印装有限公司
787mm×1092mm　1/16　印张14¼　字数357千字　2023年1月北京第2版第4次印刷

购书咨询：010-64518888　　　　　　　　　　售后服务：010-64518899
网　　址：http://www.cip.com.cn
凡购买本书，如有缺损质量问题，本社销售中心负责调换。

定　价：39.00元　　　　　　　　　　　　　　　　版权所有　违者必究

编写人员名单

主　　编　谢美红　闫冬良　李　春
副 主 编　张彧璇　王海燕　邱承晓　杜庆波
编写人员（以姓名笔画为序）
　　　　　　马纪伟　南阳医学高等专科学校
　　　　　　王海燕　山东省莱阳卫生学校
　　　　　　闫冬良　南阳医学高等专科学校
　　　　　　杜庆波　皖北卫生职业学院
　　　　　　李　春　江苏省南通卫生高等职业技术学校
　　　　　　邱承晓　山东省莱阳卫生学校
　　　　　　张　立　安庆医药高等专科学校
　　　　　　张彧璇　廊坊卫生职业学院
　　　　　　郑　杰　滁州城市职业学院
　　　　　　徐　昊　浙江海宁卫生学校
　　　　　　接明军　山东省莱阳卫生学校
　　　　　　黄俊娴　广东省湛江卫生学校
　　　　　　彭文毫　广东省湛江卫生学校
　　　　　　焦志峰　南阳医学高等专科学校
　　　　　　谢美红　山东省莱阳卫生学校

前言

为了坚持党的全面领导，坚持立德树人，增强岗位适应能力、服务经济社会发展，推进文化传承创新、提升职业教育人才培养水平，全面提高高等职业教育质量，培养德智体美劳全面发展的社会主义建设者和接班人，根据全国高职高专药学类专业、检验专业教育改革和发展的需要，由化学工业出版社组织相关院校的教师对2013年出版的《分析化学》教材进行修订。

在修订过程中，以就业为导向、能力为本位，注重素质教育，将思想性、科学性、先进性、启发性和实用性融为一体，力求把握思政方向，突出实践能力，强调理论知识为实践服务。对于基础理论以"应用"为目的，以"必需""够用"为度，省略不必要的推导过程，重在讲清概念，紧贴职业岗位的实际应用，文字叙述力求简洁、准确、明晰。在保持第一版教材风格的前提下，做了如下调整：

1. 把电位滴定法及永停滴定法放在滴定分析法之后，便于显示它们之间的异同之处，利于用对比法进行学习。

2. 把涉及光学分析法的章节集中放在一起，并增加荧光分析法，便于学习者全面认识分子吸收、原子吸收、分子发射等分析法之间的区别与联系。

3. 扩充气相色谱分析法的相关知识，拉近学校教育与职业岗位需求的距离。

4. 涉及实际应用的实例和技能操作，均以《中华人民共和国药典》（2015年版，二部）和《药品检验仪器操作规程》（中国医药科技出版社2010年版）为依据。

本教材的主要内容有绪论、误差与分析数据处理、滴定分析法概论、滴定分析常用仪器及基本操作、酸碱滴定法、沉淀滴定法、氧化还原滴定法、配位滴定法、电位法和永停滴定法、紫外-可见分光光度法、原子吸收分光光度法、荧光分析法和色谱分析法等，每章前有"学习目标"，供学生在学习中把握重点；正文中设计了"课堂活动""知识链接""知识拓展""化学与医学""化学与生活"等模块，增强教材内容的可读性和趣味性；正文之后，编排了必要的达标测评，便于及时复习巩固。书中集中设计编写了三十个操作技能项目，以便训练和提高学生的实践操作技能。书末附有达标测评参考答案和附录，以便自学查阅。

本教材由山东省莱阳卫生学校谢美红、南阳医学高等专科学校闫冬良、江苏省南通卫生高等职业技术学校李春担任主编；由廊坊卫生职业学院张彧璇、山东省莱阳卫生学校王海燕和邱承晓、皖北卫生职业学院杜庆波担任副主编；由其他相关院校的教师担任编者共同编写。具体分工为：彭文毫编写第一章、技能操作六；黄俊娴编写第二章、技能操作七；马纪伟编写第三章、技能操作四、五；李春编写第四章、技能操作一至三；杜庆波编写第五章、技能操作八、九；张立编写第六章、技能操作十九至二十一；谢美红和王海燕共同编写第七章、技能操作十三、十四、十七、十八和课后附录；徐昊编写第八章、技能操作十一、十二；张彧璇编写第九章、技能操作十五、十六、二十四；接明军编写第十章、技能操作二十二、二十三；郑杰编写第十一章；闫冬良编写第十二章，参与编写第十三章；焦志峰参与编写第十三章、技能操作十；邱承晓编写技能操作二十五至三十。全书由闫冬良统稿。

在本书修订过程中，得到了化学工业出版社和全体编者所在单位的大力支持与帮助，在此表示衷心感谢！由于编者水平所限，书中疏漏之处在所难免，敬请广大师生不吝赐教。

编　者
2020 年 4 月

第一版前言

为了深入贯彻教育部全面提高高等教育质量的若干意见以及"2011 计划",大力提升人才培养水平、增强科学研究能力、服务经济社会发展、推进文化传承创新,全面提高高等教育质量,根据全国高职高专药学类专业、检验专业教育改革和发展的需要,教学以就业为导向、能力为本位、学生为主体的指导思想和原则,培养高素质技能型专门人才,确立了本课程的教学内容,编写了教学大纲和本教材。

本教材在编写过程中注重内容的思想性、科学性、先进性、启发性和实用性,将以素质教育为基础、能力培养为本位贯穿始终,力求突出实践能力的培养,强调理论知识的应用。对于基础理论以"应用"为目的,以"必需""够用"为度,省略不必要的推导过程,重在讲清概念,紧贴实际应用。文字叙述力求简洁、明晰。每章前有"学习目标",供学生在学习中把握重点,章后附有达标测评及答案。本教材由理论部分和实验部分(分析化学操作技能)组成,这给学生的使用提供了方便。本教材有如下特点。

1. 编写伊始,征求了许多省、市的高职高专药学类专业、检验专业老师的意见和建议,使教学内容适应不同地区、不同学校的药学类专业、检验专业"分析化学"课程教学的需求。

2. 每一章都从知识和技能两方面提出本章内容的"学习目标",让学生根据学习目标有的放矢地学习。

3. 为了激发学生的学习兴趣,增强教材内容的可读性、趣味性,设计了"课堂活动""知识链接""知识拓展""化学与医学""化学与生活"等内容;实验内容上强化药品测定的操作技能、数据记录与结果分析,让学生学有所用,为将来就业打下良好的基础。

4. 每章课后编写适量的达标测评内容,用于学生理解、巩固所学知识及教师检查学生的学习效果。

5. 教材后编写了 30 个操作技能,多为药品分析、含量测定等与药学类专业及检验专业相关的内容,用于加强培养学生动手操作和分析问题、解决问题的能力。

6. 本教材涉及的滴定液浓度的表示、滴定液的配制与标定和常用药物的测定方法均以《中华人民共和国药典》(2010 年版,二部)为依据,计量单位及符号均用国际单位制(样品含量采用质量分数)表示。

本教材由山东省莱阳卫生学校谢美红、南通体臣卫生学校李春老师担任主编;廊坊卫生职业学院张彧璇老师、山东省莱阳卫生学校接明军老师和邱承晓老师及皖北卫生职业学院杜庆波老师担任副主编。理论部分具体分工为：彭文毫编写第一章，黄俊娴编写第二章，马纪伟编写第三章，李春编写第四章，杜庆波编写第五章，张立编写第六章，谢美红编写第七章及附录，徐杲编写第八章，接明军编写第九章，焦志峰编写第十章，张彧璇编写第十一章，郑杰编写第十二章。分析化学操作技能编写分工如下：李春编写操作技能一至三，马纪伟编写操作技能四、五，彭文毫编写操作技能六，黄俊娴编写操作技能七，杜庆波编写操作技能八至十，徐杲编写操作技能十一、十二，谢美红编写分析化学操作技能基础知识及操作技能十三、十四、十七、十八，张彧璇编写操作技能十五、十六、三十，张立编写操作技能十九至二十一，接明军编写操作技能二十二、二十三，邱承晓编写操作技能二十四至二十九。全书由谢美红、李春统稿。

  本书在编写过程中，得到了编者所在单位的大力支持和帮助，在此表示衷心的感谢。化学工业出版社也为本书出版做了大量的工作，在此表示衷心的感谢。由于编者水平所限，书中存在的不足之处在所难免，敬请广大师生不吝指教。

编者
2013 年 5 月

目 录

第一章 绪论 … 1
第一节 分析化学的任务和作用 … 1
第二节 分析方法的分类 … 2
　一、按照分析的任务分类 … 2
　二、按照分析的对象分类 … 2
　三、按照分析的原理分类 … 2
　四、按照"量"的概念分类 … 3
第三节 分析过程与步骤 … 3
　一、测定方案的设计 … 4
　二、试样的采集 … 4
　三、试样的分解 … 5
　四、定性鉴定 … 5
　五、含量测定 … 5
　六、计算与报告分析结果 … 5
达标测评 … 5

第二章 误差与分析数据处理 … 7
第一节 测量值的准确度与精密度 … 7
　一、准确度与误差 … 7
　二、精密度与偏差 … 8
　三、准确度与精密度的关系 … 10
第二节 提高分析结果准确度的方法 … 10
　一、误差的分类 … 10
　二、提高分析结果准确度的方法 … 11
第三节 有效数字与分析数据处理 … 12
　一、有效数字及其运算规则 … 12
　二、可疑值的取舍 … 13
　三、有效数字的运算在分析实验中的应用 … 14
达标测评 … 15

第三章 滴定分析法概论 … 18
第一节 概述 … 18

  一、滴定分析法的基本概念 ………………………………………………………… 18
  二、滴定反应的基本条件 …………………………………………………………… 19
  三、滴定分析法的分类 ……………………………………………………………… 19
  四、滴定分析法的主要滴定方式 …………………………………………………… 20
 第二节　滴定液 …………………………………………………………………………… 20
  一、滴定液浓度的表示方法 ………………………………………………………… 20
  二、滴定液的配制 …………………………………………………………………… 22
 第三节　滴定分析法的计算 ……………………………………………………………… 23
  一、滴定分析中的计量关系 ………………………………………………………… 23
  二、滴定分析法的有关计算 ………………………………………………………… 25
 达标测评 …………………………………………………………………………………… 28

◎ 第四章　滴定分析常用仪器及基本操作　　31

 第一节　电子天平 ………………………………………………………………………… 31
  一、电子天平的称量原理 …………………………………………………………… 31
  二、电子天平的结构 ………………………………………………………………… 32
  三、电子天平的操作方法 …………………………………………………………… 32
  四、电子天平的特点 ………………………………………………………………… 35
  五、电子天平的使用注意事项 ……………………………………………………… 35
  六、电子天平常见故障及其排除 …………………………………………………… 35
 第二节　滴定管 …………………………………………………………………………… 36
  一、滴定管的类型与规格 …………………………………………………………… 36
  二、滴定管的操作方法 ……………………………………………………………… 37
  三、滴定的校准 ……………………………………………………………………… 39
  四、滴定液的温度补准 ……………………………………………………………… 40
 第三节　容量瓶 …………………………………………………………………………… 41
  一、容量瓶的类型与规格 …………………………………………………………… 41
  二、容量瓶的操作方法 ……………………………………………………………… 41
  三、容量瓶的注意事项 ……………………………………………………………… 42
 第四节　移液管 …………………………………………………………………………… 43
  一、移液管的类型与规格 …………………………………………………………… 43
  二、移液管的操作方法 ……………………………………………………………… 43
  三、移液管与容量瓶的相对校准 …………………………………………………… 44
 达标测评 …………………………………………………………………………………… 45

◎ 第五章　酸碱滴定法　　48

 第一节　酸碱指示剂 ……………………………………………………………………… 48
  一、酸碱指示剂的变色原理 ………………………………………………………… 48
  二、指示剂的变色范围 ……………………………………………………………… 49
  三、常用的酸碱指示剂 ……………………………………………………………… 49

第二节 酸碱滴定曲线和指示剂的选择 ………………………………………… 50
　一、强酸与强碱的滴定 ………………………………………………………… 50
　二、一元弱酸、弱碱的滴定 …………………………………………………… 52
　三、多元酸、碱的滴定 ………………………………………………………… 55
第三节 酸碱滴定液的配制 ………………………………………………………… 57
　一、0.1mol/L NaOH 滴定液的配制 …………………………………………… 57
　二、0.1mol/L HCl 滴定液的配制 ……………………………………………… 57
第四节 酸碱滴定法的应用 ………………………………………………………… 58
　一、乙酰水杨酸（阿司匹林）的含量测定 …………………………………… 58
　二、药用碳酸氢钠的含量测定 ………………………………………………… 59
　三、药用氢氧化钠的含量测定 ………………………………………………… 59
第五节 非水溶液酸碱滴定法 ……………………………………………………… 60
　一、非水溶剂 …………………………………………………………………… 60
　二、非水溶液酸碱滴定的类型及应用 ………………………………………… 62
达标测评 ……………………………………………………………………………… 65

◎ 第六章 沉淀滴定法　68

第一节 概述 ………………………………………………………………………… 68
第二节 铬酸钾指示剂法 …………………………………………………………… 69
　一、铬酸钾指示剂法的原理和条件 …………………………………………… 69
　二、$AgNO_3$ 滴定液的配制 …………………………………………………… 70
　三、应用与实例 ………………………………………………………………… 70
第三节 铁铵矾指示剂法 …………………………………………………………… 71
　一、铁铵矾指示剂法的原理和条件 …………………………………………… 71
　二、KSCN 滴定液的配制 ……………………………………………………… 72
　三、应用与实例 ………………………………………………………………… 72
第四节 吸附指示剂法 ……………………………………………………………… 73
　一、吸附指示剂法的原理及条件 ……………………………………………… 73
　二、应用与实例 ………………………………………………………………… 74
达标测评 ……………………………………………………………………………… 75

◎ 第七章 氧化还原滴定法　77

第一节 概述 ………………………………………………………………………… 77
第二节 高锰酸钾法 ………………………………………………………………… 77
　一、基本原理 …………………………………………………………………… 77
　二、$KMnO_4$ 滴定液的配制 …………………………………………………… 78
　三、应用与实例 ………………………………………………………………… 79
第三节 碘量法 ……………………………………………………………………… 80
　一、直接碘量法 ………………………………………………………………… 80
　二、间接碘量法 ………………………………………………………………… 80

三、滴定液的配制 …………………………………………………………………… 81
　　四、应用与实例 ……………………………………………………………………… 83
第四节　其他氧化还原滴定法 …………………………………………………………… 84
　　一、亚硝酸钠法 ……………………………………………………………………… 84
　　二、硫酸铈法 ………………………………………………………………………… 85
　　三、溴酸钾法 ………………………………………………………………………… 85
达标测评 ……………………………………………………………………………………… 85

第八章　配位滴定法　　88

第一节　EDTA 及其配合物 ……………………………………………………………… 88
　　一、EDTA 的结构与性质 …………………………………………………………… 88
　　二、EDTA 与金属离子配位反应的特点 …………………………………………… 89
　　三、酸碱度对配位反应的影响 ……………………………………………………… 90
第二节　金属指示剂 ……………………………………………………………………… 91
　　一、金属指示剂的作用原理 ………………………………………………………… 92
　　二、金属指示剂应具备的条件 ……………………………………………………… 92
　　三、常用的金属指示剂 ……………………………………………………………… 92
第三节　滴定液 …………………………………………………………………………… 94
　　一、制备近似 0.05mol/L EDTA 溶液 ……………………………………………… 94
　　二、0.05mol/L EDTA 滴定液的标定 ……………………………………………… 94
第四节　配位滴定法的应用 ……………………………………………………………… 94
　　一、水的总硬度测定 ………………………………………………………………… 94
　　二、氯化钙注射液含量的测定 ……………………………………………………… 95
　　三、药用硫酸镁的含量测定 ………………………………………………………… 95
达标测评 ……………………………………………………………………………………… 96

第九章　电位法和永停滴定法　　98

第一节　概述 ……………………………………………………………………………… 98
　　一、参比电极 ………………………………………………………………………… 98
　　二、指示电极 ………………………………………………………………………… 100
　　三、pH 复合电极 …………………………………………………………………… 103
第二节　直接电位法测定溶液 pH ……………………………………………………… 103
　　一、测定原理 ………………………………………………………………………… 104
　　二、测定方法 ………………………………………………………………………… 104
　　三、酸度计简介 ……………………………………………………………………… 106
第三节　电位滴定法 ……………………………………………………………………… 106
　　一、基本原理 ………………………………………………………………………… 106
　　二、确定滴定终点的方法 …………………………………………………………… 106
第四节　永停滴定法 ……………………………………………………………………… 107
　　一、原理及分类 ……………………………………………………………………… 107

二、应用与实例 …………………………………………………………………………… 109
　达标测评 ……………………………………………………………………………………… 109

◎ 第十章　紫外-可见分光光度法　　111

　第一节　概述 ………………………………………………………………………………… 111
　　一、光的本质与物质的颜色 ……………………………………………………………… 111
　　二、光的吸收定律 ………………………………………………………………………… 112
　　三、吸光系数 ……………………………………………………………………………… 113
　　四、吸收光谱 ……………………………………………………………………………… 115
　第二节　紫外-可见分光光度计 ……………………………………………………………… 115
　　一、紫外-可见分光光度计的基本结构 ………………………………………………… 116
　　二、紫外-可见分光光度计的类型 ……………………………………………………… 117
　第三节　定性定量分析方法 ………………………………………………………………… 118
　　一、定性分析方法 ………………………………………………………………………… 118
　　二、定量分析方法 ………………………………………………………………………… 119
　达标测评 ……………………………………………………………………………………… 121

◎ 第十一章　原子吸收分光光度法　　123

　第一节　基本原理 …………………………………………………………………………… 123
　　一、原子吸收分光光度法的特点 ………………………………………………………… 123
　　二、共振线和吸收线 ……………………………………………………………………… 124
　　三、定量分析基础 ………………………………………………………………………… 124
　第二节　原子吸收分光光度计 ……………………………………………………………… 125
　　一、原子吸收分光光度计的主要部件 …………………………………………………… 125
　　二、原子吸收分光光度计的类型 ………………………………………………………… 127
　第三节　定量分析方法 ……………………………………………………………………… 127
　　一、标准曲线法 …………………………………………………………………………… 127
　　二、标准加入法 …………………………………………………………………………… 128
　达标测评 ……………………………………………………………………………………… 129

◎ 第十二章　荧光分析法　　131

　第一节　荧光分析法的基本原理 …………………………………………………………… 131
　　一、荧光和磷光 …………………………………………………………………………… 131
　　二、激发光谱与发射光谱 ………………………………………………………………… 132
　　三、分子产生荧光的条件 ………………………………………………………………… 133
　　四、荧光与分子结构 ……………………………………………………………………… 133
　　五、影响荧光强度的外部因素 …………………………………………………………… 134
　　六、荧光强度与溶液浓度的关系 ………………………………………………………… 135
　第二节　荧光分光光度计 …………………………………………………………………… 135
　　一、光源 …………………………………………………………………………………… 136

二、单色器 136
　　三、样品池 136
　　四、检测器 136
　　五、记录与显示器 137
　第三节　荧光定量分析方法 137
　　一、单组分溶液的定量方法 137
　　二、多组分溶液的定量方法 137
　达标测评 138

◎ 第十三章　色谱分析法　　140

　第一节　经典液相色谱法 140
　　一、色谱法的产生与分类 140
　　二、柱色谱法 141
　　三、纸色谱法 144
　　四、薄层色谱法 146
　第二节　气相色谱法 150
　　一、色谱流出曲线与色谱术语 150
　　二、气相色谱仪 152
　　三、定性与定量分析方法 157
　第三节　高效液相色谱法 159
　　一、高效液相色谱法的特点与分类 159
　　二、高效液相色谱仪 160
　　三、定性与定量分析方法 164
　达标测评 164

◎ 分析化学操作技能　　168

　第一部分　分析化学操作技能基础知识 168
　　一、操作安全规则 168
　　二、操作安全知识 168
　　三、化学药品常识 169
　第二部分　分析化学操作技能 169
　　操作技能一　电子天平称量练习 169
　　操作技能二　滴定管的基本操作及滴定练习 171
　　操作技能三　容量瓶、移液管的基本操作 173
　　操作技能四　氢氧化钠滴定液的配制与标定 175
　　操作技能五　苯甲酸的含量测定 177
　　操作技能六　HCl 滴定液的配制与标定 178
　　操作技能七　药用碳酸氢钠的含量测定 179
　　操作技能八　药用硼砂的含量测定 180
　　操作技能九　阿司匹林的含量测定 181

操作技能十　药用 NaOH 的含量测定（双指示剂法） …………………………… 182
　　操作技能十一　$AgNO_3$ 滴定液的配制与标定 …………………………………… 184
　　操作技能十二　食盐中 NaCl 的含量测定 ………………………………………… 185
　　操作技能十三　$KMnO_4$ 滴定液的配制与标定 …………………………………… 186
　　操作技能十四　过氧化氢的含量测定 ……………………………………………… 187
　　操作技能十五　I_2 滴定液的配制与标定 ………………………………………… 188
　　操作技能十六　维生素 C 的含量测定（直接碘量法） …………………………… 190
　　操作技能十七　$Na_2S_2O_3$ 滴定液的配制与标定 ………………………………… 191
　　操作技能十八　硫酸铜的含量测定 ………………………………………………… 192
　　操作技能十九　EDTA 滴定液的配制与标定 ……………………………………… 193
　　操作技能二十　乳酸钙的含量测定 ………………………………………………… 194
　　操作技能二十一　水的总硬度测定 ………………………………………………… 196
　　操作技能二十二　$KMnO_4$ 溶液吸收曲线的绘制 ………………………………… 197
　　操作技能二十三　$KMnO_4$ 溶液的含量测定（工作曲线法） …………………… 198
　　操作技能二十四　直接电位法测定溶液的 pH …………………………………… 199
　　操作技能二十五　几种金属离子的分离柱色谱法 ………………………………… 201
　　操作技能二十六　几种氨基酸的分离与分析（纸色谱法） ……………………… 202
　　操作技能二十七　几种磺胺类药物的分离与分析（薄层色谱法） ……………… 203
　　操作技能二十八　乙醇中微量水分的含量测定（气相色谱法） ………………… 204
　　操作技能二十九　维生素 E 的含量测定（气相色谱法） ………………………… 206
　　操作技能三十　内标对比法测定扑热息痛片的含量（高效液相色谱法） ……… 207

◎ **达标测评参考答案**　　　　　　　　　　　　　　　　　　　　　　　　**209**

◎ **附录**　　　　　　　　　　　　　　　　　　　　　　　　　　　　　　**214**
　　附录一　常用弱酸、弱碱在水中的解离常数 ……………………………………… 214
　　附录二　常用式量表 ………………………………………………………………… 215
　　附录三　常用化学试剂的配制 ……………………………………………………… 216

◎ **参考文献**　　　　　　　　　　　　　　　　　　　　　　　　　　　　**218**

第一章 绪论

学习目标

1. 说出分析化学的任务及其作用
2. 知道分析方法的分类及原理
3. 学会试样的分析过程与步骤

第一节 分析化学的任务和作用

分析化学是研究物质的化学组成、含量、结构和形态等化学信息的分析方法及相关理论的一门科学,是化学学科的一个重要分支。

分析化学不仅对化学的发展起着重要作用,而且在医药卫生、工业、农业、国防建设等许多领域的发展也起着重要作用。

在科学研究中,从化学学科本身来看,某些重要的化学定律和理论的发现、建立都离不开分析化学。例如:质量守恒定律的证实、原子量的测定、门捷列夫元素周期律的创建、溶液中四大平衡理论的建立等。同时,分析化学还促进了材料科学、生命科学、能源科学、环境科学等学科的发展。当然,其他学科的发展也推动了分析化学的发展。

在国民经济建设领域,分析化学也同样起着非常重要的作用。例如自然资源的勘测和开发利用;工业生产中新产品的研制等;农业生产中,从水土分析、农药及化肥的使用到农作物生长过程的研究分析等;国防建设中,尖端武器的研究和生产等,都需要应用分析化学提供的分析结果进行工作。

在医药卫生领域,分析化学发挥着不可或缺的作用。例如临床检验、生化检验;药物的研制、药品的鉴定;法医学中的法医检验、毒物分析、运动员兴奋剂的检测、成瘾药物检查等均属于分析化学的范畴。另外,食品营养成分的检测、食品添加剂及有毒成分的测定;环境保护中对水质、大气质量的检测,"三废"(废水、废气、废渣)的综合治理等都需要应用分析化学。

在药学教育中,学生通过学习分析化学,不仅可以掌握各种不同物质的分析方法和技术,还可以培养学生的观察判断能力和实践技能,为后续专业课的学习打下基础。

第二节 分析方法的分类

分析方法的种类很多，按照不同的分类方法，可分为以下几类。

一、按照分析的任务分类

按照分析任务不同可分为定性分析、定量分析和结构分析。

1. 定性分析

定性分析是鉴定试样由哪些元素、离子或原子团所组成。

2. 定量分析

定量分析是测定试样中有关组分的相对含量。

3. 结构分析

结构分析是研究试样的化学结构。

在实际工作中，如果分析对象的成分是未知的，则先进行定性分析，确定试样中所含的组分，然后再进行定量分析，根据测定要求选择适当的方法来测定各组分的相对含量。如果要确定物质的结构，还必须进行结构分析。

二、按照分析的对象分类

按照分析对象的不同可分为无机分析和有机分析。

1. 无机分析

其分析对象为无机化合物，主要鉴定试样由哪些元素、离子、原子团或化合物组成，测定有关组分的含量。

2. 有机分析

其分析对象为有机化合物，有机物的结构非常复杂，主要是对其进行官能团分析和结构分析。

三、按照分析的原理分类

按照分析方法的原理不同可分为化学分析和仪器分析。

1. 化学分析

化学分析法又称为"经典分析法"，是以物质的化学反应为基础的分析方法，被分析的物质称为试样或样品，与样品发生反应的物质称为试剂。试样与试剂发生的反应称为化学反应。化学分析法包括定性分析和定量分析两种。

化学定性分析是利用被测试样在定性分析反应中产生的现象和特征来鉴定物质的组成。

化学定量分析是利用样品中的待测组分与试剂定量进行化学反应来测定组分的相对含量。化学定量分析主要有滴定分析和重量分析。

化学分析法是分析化学的基础，是药物分析的基本方法，其优点是所用仪器简单、操作方便、测定结果准确度高、应用范围广。但在实际应用中，该法也存在一定的局限性。例如，化学分析法不适合微量组分的定性和定量分析，并且其灵敏度较低、分析速度慢，不能满足快速分析的要求，这时就需要使用仪器分析方法来解决。

2. 仪器分析

仪器分析法又称为近代分析法或物理分析法，是依据物质的物理或物理化学性质而建立起来的分析方法。这类方法通常需要使用比较复杂或特殊的仪器设备，故称为"仪器分析"。目前应用比较广泛的仪器分析法包括电化学分析法、色谱分析法、光学分析法等。

（1）电化学分析法　是根据物质的电化学性质确定物质成分的分析方法。如电导分析法、电位分析法和电解分析法等。

（2）色谱分析法　是一种利用混合物中诸组分在两相间的分配原理以获得分离的方法。如液相色谱法、气相色谱法和离子色谱法等。

（3）光学分析法　是基于物质对光的吸收或激发后光的发射所建立起来的一类方法，如紫外-可见分光光度法、红外分光光度法、原子发射与原子吸收光谱法、荧光光谱法等。

仪器分析法具有灵敏度高、选择性好、操作简便、分析速度快、容易实现自动化等特点。适合于微量、半微量和超微量成分的分析，使用范围越来越广泛。仪器分析法与化学分析法是相辅相成的两类方法。仪器分析法中样品的前处理过程（如分离、纯化等）必须依赖化学分析法。所以在实际应用中，针对不同的样品和要求，我们应该选择适当的方法来进行分析。

四、按照"量"的概念分类

按照分析时所取试样的用量不同可分为常量分析、半微量分析、微量分析与超微量分析。各种分析方法的取样量见表 1-1。

表 1-1　各种分析方法的试样用量

方法	试样的质量/g	试液的体积/mL
常量分析	>0.1	>10
半微量分析	0.01~0.1	1~10
微量分析	0.0001~0.01	0.01~1
超微量分析	<0.0001	<0.01

无机定性分析常采用半微量分析；化学定量分析多采用常量分析；仪器分析一般采用微量和超微量分析。

此外，还可以按照待测组分的质量分数不同进行分类，可分为常量组分分析（质量分数 $w_A>0.01$）、微量组分分析（质量分数 $w_A=0.0001\sim0.01$）及痕量组分分析（质量分数 $w_A<0.0001$）。这种分类方法与按取样量分类法并不存在直接对应的关系，两种概念不能混淆。例如，痕量组分的分析取样量少时属于微量或超微量分析；取样量多时（有时取样量达 1kg 以上）又属于常量分析。

第三节　分析过程与步骤

试样的分析过程主要包括以下 6 个步骤：测定方案的设计、试样的采集、试样的分解、定性鉴定、含量测定、计算与报告分析结果。

一、测定方案的设计

测定方案的设计包括测定方法的选择，试剂、仪器等实验条件的整体规划。每一种分析方法都有其特点和局限性，在实际工作中我们应该综合考虑各项指标，选择合适的分析方法。理想的分析方法应该具备灵敏度高、准确度高、操作简便等优点，这就要求我们在选择分析方法时应根据测定的具体要求、待测组分的测量范围、待测组分的性质、共存组分的影响、实验室条件等具体情况来确定最佳的分析方法。

二、试样的采集

在分析工作中，常需要测定大量物料中某些组分的平均含量，但在实际测定时，只是称取很少的试样进行分析。因此试样必须具有代表性，即要求试样的组成和整体物料的平均组成相一致，否则分析工作做得再认真也毫无意义。

1. 固体样品的采集

实际工作中，所分析的物料往往不均匀，当物料很多时，为了采到代表性试样，要注意采样的单元和采样的量，并注意随机采样。对于不均匀的固体，如中草药，可以把运输过程中的每车、每包、每捆作为采样的单元，从中抽取一定量的样。对于组成基本一致的物质，如成批的瓶装药物或化学试剂，则以每一个批号或同一批号产品中各个大包装当作采样单元。物料颗粒越细，采样量可越少。

采集后的固体试样要进行破碎、过筛、混合和缩分，减少至适合分析所需的量。固体试样的缩分常用的方法是四分法，如图1-1所示。先将试样堆成圆锥形，然后再压成圆饼状，通过其圆心按十字形切成四等份，弃去任意对角线的两份，混合余下的两份，这样便缩减了一半，称为缩分一次。继续将样品缩分，直至所需要的量。

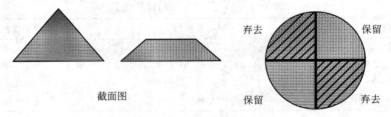

图1-1 四分法示意

2. 液体样品的采集

液体样品组成比较均匀，容易采得均匀样品。液体物料包括输送管道中的物料和储罐器中的物料。一般用不与物料发生反应的金属或塑料制成的采样勺和采样杯作为工具。此外，还有采样管和采样瓶。带回实验室的试样，在测试之前要妥善保管，确保试样在保存期间不发生明显的变化。

3. 气体样品的采集

由于气体样品易于扩散，所以容易混合均匀。如工业气体样品存在状态有动态、静态、正压、常压、负压、高温、常温、深冷等，且许多气体有刺激性和腐蚀性，所以采样时一定要按照采样的技术要求，并且注意安全。

4. 生物样品的采集

生物样品的采集，在生物监测检验中十分重要，采集生物样品时，所用的容器和用具必须保持洁净，且不能被外界污染；在具体取样时，应让受试者清除身体外部可能存在的污染源，然后在远离生产环境的适当场所进行采样。

临床上血样的采集

临床上一般在肘或腕背皮下静脉采血，也可取耳垂血或手指血。如分析血液中气体成分或测定 pH 时，通常采动脉血。采血时一般以碘酒、酒精先后在抽血部位消毒，待干后，用干燥的注射器抽血，将抽出的血液注入干燥洁净试管内。采血时间一般在早晨空腹或禁食 6h 以上，因为饮食和活动会使血液成分发生改变。

三、试样的分解

试样的分解方法要适当，要满足分解完全、分解速率快、分离测定容易、试样中待测组分不被沾污和损耗、对环境不会造成污染或污染很小等条件。常用的分解方法有干法（熔融法）、湿法（溶解法）、氧瓶法、钠解法、微波溶解法等。根据试样性质的不同，可采用不同的分解方法。

四、定性鉴定

根据待测试样的理化性质采用化学分析法或仪器分析法来鉴定试样的组成。

五、含量测定

根据测定方案设计的方法完成实验，实验前要对样品进行纯化以满足实验要求，如果试样中有其他成分对待测组分造成干扰，则需要通过控制酸度、加掩蔽剂或用分离的方法除去干扰成分后再进行测定。测定所用的试剂和实验仪器准确度和精密度必须符合实验要求，可通过空白实验消除试剂误差，通过校正仪器减少仪器误差。

六、计算与报告分析结果

根据称取的试样质量和测定所得的实验数据，结合有关化学反应所确定的计量关系，算出待测样品中有关组分的含量。含量测定结果一般用质量浓度或质量分数的形式表示，先计算平均值，再计算相对平均偏差、标准偏差等来表示测定的精密度。分析报告应该简单明了，记录及计算结果要表述清晰。最后，要用有效的方法对分析结果进行评价，及时发现分析过程中存在的问题，确保分析结果的准确性。

 达标测评

一、名词解释
1. 定性分析 2. 定量分析 3. 结构分析 4. 化学分析 5. 仪器分析

二、单项选择题
1. 下列各项中不能用无机分析进行鉴定的是（　　）。

A. 元素　　　　B. 化合物　　　　C. 离子
　　D. 原子团　　　E. 官能团
2. 下列分析方法中，是按分析原理分类的是（　　）。
　　A. 定量分析　　B. 定性分析　　　C. 结构分析
　　D. 仪器分析　　E. 无机分析
3. 下列分析方法为经典分析法的是（　　）。
　　A. 化学分析　　B. 仪器分析　　　C. 光学分析
　　D. 色谱分析　　E. 电化学分析
4. 在常量分析中对固体试样取样量范围的要求是（　　）。
　　A. 0.01～0.1g　B. 0.1～10mg　　C. 0.1～1g
　　D. 0.1mg 以下　E. 0.1g 以上
5. 鉴定物质的化学组成属于（　　）。
　　A. 定性分析　　B. 定量分析　　　C. 结构分析
　　D. 化学分析　　E. 仪器分析
6. 在无机定性分析中，多采用的分析方法是（　　）。
　　A. 微量分析　　B. 常量分析　　　C. 半微量分析
　　D. 超微量分析　E. 仪器分析

三、填空题
1. 分析化学是一门_____学科。
2. 根据测定原理，分析化学的方法可分为化学分析法和_____；其中化学分析法包括定量分析和_____；定量分析又分为_____和_____。
3. 根据分析试样用量的不同，化学定量分析中，多采用_____分析。
4. 分析方法按照分析任务不同可分为_____、_____和结构分析。

四、简答题
1. 分析化学的任务是什么？
2. 试样分析的过程主要包括哪些步骤？

第二章 误差与分析数据处理

学习目标 ▶▶

1. 说出误差与准确度、偏差与精密度的关系
2. 说出提高分析结果准确度的方法
3. 知道有效数字的定义及运算规则
4. 学会分析数据的记录与处理
5. 学会可疑值的取舍方法

第一节 测量值的准确度与精密度

一、准确度与误差

准确度是指测量值与真实值之间接近的程度。准确度的高低通常用误差表示，误差越小，分析结果的准确度越高；反之，误差越大，则准确度越低。

误差分为绝对误差和相对误差。

1. 绝对误差（E）

绝对误差是指测量值（x）与真实值（T）之差。

$$E = x - T \tag{2-1}$$

若进行多次平行测定，则以分析结果的算术平均值（$\bar{x}$）与真实值之差表示，即：

$$E = \bar{x} - T$$

2. 相对误差（RE）

相对误差是指绝对误差（E）在真实值（T）中所占的百分比。

$$RE = \frac{E}{T} \times 100\% = \frac{x-T}{T} \times 100\% \tag{2-2}$$

无论是绝对误差还是相对误差都有正负之分，测量值大于真实值，误差为正；测量值小于真实值，误差为负。

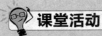

课堂活动
1. 绝对误差的正和负是否表示测定结果的好和差？
2. 在实际工作中，真实值能否准确知道？

分析工作中，用相对误差衡量分析结果的优劣，比绝对误差更常用，更具有实际意义。

【例 2-1】 甲、乙两人分别用万分之一电子天平称量样品 1 和样品 2。甲称得样品 1 质量为 0.2002g；乙称得样品 2 质量为 0.0202g。样品 1 实际质量为 0.2000g，样品 2 的实际质量为 0.0200g。求两人称量的绝对误差和相对误差分别是多少？

解 已知 $x_1=0.2002$g　$T_1=0.2000$g　$x_2=0.0202$g　$T_2=0.0200$g

根据公式 $E=x-T$ 得：

$$E_1=x_1-T_1=0.2002\text{g}-0.2000\text{g}=0.0002\text{g}$$
$$E_2=x_2-T_2=0.0202\text{g}-0.0200\text{g}=0.0002\text{g}$$

根据公式 $RE=\dfrac{E}{T}\times 100\%$ 得：

$$RE_1=\dfrac{E_1}{T_1}\times 100\%=\dfrac{0.0002}{0.2000}\times 100\%=0.1\%$$

$$RE_2=\dfrac{E_2}{T_2}\times 100\%=\dfrac{0.0002}{0.0200}\times 100\%=1\%$$

答：甲、乙两人称量的绝对误差均为 0.0002g，甲称量的相对误差为 0.1%，乙称量的相对误差为 1%。

由此可见，当测量值的绝对误差相同时，被测物质的量越大，相对误差就越小，测量的准确度就越高。所以实际工作中常用称取较大质量试样的方法，减少测量的相对误差，提高分析结果的准确度。

二、精密度与偏差

精密度是指在同一条件下，平行测定的各测量值之间相互接近的程度。精密度用偏差表示。偏差越小，分析结果的精密度越高；反之，偏差越大，则精密度越低。

偏差分为绝对偏差、平均偏差、相对平均偏差、标准偏差和相对标准偏差。

1. 绝对偏差（d_i）

绝对偏差是单次测量值（x_i）与平均值（$\bar{x}$）之差。

$$d_i=x_i-\bar{x} \tag{2-3}$$

式中，$i=1,2,\cdots,n$，表示测量次数。

2. 平均偏差（$\bar{d}$）

平均偏差是各个绝对偏差绝对值之和的平均值。

$$\bar{d} = \frac{\sum_{i=1}^{n} |x_i - \bar{x}|}{n} = \frac{|x_1 - \bar{x}| + |x_2 - \bar{x}| + \cdots + |x_n - \bar{x}|}{n} \tag{2-4}$$

3. 相对平均偏差（$R\bar{d}$）

相对平均偏差是平均偏差占平均值的百分比。

$$R\bar{d} = \frac{\bar{d}}{\bar{x}} \times 100\% \tag{2-5}$$

4. 标准偏差（S）

标准偏差是各单次绝对偏差的平方和与测量次数减一的比值的开方。

$$S = \sqrt{\frac{\sum_{i=1}^{n}(x_i - \bar{x})^2}{n-1}} \tag{2-6}$$

5. 相对标准偏差（RSD）

相对标准偏差是标准偏差占平均值的百分比。

$$RSD = \frac{S}{\bar{x}} \times 100\% \tag{2-7}$$

> **课堂活动**
>
> d_i 有正有负，$\bar{d}$ 是否也有正负？

【例 2-2】 平行测定某溶液的浓度，三次测量结果分别为 0.3080mol/L、0.3088mol/L 和 0.3098mol/L，求分析结果的平均值、绝对偏差、平均偏差、相对平均偏差、标准偏差和相对标准偏差。

解 已知 $x_1 = 0.3080$mol/L　$x_2 = 0.3088$mol/L　$x_3 = 0.3098$mol/L

根据公式 $\bar{x} = \dfrac{x_1 + x_2 + x_3}{3}$ 得：

$$\bar{x} = \frac{0.3080 + 0.3088 + 0.3098}{3} \text{mol/L} = 0.3089 \text{mol/L}$$

根据公式 $d_i = x_i - \bar{x}$ 得：

$$d_1 = 0.3080\text{mol/L} - 0.3089\text{mol/L} = -0.0009\text{mol/L}$$
$$d_2 = 0.3088\text{mol/L} - 0.3089\text{mol/L} = -0.0001\text{mol/L}$$
$$d_3 = 0.3098\text{mol/L} - 0.3089\text{mol/L} = +0.0009\text{mol/L}$$

根据公式 $\bar{d} = \dfrac{|d_1| + |d_2| + |d_3|}{3}$ 得：

$$\bar{d} = \frac{|-0.0009| + |-0.0001| + |+0.0009|}{3} \text{mol/L} = 0.0006 \text{mol/L}$$

根据公式 $R\bar{d} = \dfrac{\bar{d}}{\bar{x}} \times 100\%$ 得：

$$R\bar{d}=\frac{0.0006}{0.3089}\times 100\%=0.2\%$$

根据公式  得：

$$S=\sqrt{\frac{(-0.0009)^2+(-0.0001)^2+(+0.0009)^2}{3-1}}\,\text{mol/L}=0.0009\text{mol/L}$$

根据公式 $RSD=\frac{S}{\bar{x}}\times 100\%$ 得：

$$RSD=\frac{0.0009}{0.3089}\times 100\%=0.3\%$$

答：分析结果的平均值为 0.3089mol/L；绝对偏差分别为 −0.0009mol/L、−0.0001mol/L、+0.0009mol/L；平均偏差为 0.0006mol/L；相对平均偏差为 0.2%；标准偏差为 0.0009mol/L；相对标准偏差为 0.3%。

实际工作中，相对平均偏差和相对标准偏差都可以表示实验的精密度，用相对标准偏差表示更为科学。但初学者在做分析化学实验、计算分析结果的精密度时，一般选用相对平均偏差表示即可。

> **知识拓展**
>
> **极差与相对极差**
>
> 1. 极差是指一组数据中的最大值与最小值的差。$R=x_{\max}-x_{\min}$。
>
> 2. 相对极差是指极差的相对值，即极差除以算术平均值。$RR=\frac{R}{\bar{x}}\times 100\%$。
>
> 3. 极差和相对极差的作用是表示数据的离散程度。它的缺点是仅取决于两个极端值的水平，不能细致地反映测量值彼此相符合的程度；它的优点是计算简单，含义直观，运用方便，故在数据统计处理中仍有着相当广泛的应用。

三、准确度与精密度的关系

准确度是测量值与真实值相符合的程度，精密度是指一组平行测定的结果间相互接近的程度。定量分析结果的好坏，既要讨论实验结果的准确度，也要讨论实验结果的精密度，二者缺一不可。只有准确度和精密度都高的实验，其分析结果的可信度才高，数据才有实用价值。所以，准确度高一定要求精密度好，但精密度好，准确度不一定高；精密度差，准确度一定差。精密度好是保证准确度高的先决条件。

第二节　提高分析结果准确度的方法

一、误差的分类

根据误差产生的原因和性质，将误差分为系统误差和偶然误差。

1. 系统误差

系统误差也称可定误差,是由于分析过程中某种固定的原因引起的。它的特点是:在相同条件下,重复多次测量时,会重复出现,误差的大小和方向(正或负)保持不变。因此,在实际工作中可加以减小或校正。根据产生系统误差的原因又分为方法误差、仪器误差、试剂误差和操作误差四种。

(1) **方法误差** 由于分析方法本身的缺陷所引起的误差,通常对分析结果的影响较大。如进行滴定分析时,滴定终点与化学计量点不相符,就会产生方法误差。

(2) **仪器误差** 由于使用的仪器本身不精确、又未经校准所引起的误差。例如,天平砝码不准确、量器刻度不准等,均能产生仪器误差。

(3) **试剂误差** 由于试剂纯度不够所引起的误差。例如,试剂或溶剂中含有微量被测组分。

(4) **操作误差** 在正规操作情况下,由于操作者的个人主观因素所引起的误差。例如,操作者对滴定终点颜色变化的判断不够敏锐,总是偏深;读取滴定管读数时,习惯性地仰视或俯视,读数结果总是偏高或偏低等。

2. 偶然误差

偶然误差也称随机误差,是指在同一测试条件下,多次重复测量时,误差大小、方向均以不可预定的方式变化的误差。它是由某些偶然因素引起的,例如实验室的温度、湿度和气压等微小的变化,分析人员对相同试样测定的微小差别等,都会引起偶然误差。偶然误差的特点是误差的原因、大小、方向不确定,在分析操作中难以避免。

偶然误差的出现虽然无法控制,但如果对同一试样进行多次平行测定,测定结果会服从正态分布规律,即:大的偶然误差出现的概率小,小的偶然误差出现的概率大;绝对值相同的正、负偶然误差出现的概率大致相等,它们之间能相互完全或部分抵消。所以在实验过程中可以通过增加平行测定的次数,取算术平均值的方法,减小偶然误差。

需要注意的是,实际工作中,由于分析工作人员的粗心大意(如看错砝码、读错数据、加错试剂、计算出错等)造成的明显过失,是操作失误引起的错误结果,不属于误差范畴,实验中应将此结果弃去,重做。

二、提高分析结果准确度的方法

1. 减小系统误差的方法

(1) **空白试验** **空白试验**就是在不加试样的情况下,按照与测定试样相同的方法、条件和步骤做平行测定。测得的结果称为空白值,从试样的实验数据中减去此空白值,以消除溶剂、指示剂或仪器所引起的系统误差。

(2) **对照试验** **对照试验**是指用已知准确含量的标准品代替试样,按照与测量试样相同的分析方法、条件、步骤对标准品分析测定,再将试样与标准品的测定结果进行比较。通过对照试验可减少分析方法、试剂和条件控制不当引起的误差。

(3) **校准仪器** 因所用的测量仪器不准确引起的误差,可以通过校准仪器来减小,如对砝码、滴定管、容量瓶等进行校准。一般情况下,在同一分析实验中多次平行测定时使用同一套仪器。

(4) **回收试验** 对于不太清楚的试样,常采用回收试验法。**回收实验**是向待测试样中加入已知量的待测物质,与另一份待测试样平行进行分析,以加入的待测物质能否定量回收来检验有无系统误差。回收率越接近100%,系统误差越小,方法的准确度越高。

2. 减小偶然误差的方法

偶然误差常因一些偶然因素引起，如温度、湿度、气压等微小变化。通常采用增加平行测量次数，取算术平均值的方法予以减小。一般的分析测量3~5次即可。分析结果均以算术平均值表示。

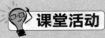

提高定量分析结果准确度的方法有哪些？

第三节　有效数字与分析数据处理

一、有效数字及其运算规则

在定量分析中，为了获得准确的分析结果，不仅需要准确的测量，还需要正确的记录和计算。实验测得的数据，不仅表示测得结果的大小，还要反映数据的准确程度。确定该用几位数字来代表测量值或计算结果，是非常关键的。

1. 有效数字及其位数

有效数字是指实际能测量到的，并且具有实际意义的数字。其包括所有准确数字和最后一位可疑值。

记录或计算时应保留几位有效数字，取决于所用仪器的精密程度和分析方法的准确程度。例如，用万分之一的分析天平称量某试样的质量为5.1234g，必须记录到小数点后第四位，这一数值中，5.123是准确的，最后一位"4"存在误差，是可疑数字。又如若用分度值为0.1g的托盘天平称得某试样质量为3.12g，记录到小数点后第二位，3.1是准确的，最后一位"2"存在误差，是可疑数据。再如用10mL移液管量取10mL某溶液，应记录为10.00mL，最后一位"0"是可疑数字。

2. 有效数字位数的确定方法

10.00mL数据中的"0"是有效数字，但有些数据中的"0"却不是。"0"在非零数字之前，只作定位，不属于有效数字；在非零数字中间或后面，则均为有效数字。

例如：1.03，0.550，0.0103都为三位有效数字。

变换单位时，有效数字位数不变。而当数字过大或过小时，可用科学计数法表示，有效数字位数也不变。

例如：21.00mL可写成0.02100L；20.1L可写成2.01×10^4mL。

在定量分析中还会经常遇到pH、pK等对数值，这些数据的有效数字的位数，取决于小数点后数字的位数。如pH=12.68［即$c(H^+)=2.1\times10^{-13}$mol/L］，其中在小数点后只有两位数字，因此pH=12.68的有效数字是两位，而不是四位。

3. 有效数字的修约规则

对实验数据进行处理时，各测量值位数有可能不同，为保证结果的准确度，要按规则对数字进行取舍，即对有效数字进行修约。具体规则如下：

（1）四舍六入五留双 当被修约数字或多余尾数的首位≤4时舍弃（四舍）；被修约数字或多余尾数的首位≥6时进位（六入）；被修约数字或多余尾数的首位等于5时，视具体情况而定：

① "5"后无数字或为0时，若"5"前为偶数则保留该偶数不变（留双），将"5"及后面的0舍去，"5"前为奇数则进位。

② "5"后有除0以外的其他数字时，则"5"前无论奇、偶均进位。

【例2-3】 将下列数据修约成四位有效数字。

① 3.16347　② 0.066476　③ 1.04450　④ 276.1506　⑤ 1.3475
⑥ 2.5565　⑦ 3.26751　⑧ 1.34259

解 ① 3.16347→3.163　② 0.066476→0.06648　③ 1.04450→1.044
④ 276.1506→276.2　⑤ 1.3475→1.348　⑥ 2.5565→2.556
⑦ 3.26751→3.268　⑧ 1.34259→1.343

（2）数字修约 数字修约要一次修约到位，不能分次修约。

例如，将2.1349修约成三位有效数字，应一次修约成2.13，而不能是2.1349→2.135→2.14。

（3）准确度或精密度的数值表示 一般只保留1~2位有效数字，且修约时一律进位。

例如，标准偏差$S=0.123$，取两位有效数字，应修约为0.13；取一位，则应为0.2。

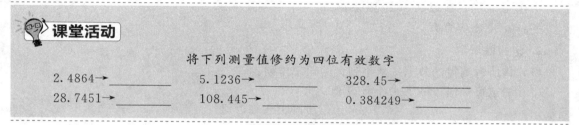

课堂活动

将下列测量值修约为四位有效数字

2.4864→_____　　5.1236→_____　　328.45→_____
28.7451→_____　　108.445→_____　　0.384249→_____

4. 有效数字的运算规则

进行有效数字运算时，为使运算结果与数字的准确度保持一致，运算过程中也要遵循相应规则，要先修约再计算。具体规则如下。

（1）加减法 几个数字相加或相减时，和或差中有效数字的保留，应以小数点后位数最少（即绝对误差最大）的数据为依据。

【例2-4】 求$0.0231+21.64+2.02582$的和。

解 和的有效数字的保留应以21.64为依据，保留到小数点后第二位。修约和计算过程如下：

$$0.0231+21.64+2.02582=0.02+21.64+2.03=23.69$$

（2）乘除法 几个数字相乘或相除时，积或商中有效数字保留的位数，应以有效数字位数最少（即相对误差最大）的数据为依据。

【例2-5】 求$0.0131\times21.64\times1.02582$的积。

解 积的有效数字的保留应以0.0131为依据，保留三位有效数字，修约后进行计算。

$$0.0131\times21.64\times1.02582=0.0131\times21.6\times1.03=0.291$$

二、可疑值的取舍

在定量分析中，平行测得的几个数据，个别测量值可能会出现异常，如测量值偏高或偏低，此异常值称为可疑值。进行数据分析时，必须对可疑值的取舍做出正确的判断，常用的方法有四倍法、Q检验法和G检验法等。这里介绍四倍法和Q检验法。

1. 四倍法

（1）除去可疑值后，计算其他数据的算术平均值（$\bar{x}$）和平均偏差（$\bar{d}$）。

（2）按式(2-8)计算：

$$\frac{|可疑值-\bar{x}|}{\bar{d}} \tag{2-8}$$

（3）可疑值的取舍判断　若计算结果大于或等于4，则可疑值舍弃，否则，应予以保留。

【例2-6】测定某样品的含量，平行测定4次，所得含量数据分别为0.3018、0.3020、0.3022、0.3029。请用四倍法判断，0.3029这个数据可否舍弃。

解　先将0.3029除去，计算其他三个数据的平均值和平均偏差：

$$\bar{x}=\frac{0.3018+0.3020+0.3022}{3}=0.3020$$

$$\bar{d}=\frac{|0.3018-0.3020|+|0.3020-0.3020|+|0.3022-0.3020|}{3}=0.0002$$

$$\frac{|可疑值-\bar{x}|}{\bar{d}}=\frac{|0.3029-0.3020|}{0.0002}=4.5$$

由于4.5＞4，所以0.3029要舍弃。

答：0.3029应舍弃。

2. Q 检验法

（1）将所有测得的数据按从小到大的顺序排列。

（2）确定可疑值，按下式计算 Q 值。

$$Q_{计算}=\frac{|可疑值-临近值|}{最大值-最小值} \tag{2-9}$$

（3）可疑值的判断。查舍弃商 Q 值表（表2-1），若 $Q_{计算} \geqslant Q_{表}$，可疑值应弃去；反之，则保留。

表2-1　舍弃商 Q 值表（置信概率90%）

测定次数(n)	3	4	5	6	7	8	9	10
$Q_{0.90}$	0.94	0.76	0.64	0.56	0.51	0.47	0.44	0.41

【例2-7】测定某样品的含量，平行测定5次，所得含量数据分别为：0.5017、0.5019、0.5020、0.5022、0.5029。运用 Q 检验法确定可疑值0.5029是否应当弃去？

解　将数据按大小顺序排列0.5017、0.5019、0.5020、0.5022、0.5029。

$$Q_{计算}=\frac{|可疑值-临近值|}{最大值-最小值}=\frac{0.5029-0.5022}{0.5029-0.5017}=\frac{0.0007}{0.0012}=0.58$$

查表2-1，$n=5$时，$Q_{表}=0.64$，0.58＜0.64，所以0.5029不应舍弃。

答：0.5029不应舍弃。

四倍法适用于3次以上的平行测定，而 Q 检验法只适用 $n=3 \sim 10$ 次的平行测定。四倍法可根据直接计算进行判断，不需查表，操作简单，但对精密度要求严格，有时会将有用的数据舍弃。若一次取舍后，平行测定的数据中还有可疑值时，可依次进行取舍检验。

三、有效数字的运算在分析实验中的应用

1. 正确地记录数据

如用万分之一分析天平称量物体质量时，应记录到小数点后四位，如10.1234g。又如

用10mL移液管量取溶液体积时,应记录到小数点后二位,即10.00mL,而不能记录成10mL。

2. 正确选取试剂用量和选用适当的仪器

【例2-8】 万分之一分析天平的绝对误差为±0.0001g,为使称量时的相对误差在0.1%以下,问样品称取量至少为多少克?

解 根据公式 $RE=\dfrac{E}{T}\times 100\%$ 得:

$$RE \leqslant \dfrac{E}{m}\times 100\%$$

$$m \geqslant \dfrac{E}{RE}\times 100\% = \dfrac{0.0001}{0.1\%}\times 100\%$$

$$m \geqslant 0.1 \text{ (g)}$$

由此可见,样品称取的质量不能低于0.1g。

在滴定分析中,滴定管读数的绝对误差±0.01mL。一次滴定需要读数两次,这样可能引起的最大误差是±0.02mL。所以,为了使滴定的相对误差小于±0.01%,消耗的滴定液体积必须在20mL以上。

3. 正确的表示分析结果

通常填报分析结果的标准是:对于高含量组分(>10%)的测定,一般要求分析结果有四位有效数字;对于中等含量组分(1%~10%)的测定,一般要求有三位有效数字;对于微量组分(<1%),一般只要求两位有效数字。另外,在大多数情况下,表示误差时,只需取一位有效数字,最多两位就足够了。

达标测评

一、名词解释

1. 绝对误差 2. 相对误差 3. 绝对偏差 4. 平均偏差
5. 相对平均偏差 6. 有效数字 7. 系统误差 8. 偶然误差

二、单项选择题

1. 分析工作中实际能够测量到的数字称为( )。
   A. 精密数字   B. 准确数字   C. 可靠数字
   D. 有效数字   E. 精准数字

2. 算式(30.582−7.44)+(1.6−0.5263)中,绝对误差最大的数据是( )。
   A. 30.582   B. 7.44   C. 1.6
   D. 0.5263   E. 0.526

3. 用万分之一分析天平称量时,下列读数正确的是( )。
   A. 2.1305   B. 2.132   C. 2.13
   D. 2.13050   E. 2.1

4. 将数据2.8388、0.284401、2861.5、0.044685001修约成四位有效数字,下列各组修约正确的是( )。
   A. 2.838、0.2844、2862、0.04469   B. 2.839、0.2845、2862、0.04469
   C. 2.839、0.2844、2861、0.04469   D. 2.839、0.2844、2862、0.04469

E. 2.839、0.2845、2862、0.04468

5. pH＝5.26中的有效数字是（　　）位。
   A. 0   B. 2   C. 3
   D. 4   E. 1

6. 滴定管读数时，应记录至小数点后（　　）位。
   A. 1   B. 2   C. 3
   D. 4   E. 0

7. 减小偶然误差的方法是（　　）。
   A. 对照试验   B. 空白试验   C. 校准仪器
   D. 多次测量求平均值   E. 更改测定方法

8. 相对误差 RE 的计算公式是（　　）。
   A. RE＝真实值－绝对误差
   B. RE＝绝对误差－真实值
   C. RE＝绝对误差/真实值×100％
   D. RE＝真实值/绝对误差×100％
   E. RE＝测量值－真实值

9. 下列属于操作误差的是（　　）。
   A. 加错试剂   B. 溶液溅失   C. 操作人员看错砝码数值
   D. 操作者对终点颜色的变化辨别不够敏锐
   E. 加错指示剂

10. 下列属于四位有效数字的数据是（　　）。
    A. 0.0200   B. 0.5000   C. pH＝12.10
    D. 1.02   E. $1.0×10^{-3}$

11. 对同一样品采取同样的方法进行分析，测得的结果分别为0.3744、0.3720、0.3730、0.3750、0.3730，则此次分析的相对平均偏差为（　　）。
    A. 0.0030   B. 0.0054   C. 0.0027
    D. 0.0018   E. 0.0019

12. 已知天平称量的绝对误差为±0.2mg，若要求称量的相对误差小于0.2％，则称取的物质质量至少为（　　）。
    A. 1g   B. 0.2g   C. 0.1g
    D. 0.02g   E. 0.01g

三、多项选择题

1. 下列误差属于系统误差的是（　　）。
   A. 标准物质不合格   B. 试样未经充分混合   C. 称量读错砝码数值
   D. 滴定管未校准   E. 加错指示剂

2. 下述情况属于分析人员不应有的操作失误的是（　　）。
   A. 滴定前用滴定液将滴定管润洗三遍
   B. 移液管用被移取的溶液润洗三遍
   C. 称量时未等称量物冷却至室温就进行称量
   D. 滴定前用被滴定溶液洗涤锥形瓶
   E. 加错指示剂

3. 下列方法中可以减小系统误差的是（　　）。
   A. 增加平行试验的次数   B. 进行对照实验   C. 进行空白试验

D. 进行仪器的校正　　　E. 回收实验

4. 下列数据中，有效数字位数是四位的有（　　）。
   A. 0.0520　　　B. pH＝10.30　　　C. 10.30
   D. 40.02％　　　E. 0.4002

5. 将下列数据修约至四位有效数字，修约正确的是（　　）。
   A. 3.1495→3.150　　　B. 18.2841→18.28
   C. 65065→6.506×10^4　　　D. 0.16485→0.1649
   E. 15.2451→15.24

6. 按 Q 检验法（当 $n=4$ 时，$Q_{0.90}=0.76$）删除可疑值，下列各组数据中无可疑值删除的是（　　）。
   A. 97.50，98.50，99.00，99.50　　　B. 0.1042，0.1044，0.1045，0.1047
   C. 3.03，3.04，3.05，3.13　　　D. 0.2122，0.2126，0.2130，0.2134
   E. 50.17％，50.19％，50.20％，50.22％

7. 提高分析结果准确度的方法有（　　）。
   A. 减小样品取用量　　　B. 测定回收率
   C. 空白试验　　　D. 尽量使用同一套仪器
   E. 更换测定方法

8. 在分析中做空白试验的目的是（　　）。
   A. 提高精密度　　　B. 提高准确度
   C. 消除系统误差　　　D. 消除偶然误差
   E. 消除误差

四、简答题

1. 系统误差的种类及消除方法有哪些？
2. 下列数据分别是几位有效数字？
   (1) 2.0843　　(2) 0.0356　　(3) 0.006720　　(4) 34.0410　　(5) 6.7×10^{-3}
   (6) pK_a＝4.25　(7) 1.03×10^{-6}　(8) 25.02％　　(9) 0.0076％　　(10) 0.6％
3. 将下列数据修约成四位有效数字。
   (1) 25.0943　　(2) 0.026542　　(3) 0.013240　　(4) 30.0430
   (5) 3.73147×10^{-8}

五、计算题

1. 计算下列式子。
   (1) 152.6＋0.201＋0.3169　　　(2) 3.20×25.0543×0.03565

2. 用酸碱滴定法测定药用碳酸钠的含量，平行测定 4 次，测量结果分别为 20.01％、20.03％、20.04％、20.05％。试计算平均值、平均偏差、相对平均偏差、标准偏差和相对标准偏差。

3. 标定 HCl 滴定液的浓度时，4 次测量值分别是 0.1009mol/L、0.1010mol/L、0.1013mol/L、0.1019mol/L，用 Q 检验法判断 0.1019 这个数据是否应保留？（已知 $n=4$ 时，$Q_{0.90}=0.76$）

第三章 滴定分析法概论

学习目标 ▶▶

1. 说出滴定分析、滴定液、指示剂、化学计量点、滴定终点、终点误差、滴定度、基准物质等基本概念
2. 说出滴定分析法的条件、滴定分析法的分类及滴定方式
3. 学会滴定液浓度的表示方法、物质的量浓度与滴定度之间的换算
4. 学会滴定液的配制及标定方法
5. 学会常用药物含量的测定及有关的计算

第一节 概　述

滴定分析法又称容量分析法，是定量化学分析法中最常用的分析方法。它是将一种已知准确浓度的试剂溶液（滴定液），滴加到被测物质的溶液中，当所加的试剂溶液与被测物质按化学计量关系定量反应完全时，根据滴加试剂溶液的浓度和消耗的体积，计算出被测溶液浓度或被测物质含量的方法。

一、滴定分析法的基本概念

在滴定分析法中，已知准确浓度的试剂溶液称为**滴定液**，又称**标准溶液**。将滴定液从滴定管中滴加到被测物质溶液中的操作过程称为**滴定**。当加入的滴定液与被测物质按化学计量关系定量反应完全时，称反应达到了**化学计量点**，简称**计量点**。滴定液与被测物质发生的反应称为滴定反应。

大多数滴定反应在到达化学计量点时，外观上没有明显的改变，为了准确确定化学计量点，在实际滴定时，常在被测物质的溶液中加入一种辅助试剂，利用它的颜色变化，作为化学计量点到达的信号，此时终止滴定。像这种利用其颜色的变化来指示化学计量点到达的辅助试剂称为**指示剂**。在滴定过程中，指示剂恰好发生颜色变化的转变点称为**滴定终点**。化学计量点是根据化学反应的计量关系求得的理论值，而滴定终点是滴定时的实际测量值，指示剂不一定恰好在化学计量点时变色，因此滴定终点就不会与化学计量点完全符合，它们之间存在很小的差别，这种滴定终点与化学计量点之间的误差称为**终点误差**。为了减小终点误差，应选择合适的指示剂，使滴定终点尽可能接近化学计量点。

滴定分析法常用于常量分析，一般情况下相对误差在 0.1% 以下，具有仪器简单、操作方便、测定快速、准确度高等特点，因此，这种方法广泛应用于药物分析，特别是原料药物的分析。

二、滴定反应的基本条件

滴定分析法是以化学反应为基础的分析方法，能用于滴定分析的化学反应必须符合下列条件。

1. 反应必须能够定量完成

滴定液与被测物之间的反应要严格按一定的化学反应方程式进行，反应定量完全的程度要求达到99.9％以上。

2. 反应速率要快

滴定反应要求在瞬间完成，对于速率较慢的反应，要有适当的方法提高反应速率。

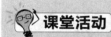**课堂活动**

提高化学反应速率的方法有哪些？

3. 无副反应发生

滴定液只能与被测物质反应，被测溶液中的杂质不得干扰主要反应，否则应预先将杂质除去。

4. 能够准确确定滴定终点

有合适的指示剂或简便可靠的方法确定滴定终点。

三、滴定分析法的分类

根据滴定液与被测物质所发生的化学反应类型不同，滴定分析法可分为以下几类。

1. 酸碱滴定法

以酸碱中和反应为基础的滴定分析方法称为**酸碱滴定法**。反应实质可用下式表示：

$$H^+ + OH^- \rightleftharpoons H_2O$$

酸碱滴定法可用酸为滴定液测定碱或碱性物质，也可用碱为滴定液测定酸或酸性物质。

2. 沉淀滴定法

以沉淀反应为基础的滴定分析方法称为**沉淀滴定法**。用$AgNO_3$为滴定液测定卤化物、硫氰酸盐等物质含量的沉淀滴定法又叫做**银量法**，是应用最广泛的沉淀滴定方法，反应式为：

$$Ag^+ + X^- \rightleftharpoons AgX\downarrow$$

式中，X^-为Cl^-、Br^-、I^-及SCN^-等离子。

3. 配位滴定法

以配位反应为基础的滴定分析方法称为**配位滴定法**。配位滴定法主要是利用氨羧配位剂作滴定液测定金属离子，反应式为：

$$M+Y \rightleftharpoons MY$$

式中，M 代表金属离子，Y 代表配位剂，目前最常用的氨羧配位剂是 EDTA。

4. 氧化还原滴定法

以氧化还原反应为基础的滴定分析方法称为**氧化还原滴定法**。氧化还原滴定法可用氧化剂为滴定液测定还原性物质，也可用还原剂为滴定液测定氧化性物质。常用的方法有高锰酸钾法、碘量法、亚硝酸钠法等。例如用高锰酸钾滴定液滴定过氧化氢的反应式为：

$$2KMnO_4 + 5H_2O_2 + 3H_2SO_4 \longrightarrow K_2SO_4 + 2MnSO_4 + 5O_2\uparrow + 8H_2O$$

四、滴定分析法的主要滴定方式

1. 直接滴定法

将滴定液直接滴加到被测物质溶液中进行测定的滴定方式称为**直接滴定法**。直接滴定法是滴定分析法中最常用和最基本的滴定方式。只要化学反应符合滴定分析法的基本条件，都可以用直接滴定法进行滴定。例如，用 NaOH 为滴定液滴定 HCl 或以 $KMnO_4$ 为滴定液滴定过氧化氢等都属于直接滴定法。

2. 间接滴定法

间接滴定法是通过滴定某种组分来间接测定待测组分的滴定方式。当滴定液与待测组分的反应不能完全符合滴定反应条件时，不能用滴定液直接滴定待测组分，但可以用间接的方法来滴定。常用的间接滴定法有以下两种。

（1）返滴定法　先向待测溶液中定量加入过量的滴定液 A，使之与待测物质进行充分反应，待反应完成后，再用另一种滴定液 B 滴定剩余的滴定液 A，根据两种滴定液的浓度和用量，以及化学反应的计量关系，求算被测物质含量，这种滴定方式称为返滴定法，又称回滴定法或剩余滴定法。

（2）置换滴定法　当滴定液与被测物质的反应没有确定的计量关系或伴有副反应时，可先用适当的试剂与待测组分反应，使其定量地置换为另一种物质，这种物质可用滴定液滴定，这种滴定方法称为置换滴定法。

例如，在酸性溶液中，$Na_2S_2O_3$ 与强氧化剂 $K_2Cr_2O_7$ 的反应没有确定的化学计量关系，不能直接滴定。如果在 $K_2Cr_2O_7$ 的酸性溶液中加入过量 KI，能够定量置换出 I_2，即可用 $Na_2S_2O_3$ 滴定液定量滴定析出的 I_2，从而求算出 $K_2Cr_2O_7$ 的量。反应如下：

$$Cr_2O_7^{2-} + 6I^- + 14H^+ \rightleftharpoons 2Cr^{3+} + 7H_2O + 3I_2$$
$$I_2 + 2S_2O_3^{2-} \rightleftharpoons 2I^- + S_4O_6^{2-}$$

应用间接滴定法，大大扩展了滴定分析的应用范围，但引入误差的机会也会增加。

第二节　滴　定　液

一、滴定液浓度的表示方法

滴定液浓度常用物质的量浓度和滴定度表示。

1. 物质的量浓度

单位体积溶液中所含溶质 B 的物质的量称为**物质的量浓度**，简称浓度，以符号 c_B 或 $c(B)$ 表示。

$$c_B = \frac{n_B}{V} \tag{3-1}$$

式中　c_B——物质 B 的物质的量浓度，mol/L；
　　　n_B——物质 B 的物质的量，mol；
　　　V——溶液的体积，L。

物质的量计算公式为：

$$n_B = \frac{m_B}{M_B} \tag{3-2}$$

式中　n_B——物质 B 的物质的量，mol；
　　　m_B——物质 B 的质量，g；
　　　M_B——物质 B 的摩尔质量，g/mol。

由式(3-1)和式(3-2)可推导出：

$$c_B = \frac{m_B}{M_B V} \tag{3-3}$$

【例 3-1】 1.000L 氢氧化钠溶液中含有溶质 NaOH 10.00g，试求 NaOH 溶液的物质的量浓度为多少？

解 已知 $m(NaOH) = 10.00g$　$M(NaOH) = 40.00g/mol$　$V(NaOH) = 1.000L$

根据公式 $c_B = \dfrac{m_B}{M_B V}$ 得：

$$c(NaOH) = \frac{m(NaOH)}{M(NaOH)V(NaOH)} = \frac{10.00}{40.00 \times 1.000} mol/L = 0.2500 mol/L$$

答：NaOH 溶液的物质的量浓度为 0.2500mol/L。

2. 滴定度

在日常分析工作中，有时也用滴定度表示滴定液的浓度。滴定度有两种表示方法。

（1）T_B 表示法　以每毫升滴定液中所含溶质 B 的质量表示的溶液浓度用 T_B 表示。单位为 g/mL。如 $T(HCl) = 0.003646g/mL$，表示 1mL 盐酸溶液中含有 0.003646g HCl。

若已知溶液的滴定度及溶液的体积，则可求得溶液中所含溶质的质量。计算公式为：

$$m_B = T_B V \tag{3-4}$$

式中　m_B——溶质 B 的质量，g；
　　　T_B——滴定液的浓度，g/mL；
　　　V——溶液的体积，mL。

【例 3-2】 已知 $T(NaOH) = 0.004000g/mL$，求 20.00mL 氢氧化钠溶液中所含 NaOH 的质量。

解 已知 $T(NaOH) = 0.004000g/mL$　$V(NaOH) = 20.00mL$

根据公式 $m_B = T_B V$ 得：

$$m(NaOH) = T(NaOH)V(NaOH) = 0.004000g/mL \times 20.00mL = 0.08000g$$

答：氢氧化钠溶液中含 NaOH 的质量为 0.08000g。

（2）$T_{B/A}$ 表示法　以每毫升滴定液相当于被测物质 A 的质量表示的溶液浓度，用

$T_{B/A}$ 或 $T(B/A)$ 表示。单位为 g/mL。其中 B 表示滴定液的化学式，A 表示被测物质的化学式。如 $T(KMnO_4/Fe^{2+})=0.005800g/mL$，表示用 $KMnO_4$ 滴定液滴定 Fe^{2+} 试样时，每 1mL $KMnO_4$ 滴定液可与 0.005800g Fe^{2+} 完全反应。

若已知溶液的滴定度及滴定中所消耗滴定液的体积，则可以计算出被测物质的质量。计算公式为：

$$m_A = T_{B/A} V_B \tag{3-5}$$

【例 3-3】 用 $T(HCl/NaOH)=0.004000g/mL$ 的滴定液滴定 NaOH 试样，达到滴定终点时消耗该 HCl 滴定液 15.00mL，求被测溶液中氢氧化钠的质量。

解 已知 $T(HCl/NaOH)=0.004000g/mL$　$V(HCl)=15.00mL$

根据公式　$m_A = T_{B/A} V_B$　得：

$m(NaOH) = T(HCl/NaOH)V(HCl) = 0.004000 \times 15.00g = 0.06000g$

答：被测溶液中氢氧化钠的质量为 0.06000g。

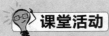

滴定度与质量浓度有何区别？

二、滴定液的配制

在滴定分析中，不论采用哪种滴定方法及滴定方式，都需要借助滴定液的浓度和体积来计算待测组分的含量。因此，进行滴定分析时，必须正确配制滴定液。

滴定液常用的配制方法有两种，即直接配制法和间接配制法。

1. 直接配制法

准确称取一定量的基准物质，加适量的纯化水溶解后，定量转移到容量瓶中，加纯化水稀释至标线，摇匀。根据称取基准物质的质量和容量瓶的容积，直接算出溶液准确浓度的方法，称为**直接配制法**。

直接配制法简单方便，溶液配好便可使用。但配制滴定液所用的物质必须为基准物质。

2. 间接配制法

用非基准物质配制滴定液，可先配制成近似浓度的溶液，再用基准物质或另一种滴定液来确定它的准确浓度。这种利用基准物质或已知准确浓度的溶液，来确定滴定液浓度的操作过程称为**标定**。间接法配制溶液时不需要用分析天平称量和容量瓶定容，可用托盘天平称量、量筒定容。将配制好的溶液转移到干净的试剂瓶中，待标定后才能作为滴定液使用。例如，NaOH 很容易吸收空气中的 CO_2 和水分；浓盐酸容易挥发，故它们都不能采用直接配制法配制，必须用间接法配制，经标定后再作滴定液使用。

基准物质的条件

1. 物质纯度要高，含量不得低于 99.99%。
2. 性质要稳定，储藏时应不易发生化学变化，不易风化和潮解、不吸收空气中的水和二氧化碳、不被空气氧化、烘干时不分解等。

> 3. 物质的组成应与化学式完全符合，若含结晶水，其数目也应与化学式符合，如硼砂 $Na_2B_4O_7 \cdot 10H_2O$ 等。
>
> 4. 试剂最好具有较大的摩尔质量。物质的摩尔质量越大，配制相同物质的量浓度的溶液需要称取的试剂量就越多，称量的相对误差就越小。

常用下列两种方法标定滴定液的准确浓度。

（1）基准物质标定法

① 多次称量法　精密称取基准物质 3 份，分别置于标号的洁净锥形瓶中，加适量的纯化水溶解后，分别加入指示剂，用待标定的滴定液滴定至终点，根据基准物质的质量和待标定滴定液所消耗的体积，计算出滴定液的准确浓度。如果该测定结果的精密度符合要求，则取其平均值作为待标定滴定液的浓度。

② 移液管法　精密称取基准物质于烧杯中，加适量溶剂溶解后，定量转移至容量瓶中，加溶剂稀释至刻度线，摇匀，计算出该溶液的准确浓度。用移液管取该溶液一定量，置于锥形瓶中，加指示剂，用待标定的滴定液滴定至终点，根据其反应的化学计量关系计算出待标定滴定液的准确浓度。平行实验 3 次。如果该测定结果的精密度符合要求，则取其平均值作为待标定滴定液的浓度。

（2）滴定液标定法　也称为比较法标定。准确量取一定体积的待标定溶液，用已知准确浓度的滴定液滴定，或准确量取一定体积的滴定液，用待标定的溶液进行滴定，平行实验 3 次。根据两种溶液反应完全时消耗的体积及滴定液的浓度，计算出待标定溶液的准确浓度。这种用已知浓度滴定液来测定待标定溶液准确浓度的操作过程称为**比较法标定**。

标定完毕后，盖紧瓶塞，贴好标签备用。基准物质标定法准确度较高，引入误差的可能性较小。当每次滴定所需基准物质的称取量小于 0.1g 时，可采用移液管法标定，其操作稍复杂。比较法标定操作简便、快速，但不如基准物质标定法精确，引入误差的可能性较大。

第三节　滴定分析法的计算

一、滴定分析中的计量关系

在滴定分析中，设 B 为滴定液，A 为被测物质，其滴定反应可用下式表示：

$$bB\ +\ aA\ \longrightarrow\ P$$
（滴定液）　（被测物质）　　（生成物）

当滴定达到化学计量点时，b mol 的 B 恰好与 a mol 的 A 完全作用（或相当），则：

$$n_B : n_A = b : a$$

即

$$n_A = \frac{a}{b}n_B \quad \text{或} \quad n_B = \frac{b}{a}n_A \tag{3-6}$$

1. 物质的量浓度、物质的量和体积的关系

若被测物质是溶液，其体积为 V_A、浓度为 c_A，与浓度为 c_B 的滴定液反应，到达化学计量点时用去滴定液 V_B mL。由式(3-1) 和式(3-6) 可得：

$$c_A V_A = \frac{a}{b} c_B V_B \tag{3-7a}$$

若为溶液的稀释,式(3-7a) 可改写为:
$$c_1V_1=c_2V_2 \tag{3-7b}$$
式中　c_1, V_1——稀释前溶液的浓度和体积;
　　　c_2, V_2——稀释后溶液的浓度和体积。

2. 物质的量浓度、物质的质量与物质的量的关系

若被测物质是固体,则由式(3-1)、式(3-2) 和式(3-6) 可推导出被测物质与滴定液相互作用的计算公式为:
$$\frac{m_A}{M_A}=\frac{a}{b}c_BV_B \quad 或 \quad m_A=\frac{a}{b}c_BV_BM_A \tag{3-8a}$$

在滴定分析中,体积常以 mL 为单位来计量,若用 mL 作为体积单位直接进行计算,则上式可写为:
$$m_A=\frac{a}{b}c_BV_BM_A\times10^{-3} \tag{3-8b}$$

若以固体配制为溶液,式(3-8b) 可写作为:
$$m_A=c_AV_AM_A\times10^{-3} \tag{3-8c}$$

式中　m_A, M_A——固体物质的质量和摩尔质量;
　　　c_A, V_A——配制成的溶液的浓度和体积。

3. 被测物质含量的计算

若被测样品为固体,其组分的含量通常以质量分数表示,设 m_s 为样品的质量,m_A 为样品中被测组分的质量,w_A 为被测组分的质量分数。则:
$$w_A=\frac{m_A}{m_s} \tag{3-9a}$$

根据式(3-8b) 可得:
$$w_A=\frac{\frac{a}{b}c_BV_BM_A\times10^{-3}}{m_s} \tag{3-9b}$$

根据式(3-5) 可得:
$$w_A=\frac{T_{B/A}V_B}{m_s} \tag{3-9c}$$

在实际滴定时,若滴定液的实际浓度与规定的浓度 c_B 不一致时,可用校正因数 F 进行校正。
$$F=\frac{实际浓度}{规定浓度}$$

则式(3-9c) 可表示为:
$$w_A=\frac{T_{B/A}V_BF}{m_s} \tag{3-9d}$$

课堂活动

测定样品含量时,除用质量分数表示外,还可用百分数表示,以公式 $A=\frac{m_A}{m_s}\times 100\%$ 为基本式,请推导用物质的量浓度和滴定度表示溶液浓度时样品含量的百分数计算式。

若被测样品为液体,其含量常用质量浓度表示,公式为:

$$\rho_A = \frac{\frac{a}{b}c_B V_B M_A}{V_{样}} \tag{3-10}$$

式中 ρ_A ——样品的质量浓度,g/L 或 g/mL。

以上公式是滴定分析计算的最基本公式,其应用结合下面的实例进行讨论。

二、滴定分析法的有关计算

1. 滴定液配制的计算公式和应用示例

滴定液配制的计算依据是溶液在配制前后溶质的物质的量相等,即:
$$n(配制前) = n(配制后)$$

(1) 用直接法配制一定浓度的溶液

【例 3-4】 欲配制 0.1013mol/L 的 $K_2Cr_2O_7$ 滴定液 1000mL,问应称取基准物质 $K_2Cr_2O_7$ 的质量为多少克?

解 已知 $c(K_2Cr_2O_7) = 0.1013\text{mol/L}$ $V = 1000\text{mL} = 1.000\text{L}$ $M(K_2Cr_2O_7) = 294.2\text{g/mol}$

根据公式 $m_A = c_A V_A M_A$ 得:
$$m(K_2Cr_2O_7) = c(K_2Cr_2O_7) V(K_2Cr_2O_7) M(K_2Cr_2O_7)$$
$$= 0.1013\text{mol/L} \times 1000\text{mL} \times 294.2\text{g/mol} = 29.80\text{g}$$

答:应称取基准物质 $K_2Cr_2O_7$ 的质量为 29.80g。

(2) 溶液的稀释

【例 3-5】 现有 0.1782mol/L 的 NaOH 溶液 500.0mL,欲将其稀释成 0.1000mol/L,应向溶液中加多少毫升水?

解 已知 $c_1 = 0.1782\text{mol/L}$ $V_1 = 500.0\text{mL}$ $c_2 = 0.1000\text{mol/L}$

设加水量为 V mL,则 $V_2 = (500.0 + V)\text{mL}$

根据公式 $c_1 V_1 = c_2 V_2$ 得:
$$0.1782\text{mol/L} \times 500.0\text{mL} = 0.1000\text{mol/L} \times (500.0\text{mL} + V)$$
$$V = 391.0\text{mL}$$

答:应向溶液中加 391.0mL 水,得到 0.1000mol/L 的溶液。

【例 3-6】 已知浓盐酸的密度为 1.19kg/L,其中 HCl 的质量分数为 0.3700,试求该盐酸溶液的物质的量浓度。若要配制 0.1mol/L 的盐酸溶液 1000mL,应取浓盐酸多少毫升?

解 ① 已知 $w(\text{HCl}) = 0.3700$ $\rho = 1.19\text{kg/L} = 1190\text{g/L}$ $M(\text{HCl}) = 36.45\text{g/mol}$

根据公式 $m_B = \rho V w_B$,得每升浓盐酸中含 HCl 的质量为:
$$m(\text{HCl}) = 1190 \times 0.3700 \times 1.000 = 440.3(\text{g})$$

根据公式 $c_B = \frac{m_B}{M_B V}$ 得浓盐酸的浓度为:
$$c(\text{HCl}) = \frac{m(\text{HCl})}{M(\text{HCl}) V} = \frac{440.3}{36.45 \times 1.000}\text{mol/L} = 12.08\text{mol/L}$$

② 已知 $c_1 = 12.08\text{mol/L}$,$c_2 = 0.1\text{mol/L}$,$V_2 = 1000\text{mL}$

根据公式 $c_1 V_1 = c_2 V_2$ 得
$$12.08\text{mol/L} \times V(\text{HCl}) = 0.1\text{mol/L} \times 1000\text{mL}$$

$$V(\text{HCl}) = 8.3\text{mL}$$

答：浓盐酸的物质的量浓度约为 12.08mol/L，配制 0.1mol/L 的盐酸溶液 1000mL，应取浓盐酸的体积为 8.3mL。

2. 标定滴定液的应用实例

（1）用比较法标定滴定液的浓度

【例 3-7】 滴定 0.1020mol/L 的 NaOH 滴定液 20.00mL，至化学计量点时消耗 H_2SO_4 溶液 19.15mL，计算 H_2SO_4 溶液的物质的量浓度。

解 已知 $c(\text{NaOH}) = 0.1020\text{mol/L}$ $V(\text{NaOH}) = 20.00\text{mL}$ $V(H_2SO_4) = 19.15\text{mL}$

$$2\text{NaOH} + H_2SO_4 \longrightarrow Na_2SO_4 + 2H_2O$$
$$b = 2 \qquad a = 1$$

根据公式 $c_A V_A = \dfrac{a}{b} c_B V_B$ 得：

$$c(H_2SO_4) = \dfrac{a}{b} \times \dfrac{c(\text{NaOH})V(\text{NaOH})}{V(H_2SO_4)} = \dfrac{1}{2} \times \dfrac{0.1020 \times 20.00}{19.15} \text{mol/L} = 0.05326\text{mol/L}$$

答：H_2SO_4 溶液的物质的量浓度 0.05326mol/L。

（2）用基准物质标定溶液的浓度

【例 3-8】 精密称取基准物质邻苯二甲酸氢钾（$KHC_8H_4O_4$）0.5212g，标定 NaOH 溶液，终点时用去 NaOH 溶液 22.20mL，求 NaOH 溶液的物质的量浓度。

解 已知 $m(KHC_8H_4O_4) = 0.5212\text{g}$ $V(\text{NaOH}) = 22.20\text{mL}$ $M(KHC_8H_4O_4) = 204.4\text{g/mol}$

$$\text{COOH/COOK} + \text{NaOH} \longrightarrow \text{COONa/COOK} + H_2O$$
$$a = 1 \qquad b = 1$$

根据公式 $m_A = \dfrac{a}{b} c_B V_B M_A \times 10^{-3}$ 得：

$$c(\text{NaOH}) = \dfrac{b}{a} \times \dfrac{m(KHC_8H_4O_4)}{V(\text{NaOH})M(KHC_8H_4O_4) \times 10^{-3}}$$

$$= \dfrac{0.5212}{22.20 \times 204.4 \times 10^{-3}} \text{mol/L} = 0.1149\text{mol/L}$$

答：NaOH 溶液的物质的量浓度为 0.1149mol/L。

（3）估算应称取基准物质的质量

【例 3-9】 标定盐酸滴定液时，为使 0.1mol/L 的盐酸滴定液消耗在 20～25mL 之间，应称基准物质无水 Na_2CO_3 多少克？

解 已知 $c(\text{HCl}) = 0.1\text{mol/L}$ $V(\text{HCl}) = 20\sim25\text{mL}$ $M(Na_2CO_3) = 105.99\text{g/mol}$

$$2\text{HCl} + Na_2CO_3 \longrightarrow 2\text{NaCl} + CO_2\uparrow + H_2O$$
$$b = 2 \qquad a = 1$$

根据公式 $m_A = \dfrac{a}{b} c_B V_B M_A \times 10^{-3}$ 得：

$$m(Na_2CO_3) = \dfrac{1}{2} c(\text{HCl}) V(\text{HCl}) M(Na_2CO_3) \times 10^{-3}$$

当 $V(\text{HCl}) = 20\text{mL}$ 时 $m(Na_2CO_3) = \dfrac{1}{2} \times 0.1 \times 20 \times 105.99 \times 10^{-3} \text{g} = 0.11\text{g}$

当 $V(HCl)=25mL$ 时 $m(Na_2CO_3)=\dfrac{1}{2}\times 0.1\times 25\times 105.99\times 10^{-3}g=0.13g$

答：欲消耗 0.1mol/L HCl 溶液 20～25mL，应称取基准物质无水 Na_2CO_3 的质量在 0.11～0.13g 之间。

3. 物质的量浓度与滴定度间的换算

（1）滴定度 T_B 与物质的量浓度 c_B 之间的换算 根据公式 $m_B=T_B V_B$ 或 $m_B=c_B M_B V_B\times 10^{-3}$ 可以推导出：

$$c_B=\dfrac{T_B\times 1000}{M_B} \quad 或 \quad T_B=\dfrac{c_B M_B}{1000} \tag{3-11}$$

（2）滴定度 $T_{B/A}$ 与物质的量浓度 c_B 之间的换算 由公式 $m_A=\dfrac{a}{b}c_B V_B M_A\times 10^{-3}$ 和公式 $m_A=T_{B/A}V_B$ 可以推导出：

$$T_{B/A}=\dfrac{a}{b}c_B M_A\times 10^{-3} \quad 或 \quad c_B=\dfrac{b}{a}\times\dfrac{T_{B/A}\times 1000}{M_A} \tag{3-12}$$

【例3-10】 试计算 0.1020mol/L HCl 滴定液对 CaO 的滴定度。

解 已知 $c(HCl)=0.1020mol/L$ $M(CaO)=56.08g/mol$

$$2HCl+CaO\longrightarrow CaCl_2+H_2O$$
$$b=2 \quad a=1$$

根据公式 $T_{B/A}=\dfrac{a}{b}c_B M_A\times 10^{-3}$ 得：

$$T(HCl/CaO)=\dfrac{1}{2}c(HCl)M(CaO)\times 10^{-3}=\dfrac{1}{2}\times 0.1020\times 56.08\times 10^{-3}g/mL$$
$$=0.002860g/mL$$

答：0.1020mol/L HCl 滴定液对 CaO 的滴定度为 0.002860g/mL。

【例3-11】 已知 $T(EDTA/CaO)=0.001122g/mL$，计算 EDTA 滴定液的物质的量浓度。

解 已知 $T(EDTA/CaO)=0.001122g/mL$ $M(CaO)=56.08g/mol$

$$H_2Y^{2-}+CaO\longrightarrow CaY^{2-}+H_2O$$
$$b=1 \quad a=1$$

由公式 $c_B=\dfrac{b}{a}\times\dfrac{T_{B/A}\times 1000}{M_A}$ 得：

$$c_{EDTA}=\dfrac{b}{a}\times\dfrac{T(EDTA/CaO)\times 1000}{M(CaO)}=\dfrac{0.001122\times 1000}{56.08}mol/L=0.02001mol/L$$

答：EDTA 滴定液的物质的量浓度为 0.02001mol/L。

4. 被测物质含量的计算

【例3-12】 精密称取 NaCl 样品 0.1985g，加水溶解，加指示剂适量，用 0.1060mol/L 的 $AgNO_3$ 滴定液滴定至终点，消耗 $AgNO_3$ 溶液 24.20mL，计算样品中 NaCl 的质量分数。

解 已知 $m(NaCl)=0.1985g$ $c(AgNO_3)=0.1060mol/L$ $V(AgNO_3)=24.20mL$
$M(NaCl)=58.44g/mol$

$$AgNO_3+NaCl\longrightarrow AgCl\downarrow+NaNO_3$$
$$b=1 \quad a=1$$

根据公式 $m_A = \dfrac{a}{b} c_B V_B M_A \times 10^{-3}$ 得：

$$m(NaCl) = c(AgNO_3)V(AgNO_3)M(NaCl) \times 10^{-3} = 0.1060 \times 24.20 \times 58.44 \times 10^{-3}\,g$$
$$= 0.1499\,g$$

$$w(NaCl) = \dfrac{m(NaCl)}{m_s} = \dfrac{0.1499\,g}{0.1985\,g} = 0.7552$$

答：样品中 NaCl 的质量分数为 0.7552。

【例 3-13】 精密称取草酸（$H_2C_2O_4 \cdot 2H_2O$）0.1326g，加水溶解，加指示剂适量，用 0.1120mol/L 的 NaOH 滴定液滴定至终点，消耗 NaOH 滴定液 24.00mL。已知 1mL NaOH（0.1000mol/L）滴定液相当于 4.522mg 的草酸。试用滴定度计算样品中草酸的质量分数。

解 已知 $m(H_2C_2O_4 \cdot 2H_2O) = 0.1326\,g$ $c(NaOH) = 0.1120\,mol/L$

$V(NaOH) = 24.00\,mL$ $T(NaOH/H_2C_2O_4 \cdot 2H_2O) = 4.522 \times 10^{-3}\,g/mL$

$$H_2C_2O_4 + 2NaOH \longrightarrow Na_2C_2O_4 + 2H_2O$$

由公式 $w_A = \dfrac{T_{B/A} V_B F}{m_s}$ 和 $F = \dfrac{\text{实际浓度}}{\text{规定浓度}}$，得：

$$w(H_2C_2O_4 \cdot 2H_2O) = \dfrac{T(NaOH/H_2C_2O_4 \cdot 2H_2O)V(NaOH)F}{m_s}$$

$$= \dfrac{4.522 \times 10^{-3}\,g/mL \times 24.00}{0.1326\,g}\,mL \times \dfrac{0.1120\,mol/L}{0.1000\,mol/L}$$

$$= 0.9167$$

答：样品中草酸的质量分数为 0.9167。

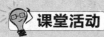

课堂活动

试用式(3-9b)计算样品中草酸的质量分数。

达标测评

一、名词解释

1. 滴定液　2. 标定　3. 物质的量浓度　4. 滴定度　5. 基准物质

二、单项选择题

1. 滴定分析法属于下列哪种分析方法。（　　）

　　A. 化学分析　　B. 仪器分析　　C. 重量分析
　　D. 物理分析　　E. 微量分析

2. 滴定分析法的相对误差在一般情况下（　　）。

　　A. ≤0.01%　　B. ≤0.1%　　C. ≤0.02%
　　D. ≤0.2%　　E. ≤1%

3. 测定 $CaCO_3$ 时，先加入准确过量的 HCl 滴定液与其完全反应，剩余的 HCl 用 NaOH 滴定液滴定，这种滴定方式属于（　　）。

A. 直接滴定　　B. 置换滴定　　C. 剩余滴定
D. 间接滴定　　E. 酸碱滴定

4. 滴定终点是指（　　）。
   A. 指示剂发生颜色变化的转变点
   B. 反应达到质量相等的那一点
   C. 滴定液与被测物质按化学计量关系定量反应完全的那一点
   D. 停止滴定的那一点
   E. 加入 20.00mL 滴定液的那一点

5. 用 HCl 滴定液测定 $CaCO_3$ 样品的含量时，a/b 为（　　）。
   A. 1/1　　B. 1/2　　C. 2/1
   D. 1/3　　E. 1/4

6. 下列物质可以作为基准物质的是（　　）。
   A. Na_2CO_3　　B. HCl　　C. NaOH
   D. H_2SO_4　　E. HNO_3

7. 用基准物质配制滴定液的方法称为（　　）。
   A. 间接配制法　　B. 移液管法　　C. 直接配制法
   D. 比较法　　E. 置换滴定法

8. 用 $AgNO_3$ 滴定液测定 NaCl 的含量，若 $T(AgNO_3/NaCl)=1.00\times10^{-2}$ g/mL，达到终点时，用去 $AgNO_3$ 滴定液 22.00mL，则样品中 NaCl 的质量为（　　）。
   A. 0.022g　　B. 0.058g　　C. 0.22g
   D. 0.58g　　E. 0.29g

9. 标定滴定液浓度误差较小的方法是（　　）。
   A. 基准物质法　　B. 比较法　　C. 剩余滴定法
   D. 直接滴定法　　E. 置换滴定法

10. 用直接法配制滴定液，用于定容溶液体积的容器为（　　）。
    A. 滴定管　　B. 量筒　　C. 移液管
    D. 容量瓶　　E. 烧杯

三、多项选择题

1. 下列属于滴定分析法特点的是（　　）。
   A. 仪器简单　　B. 操作方便　　C. 测定快速
   D. 准确度高　　E. 常用于微量分析

2. 滴定液配制的方法有（　　）。
   A. 移液管法　　B. 直接法　　C. 间接法
   D. 多次称量法　　E. 比较法

3. 洗涤后需用待装溶液淌洗的仪器是（　　）。
   A. 滴定管　　B. 试管　　C. 锥形瓶
   D. 烧杯　　E. 移液管

4. 滴定分析法的条件是（　　）。
   A. 反应必须能定量地完成
   B. 有适当简便的方法确定滴定终点
   C. 反应速率要快

D. 存在于被测溶液中的杂质不得干扰主要反应

E. 必须有指示剂能够指示滴定终点

5. 基准物质必须具备的条件有（　　）。

A. 纯度高　　　B. 稳定性大　　　C. 组成和化学式相符

D. 不含结晶水　E. 摩尔质量大

四、填空题

1. 已知准确浓度的试剂溶液称为_____（又称_____）。

2. 加入的_____与_____按化学计量关系定量反应完全时称反应达到了化学计量点。

3. 滴定分析法的滴定方式有：_____、_____、_____、_____。

4. 滴定度与物质的量浓度之间的关系式为_____。

5. 标定滴定液的方法分为：_____和_____。

五、简答题

1. 化学计量点与滴定终点有何不同？

2. 什么是终点误差？如何减小终点误差？

3. 滴定分析法主要分为几大类？其反应基础各为什么？

4. 滴定分析法常用的滴定方式有几种？说出其各自的适用范围。

5. 滴定液的配制有几种方法？说出各种配制方法的适用范围。

六、计算题

1. 已知浓硫酸的密度为 1.84g/mL，质量分数为 0.96，计算浓硫酸的物质的量浓度。若需配制 0.5mol/L 的硫酸溶液 1000mL，需取浓硫酸多少毫升？[$M(H_2SO_4)=98.08$ g/mol]

2. 将 32.00g NaOH 溶于水配制成 300.0mL 溶液，此溶液的物质的量浓度是多少？中和此 NaOH 溶液需要 6.000mol/L 的 HCl 滴定液多少毫升？[$M(NaOH)=40.01$ g/mol]

3. 0.1000mol/L 的 NaOH 滴定液对苯甲酸（$C_7H_6O_2$）的滴定度[$T(NaOH/C_7H_6O_2)$]是多少？[$M(C_7H_6O_2)=122.12$ g/mol]

4. 精密称取干燥至恒重的基准物质无水 Na_2CO_3 0.1258g，标定 HCl 溶液，以甲基橙为指示剂滴定至终点时消耗 HCl 溶液 20.08mL，计算 HCl 滴定液的浓度。[$M(Na_2CO_3)=105.99$ g/mol]

5. 称取 NaCl 样品 0.1248g，以 K_2CrO_4 为指示剂，用 0.1050mol/L 的 $AgNO_3$ 滴定至终点，用去 20.08mL，计算 NaCl 的含量。[$M(NaCl)=58.44$ g/mol]

6. 在 0.2500g $CaCO_3$ 试样中，加入 0.2480mol/L 的 HCl 滴定液 25.00mL，过量的 HCl 溶液用 0.2450mol/L 的 NaOH 滴定液滴定，终点时消耗 NaOH 滴定液 6.80mL，求试样中 $CaCO_3$ 的含量。[$M(CaCO_3)=100.09$ g/mol]

第四章 滴定分析常用仪器及基本操作

学习目标 ▶▶

1. 熟练掌握电子天平的称量方法
2. 说出滴定管、容量瓶、移液管的类型与规格
3. 熟练掌握容量瓶、移液管和滴定管的操作
4. 了解滴定管的体积校准、滴定液的温度校准和滴定的空白校准
5. 学会移液管与容量瓶的相对校准

滴定分析仪器可以分为两类。一是精密仪器，包括电子天平（称量值可读至 0.1mg）、滴定管（读数可读至 0.01mL）、移液管（读数可读至 0.01mL，容积可认为是准确体积）、容量瓶（容积可认为是准确值）等。二是辅助仪器，包括电子秤、托盘天平、量筒、烧杯、锥形瓶、试剂瓶、玻璃棒、干燥器等。

准确称量基准物质和试样质量时，必须用电子天平。准确量取溶液体积时，必须选用滴定管、容量瓶、移液管等。例如，间接法配制滴定液，在配制近似浓度的溶液时，试剂的质量和溶剂的体积都不需要十分准确，用辅助仪器称取溶质、量取溶剂即可。但在标定滴定液的浓度时，必须用电子天平测定基准物质的质量，用滴定管测定消耗滴定液的体积，才能计算出滴定液的准确浓度，符合定量计算的要求。

第一节 电子天平

分析天平是精准测定物体质量的计量仪器。一般是指可精确称量至 0.0001g（即 0.1mg）的天平。称量的准确度直接影响分析结果。因此，了解分析天平的类型、结构，掌握其称量方法，是非常必要的。

随着科技的进步，分析天平经历了由摇摆天平、机械加码电光天平、单盘天平到电子天平的历程，现在分析天平已逐步被电子天平所取代。因此这里只对机械加码电光天平作简要的介绍，着重阐述电子天平。

一、电子天平的称量原理

电子天平是最新一代天平，其电路结构多种多样，但其称量的依据都是电磁力平衡原

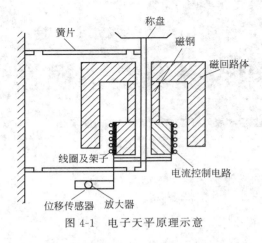

图 4-1 电子天平原理示意

理。若将通电导线放在磁场中，导线将产生电磁力，力的大小与流过线圈的电流强度成正比。由于重物的重力方向向下，电磁力方向向上，与之相平衡，则通过导线的电流与被称物的质量成正比。

图 4-1 是电子天平原理示意。秤盘通过支架连杆与线圈相连，线圈置于磁场中。秤盘及被称物的重力通过连杆支架作用于线圈上，重力方向向下。线圈内有电流通过，产生一个向上作用的电磁力，与秤盘重力方向相反、大小相等。电子天平应用现代电子控制技术，通过数字显示出物体的质量。

 化学与生活

黄金哪里去了？

有人在北京用刚校准过的电子天平称得金首饰 100.0000g，带上这架电子天平，坐飞机到广州后称量，只有 99.8621g，少了 137.9mg。黄金哪里去了？

电子天平是利用电磁力平衡原理实现称量的，它将被称物产生的重力经过电子控制技术转换成电信号，再还原成重力显示出来。因此，电子天平称得的是重量，而不是质量。北京和广州的重力加速度 g 不同，因此其重力也不同。如果他在广州称量前先校准电子天平，那称得的结果就会与北京一模一样，黄金就不会少了。

二、电子天平的结构

电子天平的种类较多，现主要介绍常用于分析测试的电子分析天平（简称为电子天平）。一般分析测试中所用电子天平的最大载荷为 100g 或 200g，可精确到 0.1mg。

常见电子天平的结构如图 4-2 所示。不同型号的电子天平有不同的操作界面，有的电子天平操作键更加简洁。

用于分析测试的电子天平通常在其外围有玻璃风罩，目的是避免气流，保证稳定性和精确度。电子天平设有显示屏、触摸键，拥有自动校准、自动调零、扣除皮重、累计称量、挂钩下称、输出打印等功能。它具有操作简便、准确度高等优点。

三、电子天平的操作方法

1. 电子天平的使用方法

（1）清扫　取下天平罩，用软毛刷清扫秤盘。

（2）检查、调节水平　查看水平仪内的水泡是否位于圆环的中央，如偏移，调整水平调节螺丝（两只底脚螺丝），使水泡在水平仪中心。

（3）预热　接通电源，在"OFF"状态下，预热 30min（或按说明书要求操作）。

（4）开启显示器　按开关键，在"ON"状态下，天平自检完毕后，显示"0.0000g"时，方可称量。如不是"0.0000g"，则按清零键（Tare）。

(5) 校准　电子天平的校准，不同的型号，有不同的方式，主要有内校和外校两种。

① 外校　空盘时按清零键（Tare），显示"0.0000g"，再按校准键（CAL）至显示"CAL-100"，此时在天平盘上用镊子放上100g标准砝码（天平的随机附件中配备），经数秒钟后，显示"100.0000g"，移去标准砝码，放回砝码盒中，关闭天平门，显示"0.0000g"，表示天平校准成功，则可进行称量。若显示不为零，则再清零，重复以上校准操作，至显示为"0.0000g"。有的仪器是200g校准砝码，显示的是"CAL-200"，操作方法相同。

② 内校　空盘时按下清零键（Tare），显示"0.0000g"，再按下校准键（CAL），可听到天平内部有电机驱动声音，显示屏上出现"CAL"，待数秒后，驱动声停止，屏上显示"0.0000g"，说明仪器已校准完毕。该系列的天平都配有一个内置的校准砝码，由内部的电机驱动加载，并在结束调校后被重新卸载。

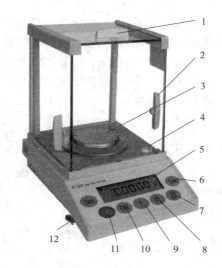

图 4-2　电子天平结构
1—顶门；2—边门；3—秤盘；4—水平仪；
5—显示屏；6—清零键（Tare）；7—打印键；
8—清除功能键；9—功能键；10—校准键（CAL）；
11—开关键（ON—开显示屏，OFF—
关显示屏）；12—水平调节螺丝

电子天平采用电磁平衡方式，因称出的是质量，使用时需要校准仪器，以消除各使用地点重力加速度不同对称量结果造成的影响。为确保称量的准确性，电子天平安装后、首次使用前、环境变化、搬动或移位后，都应对电子天平进行校准，天平校准后称量的显示值可以认为是物质的质量。

(6) 称量物的准备　分析化学实验中称取基准物质常常借助于洁净干燥的长型称量瓶，称量瓶及称量物一般存放在干燥器内。

干燥器开盖或合盖时，应将盖子向一侧推，如图4-3所示，不要向上提起。搬移时，应用双手拇指压住盖子，以防盖子滑落，如图4-4所示。当较热物品放进干燥器后，应不时地把盖子稍微推开一些，使热空气排出，推开时间每次不要超过1s。这样可以平衡干燥器内外压力，避免因空气受热膨胀将盖子滑落或冷却后容器内压力降低，盖子不易打开。

图 4-3　干燥器开盖或合盖操作

图 4-4　干燥器的搬移

(7) 称量　按清零键（Tare），显示"0.0000g"后，置称量物于天平盘上，关闭天平门,显示器上的数字不断变化,待数字稳定并出现单位"g"后,则表示天平显示值已稳定,此时才可以读数。此时所读数值即为被称量物的质量,应及时记录于报告本上。

（8）称量结束工作　称量结束后,取下称量物,按清零键（Tare）,显示"0.0000g"后,按开关键（ON/OFF）,天平处于待机状态,用软毛刷清扫秤盘,罩上天平罩,凳子放回原处,并在登记本上记录使用情况。平时电子天平应保持通电,将开关键置于待机状态。如一个月以上不用,应拔掉电源。

2. 电子天平的称量方法

电子天平的称量方法有直接称量法、减量称量法、固定质量称量法、累计称量法和下称法等多种。电子天平有去皮功能,巧妙地应用该功能能起到事半功倍的效果。

（1）直接称量法　主要用于称取固体物品的质量,可一次称取一定质量的样品。按是否使用去皮功能,又分为不去皮直接称量法和去皮直接称量法。

① 不去皮直接称量法（以表面皿的称量为例）　依照上述称量的程序,检查、调整好天平后,按清零键（Tare）,显示"0.0000g"后,将一干燥洁净的表面皿从边门放置于秤盘中央,关闭天平门,数字稳定后读数,即为该表面皿的质量m_1。用牛角匙取试样,从天平边门伸入,将试样放在上述表面皿中,关闭天平门,称出表面皿和试样的总质量为m_2。两次称量质量之差m_2-m_1即为试样的质量,及时记录称量值。

② 去皮直接称量法　检查、调整天平后,按清零键（Tare）,显示"0.0000g"后,将表面皿放在天平盘上,关闭天平门,数字稳定后,再按清零键（Tare）,当显示"0.0000g"时,用牛角匙取试样放在表面皿上,显示值即为试样的质量。

称量容器除表面皿外,还可以用小烧杯或称量纸等。在空气中稳定、没有吸湿性的试样均可用直接称量法。

（2）减量称量法　减量称量法是利用每两次称量之差,求得一份或多份被称量物的质量。本法可用来称取易吸湿、易氧化、易与CO_2反应的样品。称出样品的质量不要求固定的数值,只需在要求的范围内即可,一般要求在±10%以内。定量分析中常用此法称取多份样品。减量称量法也可以去皮和不去皮,这里介绍去皮减量称量法。

检查、调整天平后,按清零键（Tare）,显示"0.0000g"。将盛装一定量试样的称量瓶用手套或纸条放在天平盘上,关闭天平门,按清零键（Tare）,显示"0.0000g"。用手套或纸条取出称量瓶,按

图 4-5　倾出样品操作

图 4-5方法,用瓶盖轻敲称量瓶上口,倾出一定量试样后,在一面轻敲的情况下慢慢竖起称量瓶,使瓶口不留一点试样,轻轻盖好瓶盖,放入秤盘上,显示屏显示值为"－"值,其"－"号可理解为取出,其数值为倾出试样的质量。若倾出的量不够,可继续倾出；如过量了,则弃去重称。按上述方法连续操作,可称取多份试样,进行平行试验。

（3）固定质量称量法（去皮法）　以称量0.5000g固体试样为例。加试样接近固定质量前的操作与去皮直接称量法相同,当所加试样与固定质量相差很小时,需极其小心地将盛有试样的牛角匙伸向天平盘的容器上方约2～3cm处,角匙的另一端顶在掌心上,用拇指、中指及掌心拿稳牛角匙,并用食指轻弹匙柄,将试样慢慢抖入容器中,直至恰好达到指定的质

量（如 0.5000g）。此操作应十分细心，如不慎加多了试样，只能用牛角匙取出多余的试样，再重复上述操作，直到恰好达到固定质量。

配制一定准确浓度的标准溶液，可用固定质量称量法称量物质的质量。

（4）累计称量法　利用去皮重功能，将被称物逐个置于秤盘上，并相应逐一去皮清零，最后移去所有被称物，则显示数的绝对值为被称物的总质量值。

（5）下称法　拧松底部下盖板的螺丝，露出挂钩，将天平置于开孔的工作台上，调准水平，并对天平进行校准工作，就可用挂钩称量挂物了。

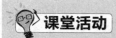

为什么减量称量法中所用的称量瓶必须干燥，而承接样品的锥形瓶不需要干燥？

四、电子天平的特点

（1）使用寿命长，性能稳定，灵敏度高且操作方便。

（2）电子天平采用电磁力平衡原理，称量时全量程不用砝码。放上被称物后，在几秒内即达到平衡，显示读数，称量速度快，精度高。

（3）具有自动校准、超载指示、故障报警、自动去皮等功能。

（4）电子天平具有质量电信号输出，可以与打印机、计算机连用，扩展其功能，这是机械化天平无可比拟的优点。

五、电子天平的使用注意事项

（1）电源必须是220V交流电，且有良好的接地线。

（2）天平应放于无振动、无气流、无热辐射及无腐蚀性气体的环境中。为防潮，天平箱内可放干燥剂。

（3）天平开机后需预热30min以上。

（4）试样不得直接放在天平盘上，对腐蚀性或吸湿性的物质必须放在称量瓶或其他密闭容器中称量。

（5）称量物体的温度要与天平的温度一致，不得把热的或冷的物体放入天平内称量。

六、电子天平常见故障及其排除

分析工作者对自己使用的电子天平应掌握简单的检查方法，具备排除一般故障的知识，以保证工作顺利进行。在未掌握一定的技术之前不应乱动，电子天平的大修，一般由专门人员进行。电子天平常见故障及其排除方法参见表4-1。

表4-1　电子天平常见故障及排除方法

天平故障	产生原因	排除方法
显示屏上无显示	无工作电压	检查供电线路及仪器
显示不稳定	1. 振动和风的影响 2. 防风罩未完全关闭 3. 秤盘与天平外壳之间有杂物 4. 防风屏蔽环被打开 5. 被称物吸湿或有挥发性，使质量不稳定	1. 改变放置场所，采取相应措施 2. 关闭防风罩 3. 清除杂物 4. 放好防风环 5. 给被称物加盖子

续表

天平故障	产生原因	排除方法
测定值漂移	被称物带静电荷	装入金属容器中称量
（部分型号）频繁进入自动量程校正	室温及天平温度变化太大	移至温度变化小的地方
称量结果明显错误	天平未经校准	对天平进行校准

第二节 滴 定 管

一、滴定管的类型与规格

1. 滴定管的类型

滴定管是带有精密刻度的细长玻璃管，下端连有控制液体流量的开关，在滴定时用来测定自管内流出体积的一种测量仪器。滴定管的零刻度在最上面，数值自上而下读取。

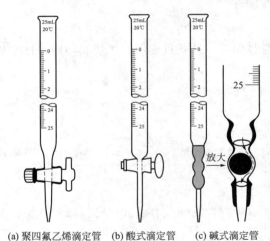

(a) 聚四氟乙烯滴定管　(b) 酸式滴定管　(c) 碱式滴定管

图 4-6　滴定管

滴定管控制开关有活塞［图 4-6(a)、(b)］和橡胶管玻璃球阀［图 4-6(c)］两种，滴定管的活塞材质有聚四氟乙烯［图 4-6(a)］和玻璃［图 4-6(b)］两种。

滴定管根据可盛放溶液的不同分为酸式滴定管和碱式滴定管两种。

（1）酸式滴定管　这是一种下端带有玻璃活塞的滴定管。玻璃活塞会因碱性液的腐蚀而卡住，所以用来存放酸性、氧化性及盐类溶液，不能存放碱性溶液。

（2）碱式滴定管　这是一种下端连有一根橡胶管，橡胶管中装有一个玻璃球，挤压玻璃球用来控制溶液流速的滴定管。碱式滴定管用来存放碱性溶液，不能装入酸性和强氧化性溶液，以免腐蚀橡皮管。

另外还有聚四氟乙烯活塞的滴定管，习惯上又称为聚四氟塞滴定管，既耐酸又耐碱，可以盛放任何滴定液。

2. 滴定管的规格

常用的滴定管有 10mL、25mL、50mL，最小刻度为 0.1mL，可估读至 0.01mL，一般有±0.02mL 的读数误差，所以每次滴定所用溶液体积最好在 20mL 以上，若滴定所用体积过小，则相对误差偏大。如消耗体积为 20mL，则相对误差为±0.02/20×100%＝±0.1%，如果所用滴定液少于 20mL，则相对误差大于 0.2%，不符合滴定分析的要求。

滴定管的颜色有无色、棕色两种，棕色的滴定管可以存放需避光的滴定液，如硝酸银、高锰酸钾、硫代硫酸钠、碘和亚硝酸钠等。

二、滴定管的操作方法

1. 涂凡士林

酸式滴定管的活塞要转动灵活，且密不漏液。新的滴定管或已经使用但发现漏液以及活塞转动不灵活的，都需将活塞取下重新装配。方法是：把滴定管平放在桌上，拔出活塞，裹上滤纸，塞进活塞套内旋转以擦净污渍和水分，然后在活塞粗端、活塞套细端涂上少许凡士林，如图 4-7 所示。把活塞插入活塞套内，沿同一方向转动，直到两者接触部位

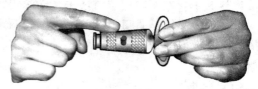

图 4-7　涂凡士林

呈透明为止。最后在活塞尾部套上橡皮圈和橡皮筋，以防活塞脱落。如果发现旋转不灵活或出现纹路，表示涂凡士林不够；如果有凡士林从活塞隙缝溢出或被挤入活塞孔堵塞通道或管尖等，表示涂凡士林太多，可在热水中浸泡并用力下抖，或重新装配，再检查活塞是否漏液。

聚四氟塞滴定管一般不需要涂凡士林，活塞的松紧程度由活塞细端的螺母来控制，使用前直接检查活塞是否漏水。

> **化学与生活**
>
> ### 塑料王——当今世界最耐腐蚀的材料之一
>
> 塑料王的化学名是聚四氟乙烯，它是由四氟乙烯经聚合而成的高分子化合物。1936 年美国杜邦公司开始研究氟利昂的代用品，他们收集了部分四氟乙烯储存于钢瓶中，准备第二天进行下一步的实验，可是当第二天打开钢瓶减压阀后，却没有气体溢出，他们以为是漏气，可是钢瓶并没有减重。他们锯开了钢瓶，发现了大量的白色粉末，这是聚四氟乙烯。他们研究发现这种材料性质优良，在浓硫酸、硝酸、盐酸，甚至在王水中煮沸也不起变化，具有抗酸碱、抗各种有机溶剂的特点，还具有密封性、高润滑不黏性、电绝缘性和良好的抗老化、耐高温的特点。
>
> 塑料王可用于制作原子弹、炮弹等的防熔密封垫圈，因此美国军方将该技术在第二次世界大战期间一直保密，直到第二次世界大战结束后才解密，并于 1946 年实现工业化生产。目前塑料王广泛应用于原子能、航天、医疗、化工、机械、建筑、纺织等领域。

2. 检漏

对活塞滴定管进行检漏，首先应将滴定管灌满水，调整至某一刻度后关闭活塞，直立 2min 以上，用滤纸在活塞周围检查有无水渗出，观察管尖处水滴是否增大、液面是否下降。然后将活塞旋转 180°，再次观察，如均不漏水，滴定管即可使用。

如碱式滴定管漏水，可将橡皮管中的玻璃珠向上或向下移动一下，或更换橡皮管。

3. 洗涤

洗净的滴定管是将管内的水放出后，洁净的滴定管应该内壁不挂水珠。否则应清洗。如果无明显油污，可用自来水冲洗。如仍不能洗净，则需用铬酸洗液润洗，在滴定管的内壁沾满洗液后，将洗液放回原洗液瓶中，然后再用自来水冲洗滴定管，最后用少量纯化水润洗

3次。

碱式滴定管用铬酸洗液洗涤时，应先取下橡胶管，再按上法洗涤。

4. 装液

为了避免滴定管中残留的水分稀释滴定液，必须先用滴定液润洗滴定管，每次用量为滴定管量程的1/5左右，润洗时两手平端滴定管，慢慢转动，使溶液流遍全管，打开滴定管的活塞，让部分溶液从管口下端流出，倒转滴定管，再从上口倒净。如此润洗3次后，开始装入溶液，装液时必须（从原瓶中）直接注入，不能使用漏斗或其他器皿辅助，以免污染滴定液。

5. 排气泡

当装入滴定液时，应检查滴定管下端是否有气泡。对于活塞滴定管，可将滴定管倾斜30°左右，迅速打开活塞，使气泡随溶液流出。若是碱式滴定管，则可将橡皮管向上弯曲，用两指挤压玻璃珠，形成缝隙，让气泡随溶液从尖嘴口喷出（图4-8）。

图4-8　碱式滴定管排气泡

6. 滴定

滴定就是将滴定液由滴定管滴加到被测溶液中的操作过程。滴定可在锥形瓶、碘量瓶或烧杯中进行。正式滴定前，应将滴定液调至"0"刻度稍上处，停留1min，以使附着在管壁上的溶液流下。每次滴定最好从0.00刻度开始。滴定前，用洁净的烧杯内壁碰掉悬挂在滴定管尖的液滴，滴定管的高度应以其下端伸入瓶口内约1cm为宜。使用活塞滴定管时，如图4-9(a)，左手拇指在前，食指和中指在后，手指轻轻向里扣住，手心不要顶住活塞的小头。转动活塞时，只要将拇指稍稍下按，食指和中指夹住活塞轻轻上提，就能控制活塞的角度。使用碱式滴定管时，如图4-9(b)。左手拇指和食指挤玻璃珠稍上侧部位的橡胶管，使弹性的橡胶管与玻璃珠形成一条缝隙，让溶液流出。注意不要捏玻璃珠下部的橡皮管，以免空气进入而形成气泡，影响读数。

开始时的滴定速度可稍快些，流速每秒4滴左右，右手握锥形瓶颈，用手腕的力量向一个方向旋摇，左手控制活塞，边滴边摇，眼睛注视溶液颜色的变化。为方便观察，可在锥形瓶下方放一白纸。近终点时，用洗瓶冲洗锥形瓶内壁，将溅起的溶液淋下，使之反应完全。同时滴定速度放慢，以防过量，甚至控制成半滴加入。具体做法是：控制液滴悬而不落，用锥形瓶内壁把液滴靠下来，用少量纯化水冲洗液滴至溶液中，使之反应。如此重复，直到终点出现（至指定颜色且30s不变色），读数并记录。

7. 读数

读数时，滴定管应保持垂直，通常用大拇指和食指夹持在滴定管液面上方，让滴定管自然垂下，视线与凹液面在同一水平线上（图4-10），读取凹液面最低处与刻度的相切点。对于深色溶液，由于凹液面不明显，可读两侧最高点的刻度。读数时应估读到0.01mL。每次滴定完毕，须等1min后读数。每次滴定的初读数和终点读数必须由一人读取，以减小读数误差。滴定最好都在0.00刻度开始。每次读数都要及时记录。实验完毕，应将滴定管内剩余的溶液倒入废液缸，用水冲洗后倒立夹在滴定管架上。

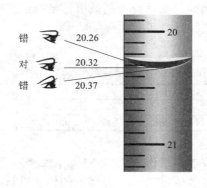

(a) 酸式滴定管　　　　(b) 碱式滴定管

图 4-9　滴定管的使用　　　　　　　　　　　图 4-10　读数

> **知识拓展**
>
> ### 凹液面的"虚"与"实"
>
> 　　在用容量瓶定容时，我们会清楚地看到凹液面下端分成不透明和透明的两层（见图 4-12），最下面透明的一层是因为玻璃管的构造使光线弯曲，造成的虚像，如果我们在玻璃管的反面衬上一张读数卡，则透明的虚像消失。因此我们读数时应以"两层"液体的分界线为准，这分界线就是凹液面实线的最下端。

三、滴定的校准

　　滴定分析实验的要求比较高，滴定时的实验条件和环境都会对测定结果有影响。因此，有时要进行滴定的空白校准，以减小溶剂、指示剂和纯化水等对测定结果的影响。对于要求特别高的滴定实验，还要进行滴定管的体积校准和滴定液的温度补准，以减小滴定管的仪器误差和滴定液因温度引起的体积误差，由于这些误差很小，所以，一般的实验不需要做滴定管的体积校准和滴定液的温度补准。

1. 滴定的空白校准

　　滴定的空白校准，就是用纯化水代替被测液，在相同的条件下所进行的滴定。空白校准一般在测定被测物之前进行，一方面滴定液用量少，容易掌握终点，另一方面，空白校准的终点颜色可以作为下面实验的参考。滴定的结果应扣除空白校准值 $V_{空}$。

2. 滴定管的体积校准

　　滴定管体积校准由各地计量检定部门依据国家计量检定规程进行校准，它有极为严格的环境要求和检测条件。目前许多滴定管生产企业销售带有校准值的滴定管，这种滴定管都有编号，其价格比较昂贵。滴定管体积校准方法是准确称量滴定管放出至校准点体积蒸馏水的质量，再根据水的密度计算出蒸馏水的实际容积 $V_{实}$，实际容积 $V_{实}$ 与滴定管读数 $V_{读}$ 之差即为校准值，$\Delta V_{校准值} = V_{实} - V_{读}$。25mL 和 50mL 滴定管的校准点都是 5 点，25mL 滴定管的校准点为 0~5mL、0~10mL、0~15mL、0~20mL、0~25mL；50mL 滴定管的校准点为 0~10mL、0~20mL、0~30mL、0~40mL、0~50mL。活塞滴定管的检定周期为三年。

例如,某学校委托该市计量检定测试所对编号为 128 的 50mL 滴定管进行校准,滴定管的体积校准结果见表 4-2。

表 4-2 滴定管体积校准结果

滴定管编号 128   测定温度 20℃   相对湿度 60%RH   技术依据 JJG 196—2006

校准点/mL	0～10	0～20	0～30	0～40	0～50
实际容量/mL	10.021	20.002	30.030	39.979	50.029
校准值/mL	+0.021	+0.002	+0.030	-0.021	+0.029

校准结果作 $\Delta V_{校准}$ — $V_{读}$ 曲线图(图 4-11),用 128 号滴定管滴定后的数据,可查找相应的校准值 $\Delta V_{校准}$,对读取的体积进行校准 $V_{实} = V_{读} + \Delta V_{校准值}$,以减小误差。

例如,用 128 号滴定管滴定,用去滴定液 27.26mL,从曲线图上查得:$\Delta V_{校准值}$ 为 0.02mL,实际体积 $V_{实}$ 为 27.26+0.02=27.28(mL)。

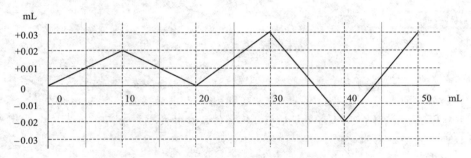

图 4-11 滴定管体积校准曲线

四、滴定液的温度补准

溶液的密度与温度有关。因此对于要求比较高的滴定分析,对消耗的滴定液还须进行温度补准。根据滴定液的温度,查找不同标准溶液浓度的温度补准值表,可以对温度为 5～36℃ 的滴定液进行计算,得到温度校准值。这里限于篇幅,仅列出了 15～25℃ 的不同标准溶液浓度的温度补准值(mL/L)进行举例(见表 4-3)。

例如,24℃ 时用去 0.1mol/L 盐酸溶液 40.00mL,查表 4-3 可知,由 24℃ 换算为 20℃ 时的体积补准值为 -0.9mL,故 0.1mol/L 盐酸溶液 40.00mL 换算为 20℃ 时的体积为:

$$V_{20} = 40.00 - 0.9/1000 \times 40.00 = 39.96 \text{ (mL)}$$

一般的滴定分析,滴定管的体积校准和滴定液温度补准的数值很小,对结果的影响可以忽略不计。

经过校准,分析结果的准确度会更高,但精密度没有变化。

表 4-3 不同标准溶液浓度的温度补准值   单位:mL/L

温度/℃	0～0.05mol/L 的各种水溶液	0.1～0.2mol/L 的各种水溶液	盐酸溶液 $c=0.5$mol/L	$c(1/2H_2SO_4)=0.5$mol/L $c(NaOH)=0.5$mol/L
15	+0.77	+0.9	+0.9	+1.1
16	+0.64	+0.7	+0.8	+0.9
17	+0.50	+0.6	+0.6	+0.7
18	+0.34	+0.4	+0.4	+0.5
19	+0.18	+0.2	+0.2	+0.2

续表

温度/℃	0~0.05mol/L 的各种水溶液	0.1~0.2mol/L 的各种水溶液	盐酸溶液 $c=0.5$mol/L	$c(1/2H_2SO_4)=0.5$mol/L $c(NaOH)=0.5$mol/L
20	0.00	0.00	0.00	0.00
21	-0.18	-0.2	-0.2	-0.2
22	-0.38	-0.4	-0.4	-0.5
23	-0.58	-0.6	-0.7	-0.8
24	-0.80	-0.9	-0.9	-1.0
25	-1.03	-1.1	-1.1	-1.3
26	-1.26	-1.4	-1.4	-1.5
27	-1.51	-1.7	-1.7	-1.8
28	-1.76	-2.0	-2.0	-2.1
29	-2.01	-2.3	-2.3	-2.4
30	-2.30	-2.5	-2.5	-2.8

注：1. 本表数值是以20℃为标准温度以实测法测出。室温低于20℃的补正值均为"+"，高于20℃的补正值均为"−"。

2. 本表的用法：如1L 0.5mol/L NaOH溶液由26℃换算为20℃时，其体积补正值为−1.5mL，故26℃时40.00mL 0.5mol/L NaOH溶液换算为20℃时的体积为 $V_{20}=40.00-1.5/1000\times40.00=39.94$（mL）。

第三节 容 量 瓶

一、容量瓶的类型与规格

容量瓶是一种具有准确体积的细颈梨形平底的容量器。其带有磨口塞，颈上有标线，表示液体在所指温度下达到标线时恰好与瓶上所注明的容积相等。常用的容量瓶有 50mL、100mL、250mL、500mL、1000mL 等多种规格。容量瓶有无色和棕色两种，见光易变质的物质应选用棕色瓶。容量瓶主要用于直接法配制标准溶液和准确稀释溶液。

二、容量瓶的操作方法

1. 检漏

容量瓶的检漏如图 4-12 所示。在容量瓶中装水至近刻度处，塞紧瓶塞，擦干外壁，用手指顶住瓶塞，另一只手的手指托住瓶底，使其倒立 1min 以上，观察是否漏水，如果不漏，把塞子旋转 180°，再次倒立观察。经检查不漏水的容量瓶才能使用。容量瓶的瓶塞用绳系在瓶颈上，以防丢失、搞混或沾污。

2. 洗涤

将容量瓶用肥皂水或铬酸洗液洗涤，然后用自来水洗，最后用纯化水润洗 3 遍，洗净的容量瓶内壁应不挂水珠。

3. 定量转移溶液

把准确称量好的固体物质放在烧杯中溶解，用玻璃棒引流转移入容量瓶中，如图 4-13 所示，引流时玻璃棒的下端靠在容量瓶颈内壁上，溶液倒完后要用纯化水洗涤烧杯和玻璃棒，洗涤液都要沿玻璃棒转移入容量瓶中，洗涤烧杯和玻璃棒 3 次后，直接加纯化水至 2/3 时，将容量瓶平摇 10 周以上（勿加塞，勿倒转），使溶液大体混匀。继续加纯化水至距标线 1cm 左右时，改用洁净滴管小心滴加，至凹液面实线的最低处与标线相切。一旦超过标线，必须倒掉洗净后，重新进行配制。

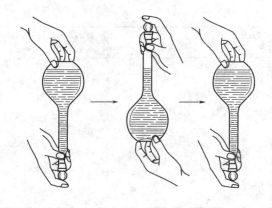 

图 4-12　容量瓶的检漏或混匀　　　　　图 4-13　溶液转入容量瓶

4. 摇匀

盖紧瓶塞，用食指顶住瓶塞，另一只手的手指尖托住瓶底，如图 4-12 所示，注意不要用掌心，以免体温影响体积，对于小于 100mL 的容量瓶，不必托住瓶底。随后将容量瓶倒转，使气泡上升到顶，再倒转过来，仍使气泡上升到顶，倒转数次后要提一次瓶塞，使夹在瓶塞边上的溶液也得到混匀。如此反复倒转 15 次以上，确保溶液混匀。静置后如果液面降低了，不应再加水，可能是在瓶颈处湿润消耗，不影响所配制溶液的浓度。

管内液面的"凹"与"凸"

生活中有一种有趣的现象，同样是玻璃管内的液面，移液管中的水液面是凹的，血压计中的汞液面是凸的，这是由毛细现象造成的。毛细现象是指液体在细管状物体内侧，由于内聚力与附着力的差异，而克服重力使液面上升的现象。水的内聚力比较小，当垂直的玻璃管内装有水时，管壁对水的附着力便会使水沿管壁向上"爬"，直到高出液面水的重力与液体内聚力平衡时才会停止上升，这样玻璃管内呈现出凹的水液面。而汞的内聚力大于与管壁之间的附着力，故玻璃管中的汞液面会凸起。从直观来判断，水能浸润玻璃，汞不能浸润玻璃。根据能否浸润玻璃也能判别液面的形状，如水不能浸润石蜡，水在石蜡管中是凸液面。毛细现象与我们的生活息息相关，人的血液在毛细血管中输送到全身，植物体内极细的毛细管能把土壤里的水分吸上来，海绵吸水、毛巾吸汗、粉笔吸墨水等都是常见的毛细现象。分析化学中的薄层色谱分析也是利用了毛细现象。

三、容量瓶的注意事项

（1）固体试剂一般不能直接在容量瓶里进行溶解，而是在烧杯中溶解后沿玻璃棒转入容量瓶。

（2）容量瓶不能加热。如果在溶解或稀释时出现吸热或放热，要待溶液放置至室温后再进行转移，因为温度变化瓶体也将变化，所量体积不准。

（3）容量瓶只能用于配制溶液，不能长期储存溶液。配制好的溶液应倒入试剂瓶中保存，试剂瓶应烘干或用待装的溶液润洗 3 次。

第四节 移液管

一、移液管的类型与规格

移液管是用来准确移取一定体积溶液的量器。移液管通常有两种类型，见图 4-14，一种是中间有一膨大部分的细长玻璃管，下端的管颈拉尖，上端管颈刻有一环状标线，是所移取的准确体积的标志，这种移液管又称为腹式吸管，或胖肚移液管，常用的有 2mL、5mL、10mL、20mL 和 25mL 等规格，它只能量取某一规格的体积，这种只有一个标线的又称为单标线移液管。还有一种是具有刻度的直形玻璃管，又称为吸量管，常用的有 1mL、2mL、5mL 和 10mL 等规格，它可以量取在刻度范围内的任意体积。移液管所移取的体积通常可准确到 0.01mL。

二、移液管的操作方法

1. 检查

检查移液管口和尖嘴有无破损，若有破损则不能使用。

2. 洗涤

使用时先将移液管洗净，并用待量取的溶液润洗 3 遍（图 4-15），洗净的移液管内壁应不挂水珠。操作如下：摇匀待吸溶液，将小烧杯用少量的待吸溶液润洗 3 遍后加入适量的待吸溶液，用右手拿移液管，食指靠近管上口，中指和拇指握住移液管，左手取滤纸条吸干移液管尖端内外的溶液后，将移液管插入小烧杯的溶液中，左手换拿吸耳球，排出球内空气后插入或紧靠在移液管上口，慢慢地将溶液吸入管内，当吸至移液管的容量约 1/3 时，右手食指按住管口，取出，横持并转动移液管，使溶液流遍全管内壁，将溶液从下端尖口处排入废液杯内，如此操作润洗 3 遍后即可吸取溶液。如果移液管挂水珠，要先用铬酸洗液润洗，再分别用自来水、纯化水润洗，最后用待量取的溶液润洗 3 遍。移液管不应在烘箱中烘干，不能移取太热或太冷的溶液。

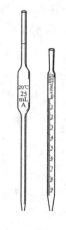

图 4-14　移液管

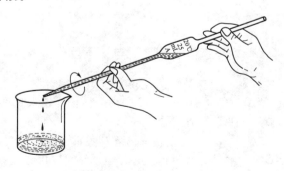

图 4-15　移液管的润洗

3. 移液

用滤纸条吸干移液管尖端内外的溶液后，将移液管插入待吸溶液的瓶内，如图 4-16(a) 所示，插入待吸液面下 2cm 处，用吸耳球吸取溶液（注意移液管插入溶液不能太深，并要边吸边往下插入）。当管内液面上升至标线以上约 2cm 时，迅速用右手食指堵住管口，取出，用滤纸条吸干移液管下端的黏附溶液后，左手拿洁净小烧杯，如图 4-16(b) 所示，将移液管管尖紧靠小烧杯内壁成约 30°夹角，使移液管保持垂直，刻度线和视线保持水平，稍稍松开食指，使管内液面慢慢下移至近标线时，压紧管口，停顿片刻，待管壁上溶液全流下后，再将溶液的凹液面实线最下端与标线相切为止，压紧管口。

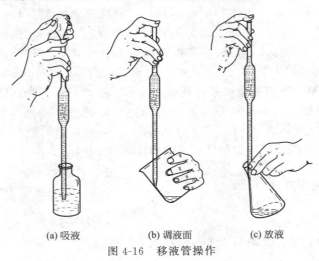

(a) 吸液　　　(b) 调液面　　　(c) 放液

图 4-16　移液管操作

4. 放液

左手移走小烧杯，换上接收器，如图 4-16(c) 所示，移液管直立，下端紧靠接收器内壁约成 30°，松开食指，让溶液沿内壁流下，管内溶液流完后需停留 15s，右手中指和拇指轻轻捻转移液管两下后移走。如果是吸量管，每次都应从 0 刻度处为起始点，放出所需体积的溶液，余下的溶液倒入废液缸，不可倒回原溶液中。如溶液不是全部流出，在所需体积刻度处停留的时间与 0 刻度处停留的时间相仿即可。如果溶液全部流出，停留的时间与上述的腹式吸管相同。实验结束，则用纯化水洗净，将移液管放置在移液管架上。

移液管的"吹"与"不吹"

移液管是分析化学实验常用的玻璃仪器，操作时有着"吹"与"不吹"的疑惑。移液管一般标有："吹""快""A""B"等符号。写有"吹"字的移液管放液结束，还要用洗耳球把移液管尖端残存的液柱吹出，不能不吹，否则移取的体积偏少。"快"字的移液管液体放完，再等 3s 就拿走移液管，不能将尖端残存的液柱吹出，不然移取的体积偏多。"A"的移液管一般都很贵，精确度高些，液体放完之后，还要等待 15s 才能让移液管离开容器壁。写有"B"的精确度比"A"低些。

三、移液管与容量瓶的相对校准

移液管与容量瓶常常是配合使用的，因此，重要的不是要知道所用容量瓶的绝对容积，而是容量瓶与移液管的容积是否配合，如 100mL 容量瓶的容积是否为 25mL 移液管所放出的液体体积的 4 倍。因此，一般只需要做移液管与容量瓶的相对校准即可。其校准方法如下：用 25mL 移液管吸取蒸馏水于洁净并干燥的 100mL 容量瓶中，操作时尽量不要让水碰到容量瓶的磨口，移取 4 次后，观察容量瓶中水的凹液面实线的最下端是否与标线相切，若不相切，表示有误差，做上新标记，一般应将容量瓶空干后再重复校准一次，以后配合该支移液管使用时，以新标记为准。经相互校准的容量瓶与移液管做上相同记号。如果容量瓶不干燥，可用少量乙醇润洗后，晾晒，即可快速干燥。

课堂活动

滴定管、刻度吸管和量筒三者在读数上有何区别，为何滴定管的下端及尖嘴口没有刻度？

达标测评

一、名词解释

1. 电子天平 2. 滴定管 3. 容量瓶 4. 移液管 5. 滴定

二、单项选择题

1. 当电子天平显示（　　）时，可进行称量。
   A. 0.0000   B. 100.0000   C. CAL
   D. CAL-100   E. Tare

2. 电子天平的显示器上无任何显示，可能的原因是（　　）。
   A. 无工作电压   B. 被承载物带静电   C. 天平未校准
   D. 天平未水平   E. 室温及天平温度变化太大

3. 减量称量法称取试样时，适合于称取（　　）。
   A. 剧毒的物质
   B. 易吸湿、易氧化、易与空气中 CO_2 反应的物质
   C. 液体物质   D. 易挥发的物质   E. 易燃易爆的物品

4. 将称量瓶置于烘箱中干燥时，应将瓶盖（　　）。
   A. 横放在瓶口上   B. 盖紧   C. 取下
   D. 放在实验桌的滤纸上   E. 任意放置

5. 进行滴定操作时，正确的方法是（　　）。
   A. 眼睛看着滴定管中液面下降的位置   B. 眼睛注视滴定管流速
   C. 眼睛注视滴定管是否漏液   D. 眼睛注视被滴定溶液颜色的变化
   E. 以上都不对

6. 使用碱式滴定管正确的操作是（　　）。
   A. 左手挤玻璃珠稍下侧部位的橡胶管
   B. 左手挤玻璃珠稍上侧部位的橡胶管
   C. 右手挤玻璃珠稍下侧部位的橡胶管
   D. 右手挤玻璃珠稍上侧部位的橡胶管
   E. 以上都不对

7. 滴定管读数时，视线比液面低，会使读数（　　）。
   A. 偏低　　　　　B. 偏高　　　　　C. 无影响
   D. 对酸式滴定管偏高，碱式滴定管偏低
   E. 对酸式滴定管偏低，碱式滴定管偏高

8. 当滴定管有油污时可用（　　）洗涤后，依次用自来水、蒸馏水洗涤。
   A. 去污粉　　　　B. 铬酸洗液　　　C. 强碱溶液
   D. 毛刷　　　　　E. 以上都不对

9. 酸式滴定管尖部出口被凡士林堵塞，快速有效的处理方法是（　　）。
   A. 热水中浸泡并用力下抖　　　　　B. 用细铁丝通并用水洗
   C. 装满水利用水柱的压力压出　　　D. 用洗耳球对吸
   E. 用洗耳球吹

10. 在实验室常用的玻璃仪器中，可以直接加热的仪器是（　　）。
    A. 量筒和烧杯　　B. 容量瓶和烧杯　C. 锥形瓶和烧杯
    D. 容量瓶和锥形瓶　E. 移液管和锥形瓶

11. 下面移液管的使用正确的是（　　）。
    A. 一般不必吹出残留液　　　　　　B. 用蒸馏水淋洗后即可移液
    C. 用后洗净，加热烘干后即可再用
    D. 移液管只能粗略地量取一定量液体体积
    E. 刻度吸管的精度比胖肚移液管高

12. 进行移液管和容量瓶的相对校正时（　　）。
    A. 移液管和容量瓶的内壁都必须绝对干燥
    B. 移液管和容量瓶的内壁都不必干燥
    C. 容量瓶的内壁必须绝对干燥，移液管内壁可以不干燥
    D. 容量瓶的内壁可以不干燥，移液管内壁必须绝对干燥
    E. 必须在 20℃恒温下进行

13. 利用直接滴定法测定固体试样中某组分含量时，用同一滴定液滴定，一次在 16℃进行，另一次在 25℃进行，其他条件相同，若计算时未加温度校正值，则测得结果（　　）。
    A. 16℃较高　　　B. 25℃较高　　　C. 直接与温度成正比
    D. 直接与温度成反比　E. 结果相同

三、填空题

1. 电子天平的称量依据是_____原理，半机械电光天平的称量依据是_____原理。
2. 如果不校准，电子天平的称量值随海拔的升高而_____。
3. 滴定管在装入滴定液之前要用滴定液润洗 3 次，其目的是确保滴定液_____。
4. 正式滴定前，应将滴定液调至"0"刻度稍上处停留_____ min，以使_____。每次滴定最好从_____开始。
5. 容量瓶的检漏要求在容量瓶中装水至瓶的_____附近，塞紧瓶塞，倒立_____ min 以上，如果不漏水，把塞子_____，再次倒立观察。
6. 配制准确浓度的溶液，需把准确称量好的固体物质放在_____中溶解，用_____引流转移入_____中，溶液倒完后要用纯化水洗涤_____次后，每次洗涤的溶液，直接加纯化水至 2/3 时，将容量瓶平摇_____周以上，继续加纯化水至距标

线_____cm 左右时，改用_____滴加，至_____与容量瓶的标线相切。一旦超过标线，必须倒掉洗净后重新进行配制。随后将容量瓶倒转_____次以上，确保溶液混匀。

7. 移液管所移取的体积通常可准确到_____mL。移液时，让溶液沿内壁流下，管内溶液流完后需停留_____s。如果是吸量管，每次都应从_____刻度处为起始点，放出所需体积的溶液，余下的溶液倒入_____。

四、简答题

1. 电子天平安装后，为什么要先进行校准后才能使用？
2. 滴定管为什么每次都应从最上面的零刻度线为起点使用？
3. 容量瓶的检漏方法有哪些？
4. 滴定管、容量瓶和移液管用纯化水洗净后，哪些还要用操作液润洗 3 次，为什么？
5. 若用 NaOH 滴定液来测定 HCl 溶液，分析下列操作会对测定结果产生什么影响？
（1）碱式滴定管水洗之后未用标准碱溶液润洗。
（2）滴定前碱式滴定管中未将气泡赶尽，滴定后气泡消失。
（3）滴定前碱式滴定管中无气泡，但滴定过程中由于捏玻璃珠下部的橡皮管，管内进了气泡。
（4）锥形瓶水洗后用待测酸液润洗。
（5）若使用的锥形瓶水洗之后未干燥，即注入酸并进行滴定。
（6）滴定读数时，开始时平视，结束时仰视。

五、计算题

1. 25℃时，滴定用去 20.00mL 0.1mol/L HCl 溶液，在 20℃时相当于多少毫升？
2. 16℃时用编号为 128 号的滴定管滴定，用去 0.1103mol/L HCl 滴定液 31.26mL，空白试验用去滴定液 0.08mL，请根据图 4-11 滴定管体积校准曲线图和表 4-3 不同标准溶液浓度的温度补准值，计算该滴定分析的实际体积。

第五章 酸碱滴定法

学习目标 ▶▶

1. 知道酸碱指示剂的变色原理、变色范围及应用
2. 说出滴定曲线、滴定突跃、滴定突跃范围的意义及选择指示剂的原则
3. 知道一元弱酸、弱碱准确滴定的条件及指示剂的选择
4. 学会酸碱滴定液的配制、标定及有关计算
5. 知道溶剂的性质、分类及选择方法
6. 能进行非水滴定有关计算

酸碱滴定法是以酸碱中和反应为基础的滴定分析方法,也称中和滴定法,是重要的滴定分析方法之一,是学习其他滴定分析法的基础。此法应用广泛,一般酸、碱以及能与酸、碱直接或间接反应的物质,大多可以用该法进行测定。除水溶液体系外,还可以利用非水溶液体系中质子的转移反应进行非水酸碱滴定分析。

第一节 酸碱指示剂

一、酸碱指示剂的变色原理

酸碱指示剂是一类结构较复杂的有机弱酸或有机弱碱,其共轭酸碱对具有不同的颜色,当溶液的 pH 改变时,其结构发生变化,引起溶液的颜色也随之改变。

下面以酚酞为例说明其变色原理。

酚酞属弱酸型指示剂,它的解离方程式如下。

$$\text{酸式(无色)} \underset{pK_a=9.1}{\overset{2OH^-}{\rightleftharpoons}} \text{碱式(红色)} + 3H_2O$$

在酸性溶液中，酚酞主要以酸式结构存在，溶液呈无色；若向溶液中加碱则平衡向右移动，酚酞主要以碱式结构存在，溶液呈红色。

二、指示剂的变色范围

从酚酞的变色原理可见，溶液 pH 改变，导致了酸碱指示剂结构的改变，从而引起了指示剂颜色的改变。所以，酸碱指示剂的变色与溶液的 pH 有着密切的关系。

下面以弱酸型指示剂（HIn）为例，说明指示剂的颜色变化与溶液 pH 变化的数量关系。

$$HIn \rightleftharpoons H^+ + In^-$$

当解离达到平衡时：

$$K_{HIn} = \frac{c(H^+)c(In^-)}{c(HIn)}, \text{ 或 } c(H^+) = K_{HIn}\frac{c(HIn)}{c(In^-)} \tag{5-1}$$

$$pH = pK_{HIn} - \lg\frac{c(HIn)}{c(In^-)} \tag{5-2}$$

K_{HIn} 为指示剂的解离平衡常数，在一定的温度下为一常数。

由式(5-2) 可知，酸碱指示剂的颜色变化是由 $c(HIn)/c(In^-)$ 决定的，但由于人眼对于颜色的敏感度有限，所以：

当 $\frac{c(HIn)}{c(In^-)} \geqslant 10$ 时，即 $pH \leqslant pK_{HIn} - 1$，只能看到酸式色；

当 $\frac{c(HIn)}{c(In^-)} \leqslant \frac{1}{10}$ 时，即 $pH \geqslant pK_{HIn} + 1$，只能看到碱式色；

当 $0.1 < \frac{c(HIn)}{c(In^-)} < 10$ 时，看到的是它们的混合色。

由此可见，pH 从 $pK_{HIn} - 1$ 到 $pK_{HIn} + 1$ 时，人眼能明显地看到指示剂由酸式色变到碱式色。因此，$pH = pK_{HIn} \pm 1$ 称为指示剂的**理论变色范围**。当 [HIn] = [In$^-$] 时，[H$^+$] = K_{HIn}，即 $pH = pK_{HIn}$，该点称为指示剂的理论变色点，此时，溶液呈现的是酸式色与碱式色的混合色。

指示剂的理论变色范围是 $pH = pK_{HIn} \pm 1$，即为两个 pH 单位。由于人的眼睛对各种颜色的敏感程度不同，因此，实际上靠人眼测得的指示剂的实际变色范围通常小于两个 pH 单位，称之为指示剂的**变色范围**。例如，甲基橙（$pK_{HIn} = 3.4$），其理论变色范围是 2.4～4.4，由于人眼对红色比黄色更为敏感，故测得的实际变色范围是 3.1～4.4。

三、常用的酸碱指示剂

常用的酸碱指示剂的变色范围见表 5-1。

某些酸碱滴定中，pH 突跃范围很窄，使用一般的指示剂难以判断终点，可采用混合指示剂。混合指示剂的配制通常有两种方法，一种是将两种或多种指示剂混合而成；另一种是在某种指示剂中加入一种惰性染料。混合指示剂具有变色范围窄、变色敏锐等特点。

常用的酸碱混合指示剂表见 5-2。

表 5-1　几种常用的酸碱指示剂

指示剂	变色范围 pH	颜色 酸式色	颜色 碱式色	pK_{HIn}	浓度
百里酚蓝	1.2~2.8	红	黄	1.65	0.1g指示剂溶于100mL 20%乙醇溶液
甲基黄	2.9~4.0	红	黄	3.25	0.1g指示剂溶于100mL 90%乙醇溶液
甲基橙	3.1~4.4	红	黄	3.45	0.1%的水溶液
溴酚蓝	3.0~4.6	黄	紫	4.10	0.1g指示剂+20%乙醇溶液或其钠盐的水溶液
溴甲酚绿	3.8~5.4	黄	蓝	4.90	0.1%的乙醇溶液
甲基红	4.4~6.2	红	黄	5.10	0.1g指示剂溶于100mL 60%乙醇溶液
溴百里酚蓝	6.2~7.6	黄	蓝	7.30	0.05g指示剂溶于100mL 20%乙醇溶液
中性红	6.8~8.0	红	黄橙	7.40	0.1g指示剂溶于100mL 60%乙醇溶液
酚红	6.7~8.4	黄	红	8.00	0.1g指示剂溶于100mL 20%乙醇溶液
百里酚蓝	8.0~9.6	黄	红	8.90	0.1g指示剂溶于100mL 20%乙醇溶液
酚酞	8.0~10.0	无	红	9.10	0.5g指示剂溶于100mL 90%乙醇溶液
百里酚酞	9.4~10.6	无	蓝	10.00	0.1g指示剂溶于100mL 90%乙醇溶液

表 5-2　常用的酸碱混合指示剂

指示剂的组成	变色点 pH	颜色 酸式色	颜色 碱式色	备注
一份 0.1%甲基橙溶液 一份 0.25%靛蓝二磺酸钠溶液	4.1	紫	黄绿	
一份 0.2%甲基红乙醇溶液 三份 0.1%溴甲酚绿乙醇溶液	5.1	酒红	绿	
三份 0.2%甲基红乙醇溶液 二份 0.2%次甲基蓝乙醇溶液	5.4	红紫	绿	pH=5.2 红紫色 pH=5.6 绿色
一份 0.1%中性红乙醇溶液 一份 0.1%次甲基蓝乙醇溶液	7.00	蓝紫	绿	pH=7.0时紫蓝色
一份 0.1%百里酚蓝 50%乙醇溶液 三份 0.1%酚酞 50%乙醇溶液	9.0	黄	紫	黄→绿→紫
二份 0.1%百里酚酞乙醇溶液 一份 0.1%茜素黄乙醇溶液	10.2	黄	紫	

第二节　酸碱滴定曲线和指示剂的选择

在滴定分析中，我们经常考虑的问题是被测物质能否用酸碱滴定法测定；滴定过程中，溶液 pH 是如何随滴定液的加入而变化的；如何选择指示剂，使它在终点时有明显的颜色变化，同时又使滴定误差在允许的范围内。本节将根据不同的酸碱滴定类型进行介绍。

一、强酸与强碱的滴定

1. 滴定曲线

强酸与强碱反应的实质是：

$$H^+ + OH^- \rightleftharpoons H_2O$$

现以 0.1000mol/L NaOH 溶液滴定 0.1000mol/L HCl 溶液 20.00mL 为例进行讨论。整个滴定过程可分为以下 4 个阶段。

（1）滴定开始前　HCl 是强酸，在水溶液中完全解离，溶液的 pH 取决于盐酸的原始浓度。

$$c(\mathrm{H^+})=0.1000\mathrm{mol/L},\quad \mathrm{pH}=1.00$$

（2）滴定开始至化学计量点前　随着 NaOH 滴定液的不断滴入，溶液中 $c(\mathrm{H^+})$ 逐渐减小，溶液的 pH 取决于剩余 HCl 的量和溶液的体积。

$$c(\mathrm{H^+})=\frac{c(\mathrm{HCl})V(\mathrm{HCl})-c(\mathrm{NaOH})V(\mathrm{NaOH})}{V(\mathrm{HCl})+V(\mathrm{NaOH})} \tag{5-3}$$

例如，当滴入 19.98mL 的 NaOH（化学计量点前 0.1%）滴定液时，溶液的 pH 计算如下。

$$c(\mathrm{H^+})=\frac{20.00-19.98}{20.00+19.98}\times 0.1000\mathrm{mol/L}=5.0\times 10^{-5}\mathrm{mol/L}\quad \mathrm{pH}=4.30$$

（3）化学计量点时　当滴入 20.00mL NaOH 滴定液时，NaOH 和 HCl 以等物质的量相互作用，溶液呈中性。

$$c(\mathrm{H^+})=c(\mathrm{OH^-})=10^{-7}\mathrm{mol/L}\quad \mathrm{pH}=7.00$$

（4）化学计量点后　溶液的 pH 由过量的 NaOH 的量和溶液的总体积来决定。

$$c(\mathrm{OH^-})=\frac{c(\mathrm{NaOH})V(\mathrm{NaOH})-c(\mathrm{HCl})V(\mathrm{HCl})}{V(\mathrm{NaOH})+V(\mathrm{HCl})} \tag{5-4}$$

例如，当滴入 20.02mL NaOH 溶液（化学计量点后 0.1%）时，溶液的 pH 计算如下。

$$c(\mathrm{OH^-})=\frac{20.02-20.00}{20.02+20.00}\times 0.1000\mathrm{mol/L}=5.0\times 10^{-5}\mathrm{mol/L}$$

$$\mathrm{pOH}=4.30\quad \mathrm{pH}=9.70$$

如此逐一计算，可算出滴定过程中溶液 pH 的变化，其数据见表 5-3。

表 5-3　0.1000mol/L NaOH 滴定 20.00mL 0.1000mol/L HCl 的 pH 变化（25℃）

加入 NaOH		剩余的 HCl		$c(\mathrm{H^+})$	pH	
百分数/%	体积/mL	百分数/%	体积/mL			
0	0	100	20.00	1.0×10^{-1}	1.00	
90.0	18.00	10	2.00	5.0×10^{-3}	2.30	
99.0	19.80	1	0.20	5.0×10^{-4}	3.30	
99.9	19.98	0.1	0.02	5.0×10^{-5}	4.30	突跃范围
100.00	20.00	0	0	1.0×10^{-7}	7.00	
		过量的 NaOH		$c(\mathrm{OH^-})$		
100.1	20.02	0.1	0.2	5.0×10^{-5}	9.70	
101	20.20	1.0	0.20	5.0×10^{-4}	10.70	

若以 NaOH 的加入量为横坐标，以溶液的 pH 为纵坐标作图，所得 pH-V 曲线即为**强碱滴定强酸的滴定曲线**。如图 5-1 所示。

从表 5-3 和图 5-1 可以看出，①从滴定开始到加入 NaOH 19.98mL 时，溶液的 pH 仅仅改变了 3.30 个 pH 单位，即 pH 变化缓慢，因此曲线的变化较平坦。②但从 19.98~20.02mL，即在化学计量点前后±0.1%范围内，仅加入 NaOH 0.04mL（1 滴）时，溶液的 pH 由 4.30 急剧增到 9.70，改变了 5.40 个 pH 单位，溶液由酸性突变到碱性。由图 5-1 可以看出，在计量点前后曲线呈近似垂直的一段，表明溶液的 pH 发生了急剧的变化。这种在化学计量点附近溶液的 pH 发生突变的现象称为**滴定突跃**，滴定突跃所在的 pH 范围称为**滴定突跃范围**。③此后再继续滴加 NaOH，溶液的 pH 变化又很缓慢。

滴定突跃范围的大小与溶液的浓度有关，图 5-2 是三种不同浓度的 NaOH 溶液滴定相同浓度的 HCl 溶液的滴定曲线。由图 5-2 可见，浓度越大，滴定突跃范围越大；浓度越小，滴定突跃范围越小。滴定突跃范围越大，可供选择的指示剂越多；滴定突跃范围越小，可供选择的指示剂越少。所以滴定液的浓度不能太小,也不能太大。一般配制滴定液浓度控制在 0.1～0.5mol/L 较适宜。

如果用强酸滴定强碱,则处理方法与强碱滴定强酸类似,得到的滴定曲线恰与图 5-1 相对称,pH 变化方向相反。

> **课堂活动**
>
> 说出用 0.1000mol/L HCl 溶液滴定 20.00mL 0.1000mol/L NaOH 溶液的滴定曲线的形状、滴定突跃范围。

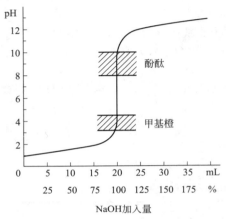

图 5-1　0.1000mol/L NaOH 滴定 20.00mL 0.1000mol/L HCl 的滴定曲线

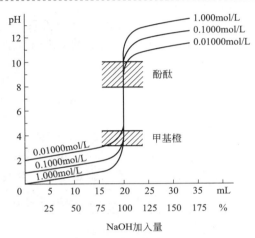

图 5-2　不同浓度 NaOH 溶液滴定 HCl 的滴定曲线

2. 指示剂的选择

常量分析一般允许误差为 ±0.1%。因此,滴定突跃具有十分重要的实际意义,它是选择指示剂的依据,**指示剂选择的原则**是凡是变色范围全部或部分处在滴定突跃范围内的指示剂,都可以用来指示滴定终点。例如,以上滴定可选甲基橙、甲基红、溴百里酚蓝、酚酞、百里酚酞等作指示剂。实验中为了减少视觉的误差,在选择指示剂时尽量使指示剂在终点时的颜色变化由无色向有色变化或由浅色向深色变化。所以 NaOH 滴定 HCl 时常用酚酞、百里酚酞指示终点；HCl 滴定 NaOH 时常用甲基橙、甲基红指示终点。

二、一元弱酸、弱碱的滴定

这类滴定分为强酸滴定一元弱碱和强碱滴定一元弱酸。其化学计量点的 pH 取决于其共轭酸或共轭碱溶液的酸度。

1. 强酸滴定一元弱碱（BOH）

以 HCl(0.1000mol/L) 滴定 20.00mL $NH_3 \cdot H_2O$(0.1000mol/L) 为例讨论这种类型酸碱滴定的 pH 变化情况。其滴定反应为：

$$H^+ + NH_3 \cdot H_2O \rightleftharpoons H_2O + NH_4^+$$

（1）滴定开始前　溶液的碱度根据 $NH_3 \cdot H_2O$ 的解离平衡计算,由于 $c_b K_b > 20 K_w$, $c_b / K_b > 500$,故按最简式(5-5)计算：

$$c(OH^-) = \sqrt{K_b c_b} \tag{5-5}$$

$$c(OH^-) = \sqrt{1.76 \times 10^5 \times 0.1000} \text{ mol/L} = 1.4 \times 10^{-3} \text{ mol/L}$$

$$pOH = 2.88$$

则　$pH = 14 - 2.88 = 11.12$

（2）滴定开始至化学计量点前　由于反应液中存在 $NH_3 \cdot H_2O$-NH_4Cl 缓冲液体系，溶液的 pH 可根据缓冲液公式计算。

$$pOH = pK_b + \lg \frac{c(NH_4^+)}{c(NH_3 \cdot H_2O)} \tag{5-6}$$

因为 $c_a = c_b = 0.1000 \text{mol/L}$，故 $pOH = pK_b + \lg \frac{V_a}{V_b - V_a}$

例如，当滴入 19.98mL HCl 滴定液（化学计量点前 0.1%）时，

$$pOH = 4.75 + \lg \frac{19.98}{20.00 - 19.98} = 7.66$$

$$pH = 14 - 7.66 = 6.34$$

（3）化学计量点时　计量点时溶液为 NH_4Cl，其酸度由 $NH_3 \cdot H_2O$ 的共轭酸 NH_4^+ 的 K_a 和 c 决定，由于溶液的体积增大一倍，故 $c = 0.05000 \text{mol/L}$，又因 $cK_a > 20K_w$，$c/K_a > 500$，故按最简式(5-7)计算。

$$c(H^+) = \sqrt{K_a c} = \sqrt{\frac{K_w c}{K_b}} \tag{5-7}$$

$$c(H^+) = \sqrt{\frac{1.00 \times 10^{-14} \times 5.00 \times 10^{-2}}{1.76 \times 10^{-5}}} \text{ mol/L} = 5.3 \times 10^{-6} \text{ mol/L}$$

$$pH = 5.28$$

（4）化学计量点后　由于过量 HCl 的存在，抑制了 NH_4^+ 的水解，溶液的 pH 仅由过量的 HCl 的量和溶液体积来决定，其计算方法同强酸滴定强碱。例如，滴入 HCl 20.02mL（化学计量点后 0.1%）时的 pH 为：

$$c(H^+) = \frac{20.02 - 20.00}{20.02 + 20.00} \times 0.1000 \text{ mol/L} = 5.0 \times 10^{-5} \text{ mol/L} \quad pH = 4.30$$

计算结果见表 5-4，滴定曲线见图 5-3。

表 5-4　0.1000mol/L HCl 滴定 20.00mL 0.1000mol/L $NH_3 \cdot H_2O$

加入的 HCl		剩余的 $NH_3 \cdot H_2O$		计算式	pH	
百分数/%	体积/mL	百分数/%	体积/mL			
0	0	100	20.00	$c(OH^-) = \sqrt{c_b K_b}$	11.12	
50	10.00	50	10.00		9.24	
90	18.00	10	2.00	$pOH = pK_b + \lg \frac{c(NH_4^+)}{c(NH_3 \cdot H_2O)}$	8.29	
99	19.80	1	0.20		7.25	
99.9	19.98	0.1	0.02	$c(H^+) = \sqrt{\frac{K_w c}{K_b}}$	6.34	突跃范围
100	20.00	0	0		5.28（计量点）	
		过量的 HCl				
100.1	20.02	0.1	0.02	$c(H^+) = 10^{-4.3}$	4.30	
101.0	20.20	1	0.20	$c(H^+) = 10^{-2.3}$	2.30	

一元弱碱滴定的突跃范围大小决定于弱碱的强度及其浓度。弱碱的 K_b 值越小，突跃范围越小；弱碱的浓度越小，突跃范围越小。故滴定一元弱碱一般要求 $c_b K_b \geqslant 10^{-8}$，这样才能有明显的突跃范围。由表 5-4 可知，HCl（0.1000mol/L）滴定 $NH_3 \cdot H_2O$（0.1000mol/L）到达化学计量点时，NH_4^+ 显酸性，计量点时的 pH 为 5.28，滴定突跃范围在酸性区（pH＝6.24～4.30）。因此，只能选用在酸性区变色的指示剂（如甲基橙、甲基红等）指示终点。

2. 强碱滴定一元弱酸（HA）

以 0.1000mol/L NaOH 滴定 0.1000mol/L CH_3COOH（HAc）20.00mL 为例讨论这种类型酸碱滴定的 pH 变化情况。其滴定反应为：

$$HAc + OH^- \rightleftharpoons H_2O + Ac^-$$

NaOH 滴定 HAc 的 pH 计算结果见表 5-5，滴定曲线见图 5-4，虚线部分为强碱滴定强酸的前半部分。

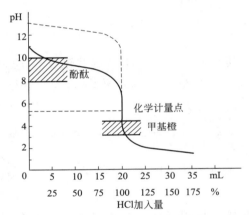

图 5-3　0.1000mol/L HCl 滴定 20.00mL
0.1000mol/L $NH_3 \cdot H_2O$ 的滴定曲线

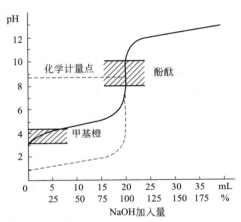

图 5-4　0.1000mol/L NaOH 滴定 20.00mL
0.1000mol/L HAc 的滴定曲线

表 5-5　0.1000mol/L NaOH 滴定 20.00mL 0.1000mol/L HAc 的 pH 变化（25℃）

加入的 NaOH		剩余的 HAc		计算式	pH
百分数/%	体积/mL	百分数/%	体积/mL		
0	0	100	20.00	$c(H^+) = \sqrt{K_a c_a}$	2.88
50	10.00	50	10.00		4.75
90	18.00	10	2.00	$c(H^+) = K_a \dfrac{c(HAc)}{c(Ac^-)}$	5.71
99	19.80	1	0.20		6.75
99.9	19.98	0.1	0.02	$c(OH^-) = \sqrt{\dfrac{K_w c_b}{K_a}}$	7.75 ⎫
100	20.00	0	0		8.73（计量点） ⎬ 突跃范围
		过量的 NaOH			
100.1	20.02	0.1	0.02	$c(OH^-) = 10^{-4.3}$　$c(H^+) = 10^{-9.7}$	9.70 ⎭
101.0	20.20	1	0.20	$c(OH^-) = 10^{-3.3}$　$c(H^+) = 10^{-12}$	10.70

由表 5-5 可知，由于 Ac^- 呈碱性，导致化学计量点时的 pH 为 8.73，滴定突跃范围在 pH＝7.75～9.70，位于碱性区域内，所以，指示滴定终点的指示剂只能选用在碱性区变色

的指示剂（如酚酞、百里酚酞等）指示终点。

同一元弱碱的滴定相似，影响一元弱酸滴定突跃范围大小的因素决定于弱酸的强度及其浓度。弱酸的 K_a 值越小，突跃范围越小；弱酸的浓度越小，突跃范围越小。故滴定一元弱酸一般要求 $c_a K_a \geq 10^{-8}$，这样才有明显的滴定突跃，才能用指示剂确定终点。

三、多元酸、碱的滴定

1. 多元酸的滴定

常见的多元酸除 H_2SO_4 外多数是弱酸，它们在水溶液中是分步解离的。在滴定多元酸中，主要涉及两个问题：首先是多元酸每一步解离出的质子能否与碱定量反应，能否被分步滴定；其次是选择何种指示剂。对于 H_2A，当 $c_a K_{a_1} \geq 10^{-8}$，且 $K_{a_1}/K_{a_2} \geq 10^4$ 时，H_2A 第一步解离的质子（H^+）与碱定量作用，而第二步解离的质子（H^+）不能同时作用。在第一化学计量点时出现第一个滴定突跃；如果 $c_a K_{a_2} \geq 10^{-8}$，则第二步解离的质子（H^+）也能与碱定量作用，在第二化学计量点时出现第二个滴定突跃。

例如，H_3PO_4 在水溶液中分三步解离：

$$H_3PO_4 \rightleftharpoons H^+ + H_2PO_4^- \qquad K_{a_1}=7.5\times 10^{-3} \quad pK_{a_1}=2.12$$
$$H_2PO_4^- \rightleftharpoons H^+ + HPO_4^{2-} \qquad K_{a_2}=6.23\times 10^{-8} \quad pK_{a_2}=7.21$$
$$HPO_4^{2-} \rightleftharpoons H^+ + PO_4^{3-} \qquad K_{a_3}=2.2\times 10^{-13} \quad pK_{a_3}=12.66$$

由于 K_{a_3} 太小，不能与碱定量反应，因此用 NaOH 滴定 H_3PO_4 时，只有两个滴定突跃，其滴定反应可写成：

$$H_3PO_4 + NaOH \longrightarrow NaH_2PO_4 + H_2O$$
$$NaH_2PO_4 + NaOH \longrightarrow Na_2HPO_4 + H_2O$$

用 pH 计记录滴定过程中 pH 值的变化，得 NaOH 滴定 H_3PO_4 的滴定曲线，如图 5-5 所示。

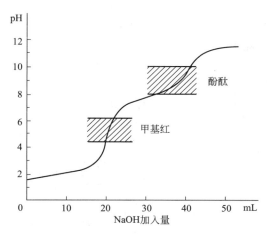

图 5-5　0.1000mol/L NaOH 滴定 20.00mL 0.1000mol/L H_3PO_4 的滴定曲线

多元酸的滴定曲线计算比较复杂，可通过实验测定和记录 pH 来绘制滴定曲线。在实际工作中，若只是为了选择指示剂，则无需描绘滴定曲线，一般只需计算化学计量点时的 pH，作为选择指示剂的依据即可。例如 NaOH 滴定 H_3PO_4 时，计量点的 pH 计算如下。

第一化学计量点时溶液的 pH：
$$c(H^+)=\sqrt{K_{a_1}K_{a_2}} \tag{5-8}$$
$$pH=\frac{1}{2}(pK_{a_1}+pK_{a_2})=\frac{1}{2}\times(2.1+7.21)=4.66$$

可选择甲基橙或甲基红为指示剂。

第二化学计量点时溶液的 pH：
$$c(H^+)=\sqrt{K_{a_2}K_{a_3}} \tag{5-9}$$
$$pH=\frac{1}{2}(pK_{a_2}+pK_{a_3})=\frac{1}{2}\times(7.21+12.66)=9.94$$

可选择酚酞作指示剂。

2. 多元碱的滴定

多元碱的滴定方法与多元酸的滴定方法类似，也可分步滴定。所以，讨论多元酸分步滴定的方法、过程、结论同样适用于多元碱的滴定，相关计算式中将 c_aK_a 换成 c_bK_b 即可。

现以 HCl 滴定 Na_2CO_3 为例。Na_2CO_3 为二元碱，在水溶液中分步水解如下：

$$CO_3^{2-}+H_2O \rightleftharpoons HCO_3^-+OH^- \quad K_{b_1}=1.78\times10^{-4} \quad pK_{b_1}=3.75$$
$$HCO_3^-+H_2O \rightleftharpoons H_2CO_3+OH^- \quad K_{b_2}=2.33\times10^{-8} \quad pK_{b_2}=7.62$$

由此可见，用 HCl 滴定 Na_2CO_3 可以分步进行，滴定曲线见图 5-6。其滴定反应如下。

$$Na_2CO_3+HCl \longrightarrow NaHCO_3+NaCl$$
$$NaHCO_3+HCl \longrightarrow H_2CO_3+NaCl$$

由于 $K_{b_1}\geqslant10^{-8}$，$K_{b_1}/K_{b_2}\approx10^4$，所以第一计量点时的 pH 计算如下：

$$c(OH^-)=\sqrt{K_{b_1}K_{b_2}} \tag{5-10}$$
$$pOH=\frac{1}{2}(pK_{b_1}+pK_{b_2})=\frac{1}{2}\times(3.75+7.62)=5.69$$
$$pH=14-5.69=8.31$$

故可选酚酞作指示剂。

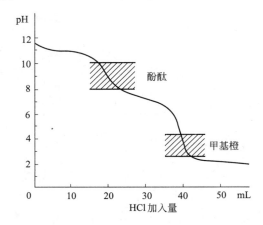

图 5-6　0.1000mol/L HCl 滴定 20.00mL 0.1000mol/L Na_2CO_3 的滴定曲线

虽然其 $K_{b_2}\geqslant10^{-8}$，但其碱性较弱，且 cK_{b_2} 较小，因此，在到达第二化学计量点时，第二个滴定突跃范围也较小。为了提高测定的准确度，通常在近终点时将溶液煮沸或用力振摇，以除去 CO_2，冷却后再滴定至终点。在第二化学计量点时，溶液为 CO_2 的饱和溶液，已知在常压下其浓度约为 $0.04mol/L$，故 pH 计算如下：

$$c(H^+)=\sqrt{K_{a_1}c}=\sqrt{4.3\times10^{-7}\times0.04}\,mol/L=1.31\times10^{-4}\,mol/L$$

$$pH=3.89$$

故可选择甲基橙作指示剂。

第三节 酸碱滴定液的配制

酸碱滴定中最常用的滴定液是 HCl 和 NaOH 溶液，其浓度一般在 $0.1mol/L$。因为 HCl 具有挥发性，NaOH 易吸收空气中的 CO_2 和 H_2O，所以通常采用间接法配制。

一、0.1mol/L NaOH 滴定液的配制

1. 制备近似 0.1mol/L NaOH 溶液

NaOH 易吸收空气中的水分，并与 CO_2 反应生成 Na_2CO_3，因 Na_2CO_3 在饱和的 NaOH 溶液中不溶解，故在实际应用中先配制 NaOH 饱和溶液，静置数日，再取适量饱和溶液的上清液稀释到所需要的浓度。饱和 NaOH 溶液物质的量浓度为 $20mol/L$。如果配制 $0.1mol/L$ NaOH 1000mL，应取饱和 NaOH 溶液体积为：

$$V=\frac{0.1\times1000}{20}\,mL=5mL$$

配制时为了使溶液浓度不小于 $0.1mol/L$，故常取饱和氢氧化钠溶液上清液 5.6mL，加新沸过的冷纯化水稀释至 1000mL，摇匀待标定。

2. 0.1mol/L NaOH 滴定液的标定

标定 NaOH 滴定液常用的基准物质为邻苯二甲酸氢钾（$KHC_8H_4O_4$）。其反应如下：

$$\text{C}_6\text{H}_4(\text{COOH})(\text{COOK}) + \text{NaOH} \longrightarrow \text{C}_6\text{H}_4(\text{COONa})(\text{COOK}) + \text{H}_2\text{O}$$

标定方法：取在 105℃ 干燥至恒重的基准邻苯二甲酸氢钾约 0.5g，精密称定，加新煮沸过的冷纯化水 50mL，振摇，使其溶解，加酚酞指示液 2 滴，用待标定的 NaOH 溶液滴定至溶液显粉红色，且 30s 内不褪色。平行实验 3 次。正确记录数据并进行结果分析。

按下式计算 NaOH 滴定液的物质的量浓度：

$$c(NaOH)=\frac{m(KHC_8H_4O_4)}{M(KHC_8H_4O_4)V(NaOH)\times10^{-3}}$$

式中 $c(NaOH)$——NaOH 滴定液的物质的量浓度，mol/L；
$m(KHC_8H_4O_4)$——称取基准 $KHC_8H_4O_4$ 的质量，g；
$M(KHC_8H_4O_4)$——$KHC_8H_4O_4$ 的摩尔质量，g/mol；
$V(NaOH)$——滴定消耗的 NaOH 滴定液的体积，mL。

二、0.1mol/L HCl 滴定液的配制

1. 制备近似 0.1mol/L HCl 溶液配制

市售浓盐酸密度为 $1.19g/mL$，质量分数为 0.37，物质的量浓度约为 $12mol/L$。配制浓

度为 0.1mol/L HCl 滴定液 1000mL 应取浓 HCl 的体积：

$$V=\frac{0.1\times 1000}{12}\text{mL}=8.3\text{mL}$$

配制时为了使溶液的浓度不小于 0.1mol/L，应量取市售浓盐酸 9mL，加纯化水适量使之成 1000mL，摇匀待标定。

2. 0.1mol/L 盐酸滴定液的标定

标定 HCl 滴定液可用基准物质无水碳酸钠或硼砂，例如，用 Na_2CO_3 标定 HCl 的反应如下：

$$Na_2CO_3+2HCl\longrightarrow 2NaCl+CO_2\uparrow+H_2O$$

标定方法：精密称取在 270～300℃ 干燥至恒重的基准无水 Na_2CO_3 0.12g（准确至 ±0.0001g），置于 250mL 锥形瓶中，加纯化水 50mL 使溶解，加甲基红-溴甲酚绿混合指示液 10 滴，用盐酸滴定液滴定至溶液由绿色转变为紫红色时，煮沸 2min，冷却至室温，继续滴定至溶液由绿色变为暗紫色，记下所消耗的滴定液的体积。平行测定 3 次。正确记录数据并进行结果分析。

按下式计算 HCl 滴定液的物质的量浓度：

$$c(\text{HCl})=\frac{2m(Na_2CO_3)}{M(Na_2CO_3)V(\text{HCl})\times 10^{-3}}$$

式中　$c(\text{HCl})$——HCl 滴定液的物质的量浓度，mol/L；

$m(Na_2CO_3)$——称取基准 Na_2CO_3 的质量，g；

$M(Na_2CO_3)$——Na_2CO_3 的摩尔质量，g/mol；

$V(\text{HCl})$——滴定消耗的 HCl 滴定液的体积，mL。

第四节　酸碱滴定法的应用

酸碱滴定法能测定一般的酸、碱以及能与酸、碱起作用的物质，也能间接地测定一些既非酸又非碱的物质，因而其应用范围非常广泛。例如，临床上用于解热镇痛药物乙酰水杨酸、纠正酸中毒的药用碳酸氢钠等都可用酸碱滴定法进行测定。

一、乙酰水杨酸（阿司匹林）的含量测定

乙酰水杨酸是常用的解热镇痛药，其分子结构中含有羧基，在水溶液中可解离出 H^+（$K_a=3.24\times 10^{-4}$），故可以酚酞为指示剂，用 NaOH 滴定液直接滴定，滴定反应式如下：

$$\text{COOH-C}_6\text{H}_4\text{-OCOCH}_3 + \text{NaOH} \longrightarrow \text{COONa-C}_6\text{H}_4\text{-OCOCH}_3 + H_2O$$

按下式计算乙酰水杨酸的含量：

$$w(C_9H_8O_4)=\frac{c(\text{NaOH})V(\text{NaOH})M(C_9H_8O_4)\times 10^{-3}}{m_s}$$

式中　$w(C_9H_8O_4)$——$C_9H_8O_4$ 的质量分数；

$c(\text{NaOH})$——NaOH 滴定液的物质的量浓度，mol/L；

$V(\text{NaOH})$——滴定消耗的 NaOH 滴定液的体积，mL；

$M(C_9H_8O_4)$——$C_9H_8O_4$ 的摩尔质量，g/mol；

m_s ——称取 $C_9H_8O_4$ 样品的质量，g。

乙酰水杨酸含有酯类结构，为防止酯在滴定时水解而使测定结果偏高，故在中性乙醇溶液中滴定。滴定时应在不断振摇下稍快地进行，以防止局部碱度过大而促进酯水解，干扰滴定。

二、药用碳酸氢钠的含量测定

药用碳酸氢钠为抗酸药，是临床上纠正酸中毒的常用药物。由于 H_2CO_3 为二元弱酸（$K_{a_1}=4.2\times10^{-7}$，$K_{a_2}=5.6\times10^{-11}$），其二级解离更弱，不能用 NaOH 滴定液直接滴定。但是，碳酸氢钠水解以后溶液显碱性（$K_{b_1}=1.8\times10^{-4}$）能被 HCl 滴定液直接滴定。

测定方法：取药用碳酸氢钠约 1g，精密称定，加水 50mL 使溶解，加甲基红-溴甲酚绿混合指示剂 10 滴，用 HCl 滴定液（0.5mol/L）滴定至溶液由绿色转变为紫红色，煮沸 2min，冷却至室温，继续滴定至溶液由绿色变为暗紫色，即达到滴定终点，记录滴定结果。平行测定 3 次，正确记录数据并进行结果分析。

按下式计算 $NaHCO_3$ 含量：

$$w(NaHCO_3)=\frac{c(HCl)V(HCl)M(NaHCO_3)\times10^{-3}}{m_s}$$

式中　$w(NaHCO_3)$ ——$NaHCO_3$ 的质量分数；

　　　$c(HCl)$ ——HCl 滴定液的物质的量浓度，mol/L；

　　　$V(HCl)$ ——滴定消耗的 HCl 滴定液的体积，mL；

　　$M(NaHCO_3)$ ——$NaHCO_3$ 的摩尔质量，g/mol；

　　　m_s ——称取样品 $NaHCO_3$ 的质量，g。

三、药用氢氧化钠的含量测定

NaOH 是强碱，极易吸收空气中的 CO_2 生成 Na_2CO_3，故 NaOH 中常混有 Na_2CO_3。我们可以采用双指示剂滴定法，分步测定出 NaOH 和 Na_2CO_3 的含量。

以 HCl 为滴定液，第一化学计量点时，NaOH 全部被中和，而 Na_2CO_3 只被中和到 $NaHCO_3$，$c(H^+)\approx\sqrt{K_{a_1}K_{a_2}}$，pH=8.3，可选用酚酞为指示剂。当酚酞变色时，此时消耗的 HCl 标准溶液的体积为 V_1 mL。继续用 HCl 滴定，至第二化学计量点时，生成的 $NaHCO_3$ 进一步被中和，形成 H_2CO_3 饱和溶液，可以甲基橙为指示剂，此时消耗的 HCl 标准溶液的体积为 V_2 mL。根据下式计算 NaOH 和 Na_2CO_3 的含量：

$$w(NaOH)=\frac{c(HCl)(V_1-V_2)M(NaOH)\times10^{-3}}{m_s}$$

$$w(Na_2CO_3)=\frac{1}{2}\times\frac{c(HCl)\times2V_2M(Na_2CO_3)}{m_s}$$

式中　$w(NaOH)$ ——NaOH 的质量分数；

　　　$c(HCl)$ ——HCl 滴定液的物质的量浓度，mol/L；

　　　V_1-V_2 ——滴定消耗在 NaOH 组分上的 HCl 滴定液的体积，mL；

　　　$M(NaOH)$ ——NaOH 的摩尔质量，g/mol；

　　$w(Na_2CO_3)$ ——Na_2CO_3 的质量分数；

$2V_2$——滴定消耗在 Na_2CO_3 组分上的 HCl 滴定液的体积，mL；

$M(Na_2CO_3)$——Na_2CO_3 的摩尔质量，g/mol；

m_s——称取样品的质量，g。

人体血浆中 HCO_3^- 的浓度

人体血液中约 95% 以上的 CO_2 是以 HCO_3^- 形式存在。临床上测定 HCO_3^- 的离子浓度可帮助诊断血液中酸碱指标，测定方法是：在血浆中加入准确过量的 HCl 滴定液，使其与 HCO_3^- 反应生成 CO_2，并使 CO_2 逸出，然后用酚红为指示剂，用 NaOH 滴定液滴定剩余的 HCl，根据 HCl 和 NaOH 滴定液的浓度和消耗的体积计算血浆中 HCO_3^- 的浓度。正常人体血浆中 HCO_3^- 浓度为 22～28 mmol/L。计算公式为：

$$c(HCO_3^-) = \frac{c(HCl)V(HCl) - c(NaOH)V(NaOH)}{V_s}$$

第五节　非水溶液酸碱滴定法

酸碱滴定一般是在水溶液中进行的。但是，在水溶液中，对于解离常数小于 10^{-8} 的弱酸或弱碱很难准确滴定。另外，许多有机化合物在水中的溶解度小，也使滴定无法进行。为解决以上问题，在分析实践中人们提出了非水酸碱滴定法。所谓**非水酸碱滴定法**是在水以外的溶剂（非水溶剂）中进行的酸碱滴定法。采用非水溶剂，不仅能增加样品的溶解性，而且能改变物质的某些化学性质（如酸碱性及强度），使在水中不能进行的滴定得以进行。非水酸碱滴定法除溶剂较为特殊外，仍具有准确、快速、设备简单等滴定分析的特点，是药典中法定的分析方法之一。该法主要用于测定有机碱及其氢卤酸盐、有机酸盐、有机酸碱金属盐类药物及某些有机弱酸的含量。

一、非水溶剂

1. 非水溶剂的分类

非水溶剂（SH）是指有机溶剂或不含水的有机溶剂。根据酸碱质子理论，可将非水溶剂分为质子溶剂、非质子溶剂和混合溶剂三大类。

（1）质子溶剂　能给出质子或能接受质子的溶剂称为质子溶剂。根据其给出或接受质子能力的大小又可分为如下 3 种。

① 酸性溶剂　是指给出质子能力较强的一类溶剂。常用的酸性溶剂有冰醋酸、丙酸等。酸性溶剂适于作为滴定弱碱性物质的介质。

② 碱性溶剂　是指接受质子能力较强的一类溶剂。常用的碱性溶剂有乙二胺、液氨、乙醇胺等。碱性溶剂适于作为滴定弱酸性物质的介质。

③ 两性溶剂　是指既能接受质子又易给出质子的一类溶剂，又称为中性溶剂。当溶质是较强的酸时，这种溶剂显碱性，能接受质子而作为碱性溶剂；当溶质是较强的碱时，这种溶剂显酸性，又能给出质子而作为酸性溶剂。醇类一般属于两性溶剂，如甲醇、乙醇、异丙醇、乙二醇等。两性溶剂适于作为滴定不太弱的酸、碱的介质。

（2）非质子溶剂 是指其分子中无转移性质子的一类溶剂。这类溶剂可分为如下两类。

① 偶极亲质子溶剂 这类溶剂分子中无转移性质子，与水比较几乎无酸性，亦无两性特征，但却有较弱的接受质子的倾向及程度不同的形成氢键能力。常用的偶极亲质子溶剂有酰胺类、酮类、腈类、二甲亚砜、吡啶等。

② 惰性溶剂 这类溶剂分子不参与酸碱反应，也无形成氢键的能力。常用的惰性溶剂有苯、氯仿、二氧六环等。

（3）混合溶剂 是指质子溶剂和惰性溶剂混合在一起的溶剂。它能使样品易于溶解、滴定突跃范围增大及终点时指示剂变色敏锐。常用的混合溶剂有：①适于弱碱性物质滴定的混合溶剂，如冰醋酸-醋酐、冰醋酸-苯、冰醋酸-氯仿、冰醋酸-四氯化碳等；②适于弱酸性物质滴定的混合溶剂，如苯-甲醇、苯-异丙醇、甲醇-丙酮、二甲基甲酰胺-氯仿等。

> **知识链接**
>
> 混合溶剂常由酸性、碱性或两性溶剂与惰性溶剂按一定比例混合而成。惰性溶剂没有明显的酸性或碱性，也就是说没有均化效应，因此惰性溶剂是一种很好的区分性溶剂。

2. 非水溶剂的酸碱性

一种物质的酸碱性并不是一成不变的，而是和它溶解在什么溶剂中有关。以 HA 代表酸，以 B 代表碱，以 HS 代表溶剂，根据质子理论存在下列解离平衡：

$$HA \rightleftharpoons H^+ + A^- \qquad K_a^{HA} = \frac{c(H^+)c(A^-)}{c(HA)}$$

$$B + H^+ \rightleftharpoons BH^+ \qquad K_b^B = \frac{c(BH^+)}{c(H^+)c(B)}$$

若将酸 HA 溶于质子溶剂 SH 中，则发生下列质子转移反应：

$$HA \rightleftharpoons H^+ + A^-$$

$$SH + H^+ \rightleftharpoons SH_2^+$$

总式 $\quad HA + SH \rightleftharpoons SH_2^+ + A^-$

该反应的平衡常数，即溶质 HA 在溶剂 SH 中的表观解离常数（K_{HA}）为：

$$K_{HA} = \frac{c(SH_2^+)c(A^-)}{c(HA)c(SH)} \tag{5-11}$$

分子分母同乘以 $c(H^+)$，则：

$$K_{HA} = \frac{c(H^+)c(A^-)c(SH_2^+)}{c(HA)c(H^+)c(SH)} = K_a^{HA} K_b^{SH} \tag{5-12}$$

式(5-12)表明，溶质酸 HA 在溶剂 SH 中的表观酸强度决定于 HA 的固有酸度和溶剂 SH 的碱度，即决定于酸给出质子的能力和溶剂接受质子的能力。同理，碱 B 溶于溶剂 SH 中也存在下列平衡：

$$B + SH \rightleftharpoons BH^+ + S^-$$

该反应平衡常数 K_B 为：

$$K_B = \frac{c(BH^+)c(S^-)}{c(B)c(SH)} = K_b^B K_a^{SH} \tag{5-13}$$

同样，溶质碱 B 在溶剂 SH 中的表观碱强度决定于碱 B 接受质子的能力和溶剂给出质子的能力。由此可见，溶质酸、碱的强度不仅与酸、碱本身授受质子的能力大小有关，而且与溶剂接受质子的能力有关。弱酸溶于碱性溶剂中，可以增强其酸性；同理弱碱溶于酸性溶剂中，可以增强其碱性。因此，在水中不能滴定的弱酸弱碱，可选择在合适的非水溶剂中进行滴定。

3. 均化效应与区分效应

有的溶剂能将几种不同强度的酸或碱，拉平到同一强度水平，例如，将 $HClO_4$、H_2SO_4、HCl、HNO_3 四种酸分别溶解于水中时，能够全部解离，这是由于 H_2O 有足够的碱性，使得这四种酸全部都将质子转移给 H_2O，形成水合质子（H_3O^+），它们表现出的酸强度相等。像水这种将不同强度的酸拉平到相同水平的效应称为**均化效应**。具有均化效应的溶剂称为均化溶剂。其反应式如下：

$$HClO_4 + H_2O \rightleftharpoons H_3O^+ + ClO_4^-$$

$$H_2SO_4 + H_2O \rightleftharpoons H_3O^+ + HSO_4^-$$

$$HCl + H_2O \rightleftharpoons H_3O^+ + Cl^-$$

$$HNO_3 + H_2O \rightleftharpoons H_3O^+ + NO_3^-$$

有的溶剂又能使几种酸和碱显示出不同强度的酸性或碱性，例如将上述 4 种酸溶于冰醋酸中，会发生下列反应：

$$HClO_4 + CH_3COOH \rightleftharpoons CH_3COOH_2^+ + ClO_4^- \quad K = 2.0 \times 10^7$$

$$H_2SO_4 + CH_3COOH \rightleftharpoons CH_3COOH_2^+ + HSO_4^- \quad K = 1.3 \times 10^6$$

$$HCl + CH_3COOH \rightleftharpoons CH_3COOH_2^+ + Cl^- \quad K = 1.0 \times 10^3$$

从四个反应的解离常数来看，其酸性由强到弱的顺序为：$HClO_4 > H_2SO_4 > HCl > HNO_3$。这是因为冰醋酸的碱性比 H_2O 弱，它接受质子的能力比 H_2O 小，当遇到提供质子能力较强的酸时，它接受的质子多些；当遇到提供质子能力较弱的酸时，它接受的质子少一些。像冰醋酸这种能区分酸（或碱）强弱的效应称为**区分效应**。具有区分效应的溶剂称为区分性溶剂。

一般来说，酸性溶剂是碱的均化溶剂，是酸的区分溶剂；碱性溶剂是酸的均化溶剂，是碱的区分溶剂。

在非水滴定中，可以利用均化效应测定混合酸（碱）的总量；利用区分效应分别测定混合酸（碱）中各组分的含量。

二、非水溶液酸碱滴定的类型及应用

非水溶液中酸碱滴定的类型分为两类，即酸的滴定和碱的滴定。

1. 酸的滴定

对于弱酸，若 $c_a K_a < 10^{-8}$ 在水溶液中就不能用碱直接滴定，此时应选择碱性比水强的溶剂。一般滴定不太弱的酸可选用醇类作溶剂，如甲醇、乙醇等；滴定较弱的酸可选用乙二胺、二甲基甲酰胺等作溶剂。有时也可以选择混合溶剂，如甲醇-苯、甲醇-丙酮等。滴定液常选择甲醇钠。

（1）甲醇钠滴定液的配制 配制甲醇钠标准溶液多采用苯-甲醇混合溶剂。甲醇钠由甲醇和金属钠反应制得，其反应式为：

$$2CH_3OH + 2Na \rightleftharpoons 2CH_3ONa + H_2 \uparrow$$

① 配制近似浓度的溶液 取无水甲醇（含水量 0.2% 以下）150mL，置于冰水冷却的容

器中,分次加入新切的金属钠2.5g,待完全反应、溶解后,加无水苯(含水量0.02%以下)适量,使之成为1000mL,摇匀,即得。

② 标定 标定甲醇钠的苯-甲醇溶液,常以苯甲酸为基准物质。取在五氧化二磷干燥器中减压干燥至恒重的基准苯甲酸约0.4g,精密称定,加无水甲醇15mL使溶解,加无水苯5mL与1%麝香草酚蓝的无水甲醇溶液1滴,用待标定液滴定至溶液显蓝色,并将滴定的结果用空白试验校正。平行实验3次。正确记录数据并进行结果分析。

按下式计算CH_3ONa滴定液的物质的量浓度:

$$c(CH_3ONa) = \frac{m(C_7H_6O_2)}{M(C_7H_6O_2)(V-V_{空白}) \times 10^{-3}}$$

式中 $c(CH_3ONa)$——CH_3ONa滴定液的物质的量浓度,mol/L;

$m(C_7H_6O_2)$——称取基准$C_7H_6O_2$的质量,g;

$M(C_7H_6O_2)$——$C_7H_6O_2$的摩尔质量,g/mol;

$V-V_{空白}$——滴定消耗的CH_3ONa滴定液的体积,mL。

应注意:CH_3ONa滴定液每次临用前均应重新标定。

(2) 应用与示例 在非水溶液中,酸的滴定主要是利用碱性溶剂增强弱酸的酸性,再用碱滴定液进行滴定。下面介绍一下胆酸、去氧胆酸的含量测定。

胆酸和去氧胆酸为熊胆的药效成分,其含量可采用非水滴定法测定。甲醇钠滴定胆酸、去氧胆酸(RCOOH)的反应如下:

$$RCOOH + CH_3OH \rightleftharpoons CH_3OH_2^+ + RCOO^-$$

$$CH_3ONa \rightleftharpoons CH_3O^- + Na^+$$

$$CH_3OH_2^+ + CH_3O^- \rightleftharpoons 2CH_3OH$$

总式:$RCOOH + CH_3ONa \rightleftharpoons CH_3OH + RCOONa$

测定方法:精密称取胆酸或去氧胆酸50~150mg于150mL烧杯中,加入中性的苯-甲醇(10:1)混合溶液55mL,摇匀,加0.5%百里酚蓝指示液2滴,在不断搅拌下用甲醇钠滴定液(0.1mol/L)滴定至溶液变蓝即为终点。

2. 碱的滴定

对于弱碱,若$c_bK_b < 10^{-8}$,可选用能提高被测物质碱性的酸性溶剂,再用强酸作滴定剂进行滴定。实验时常用冰醋酸为溶剂,高氯酸为滴定液。

(1) 高氯酸滴定液的配制与标定 高氯酸-醋酸标准溶液是由70%~72%高氯酸配制的,其中的水既是酸性杂质又是碱性杂质,干扰了非水酸碱滴定。除去高氯酸和冰醋酸中水分的方法是加入计算量的醋酐,使其与水反应生成醋酸:

$$(CH_3CO)_2O + H_2O \rightleftharpoons 2CH_3COOH$$

从反应式可知,水与醋酐反应的摩尔比为1:1。若冰醋酸含水量为0.2%,相对密度为1.05。醋酐的相对密度为1.08,含量为97.0%,则除去1000mL冰醋酸中的水分应加醋酐为:

$$V = \frac{102.1 \times 1000 \times 1.05 \times 0.2\%}{18.02 \times 1.08 \times 97.0\%} mL = 11.4 mL$$

若配制0.1mol/L高氯酸滴定液1000mL,需要含量为70.0%、相对密度为1.75的高氯酸8.5mL,则除去8.5mL高氯酸中的水分应加入相对密度为1.08、含量为97.0%的醋酐的体积为:

$$V = \frac{102.1 \times 8.5 \times 1.75 \times 30\%}{18.02 \times 1.08 \times 97.0\%} \text{mL} = 24.1 \text{mL}$$

测定一般样品时,醋酐稍过量对测定结果影响不大。若被测物是芳伯胺、芳仲胺时,醋酐过量会导致被测物乙酰化,影响测定结果,故此时不宜过量。

① 配制近似浓度的溶液 取无水冰醋酸 750mL,加入高氯酸(70%~72%)8.5mL,摇匀,在室温下缓缓滴加醋酐 24mL,边滴加边搅拌,加完后摇匀,放冷。加无水冰醋酸适量使之成为 1000mL,摇匀,放置 24h,待标定后备用。

② 标定 标定高氯酸标准溶液,常用邻苯二甲酸氢钾为基准物质,结晶紫为指示剂。标定反应如下:

$$\text{邻苯二甲酸氢钾} + \text{HClO}_4 \longrightarrow \text{邻苯二甲酸} + \text{KClO}_4$$

标定方法:精密称取在 105℃ 干燥至恒重的基准邻苯二甲酸氢钾($KHC_8H_4O_4$)约 0.16g,加无水冰醋酸 20mL 使溶解,加结晶紫指示液 1 滴,用待标定液缓缓滴定至溶液显蓝色,并将滴定的结果用空白试验校正。平行实验 3 次。正确记录数据并进行结果分析。

按下式计算 $HClO_4$ 滴定液的物质的量浓度:

$$c(HClO_4) = \frac{m(KHC_8H_4O_4)}{M(KHC_8H_4O_4)(V - V_{空白}) \times 10^{-3}}$$

式中 $c(HClO_4)$——$HClO_4$ 滴定液的物质的量浓度,mol/L;

$m(KHC_8H_4O_4)$——称取基准 $KHC_8H_4O_4$ 的质量,g;

$M(KHC_8H_4O_4)$——$KHC_8H_4O_4$ 的摩尔质量,g/mol;

$V - V_{空白}$——滴定消耗的 $HClO_4$ 滴定液的体积,mL。

$HClO_4$ 滴定液应置棕色玻璃瓶中,密闭保存。

非水溶剂中有机溶剂的体积膨胀系数较大,即体积随温度的改变值较大。如冰醋酸的体膨胀系数为 1.1×10^{-3}/℃,即温度改变 1℃,体积就有 0.11% 的变化。因此,若用高氯酸的冰醋酸滴定液滴定样品时的温度与标定时的温度有显著差异时,应重新标定或按式(5-14)加以校正:

$$c_1 = \frac{c_0}{1 + 0.0011(t_1 - t_0)} \tag{5-14}$$

式中 t_0——标定时的温度;

t_1——测定样品时的温度;

c_0——标定时的浓度;

c_1——测定时的浓度。

(2) 应用与示例 具有碱性基团的化合物,如胺类、氨基酸类、含氮杂环类化合物、某些有机碱的盐和弱酸盐等,常以冰醋酸为溶剂,以高氯酸为滴定液进行测定。

① 有机弱碱的测定 有机弱碱如胺类、生物碱类等,只要其在水溶液中的 $K_b > 10^{-10}$,都能在冰醋酸溶剂中用高氯酸滴定液进行含量测定;若 $K_b < 10^{-12}$ 的极弱碱,则需用冰醋酸-醋酐的混合液为溶剂。滴定时,醋酐的用量增加,滴定突跃范围会显著增大。

② 有机碱氢卤酸盐的测定 大多有机碱难溶于水,且不太稳定,通常将有机碱与氢卤酸成盐后供药用。如盐酸麻黄碱、氢溴酸东莨菪碱等。其通式用 $B \cdot HX$ 表示。这些药物均可在非水溶液中进行滴定。由于氢卤酸的酸性较强,当用高氯酸滴定时可用加入适量醋酸汞冰醋酸溶液,使形成难解离的卤化汞,将氢卤酸盐转化成可测定的醋酸盐,然后再用高氯酸

滴定液滴定,以结晶紫指示终点。反应式如下:

$$2B \cdot HX + Hg(CH_3COO)_2 \rightleftharpoons 2B \cdot CH_3COOH + HgX_2$$
$$B \cdot CH_3COOH + HClO_4 \rightleftharpoons B \cdot HClO_4 + CH_3COOH$$

例如,盐酸麻黄碱的含量测定如下:精密称取盐酸麻黄碱试样 0.1~0.15g,加冰醋酸 10mL,加热使溶解,加醋酸汞试液 4mL,结晶紫指示液 1 滴,立即用高氯酸滴定液 (0.1mol/L) 滴定至溶液显蓝绿色。并将滴定结果用空白试验校正。每 1mL 高氯酸滴定液 (0.1000mol/L) 相当于 20.17mg 的 $C_{10}H_{15}ON \cdot HCl$。根据消耗的 $HClO_4$ 滴定液的体积计算盐酸麻黄碱的含量。$[M(C_{10}H_{15}ON \cdot HCl)=210.70]$

$$w(C_{10}H_{15}ON \cdot HCl) = \frac{c(HClO_4)V(HClO_4)M(C_{10}H_{15}ON \cdot HCl) \times 10^{-3}}{m_s}$$

式中 $w(C_{10}H_{15}ON \cdot HCl)$ ——盐酸麻黄碱试样中 $C_{10}H_{15}ON \cdot HCl$ 的含量;

$c(HClO_4)$ ——$HClO_4$ 滴定液物质的量浓度,mol/L;

$V(HClO_4)$ ——滴定消耗的 $HClO_4$ 滴定液的体积,mL;

$M(C_{10}H_{15}ON \cdot HCl)$ ——$C_{10}H_{15}ON \cdot HCl$ 的摩尔质量,g/mol;

m_s ——称取盐酸麻黄碱试样的质量,g。

达标测评

一、名词解释

1. 酸碱滴定法　　2. 滴定曲线　　3. 滴定突跃　　4. 滴定突跃范围

二、单项选择题

1. 强碱滴定弱酸时,在下列哪种情况下,可以直接滴定(　　)。
   A. $c=0.1$mol/L　　B. $K_a=10^{-7}$　　C. $cK_a \geqslant 10^{-8}$
   D. $cK_a \leqslant 10^{-8}$　　E. $K_a < 10^{-7}$

2. NaOH 滴定 HAc 时,应选用下列哪种指示剂。(　　)
   A. 甲基橙　　　　B. 甲基红　　　　C. 酚酞
   D. 百里酚蓝　　　E. 前面四种均可

3. 对于酸碱指示剂下列哪种说法是不恰当的。(　　)
   A. 指示剂本身可以是一种弱酸　　B. 指示剂本身可以是一种弱碱
   C. 指示剂的颜色变化与溶液的 pH 有关　　D. 指示剂的变色与其 K_{HIn} 有关
   E. 指示剂的变色范围与指示剂的用量有关

4. 用 HCl 滴定 Na_2CO_3 接近终点时,需要煮沸溶液,其目的是(　　)。
   A. 驱赶 O_2　　　B. 为了加快反应速率　　C. 驱赶 CO_2
   D. 因为指示剂在热的溶液中容易变色
   E. 因为 Na_2CO_3 中有少量微溶性杂质

5. 有一未知溶液加甲基红指示剂显黄色,加酚酞指示剂无色,该未知溶液的 pH 约为(　　)。
   A. 6.2　　　　B. 6.2~8.0　　　　C. 8.0
   D. 8.0~10.0　　E. 4.4~6.2

6. 能用 NaOH 滴定液直接滴定,并且形成两个滴定突跃的酸为(　　)。

A. $H_2C_2O_4$ ($K_{a_1}=6.5\times10^{-2}$, $K_{a_2}=6.1\times10^{-5}$)

B. 乳酸 ($K_a=1.4\times10^{-4}$)

C. 邻苯二甲酸 ($K_{a_1}=1.3\times10^{-3}$, $K_{a_2}=3.9\times10^{-6}$)

D. 水杨酸 ($K_{a_1}=1.07\times10^{-3}$, $K_{a_2}=4\times10^{-14}$)

E. 顺丁烯二酸 ($K_{a_1}=1.42\times10^{-2}$, $K_{a_2}=8.57\times10^{-7}$)

7. 盐酸滴定硼砂溶液时,下列指示剂确定终点误差最小的是（　　）。
   A. 甲基橙　　　B. 甲基红　　　C. 酚酞
   D. 百里酚酞　　E. 以上 4 种都可

8. 标定 NaOH 滴定液时常用的最佳基准物质是（　　）。
   A. 无水 Na_2CO_3　B. 邻苯二甲酸氢钾　C. 硼砂
   D. 草酸钠　　　E. 苯甲酸

9. 用无水 Na_2CO_3 标定 HCl 浓度时,未经在 270～300℃烘烤,其标定的浓度（　　）。
   A. 偏高　　　B. 偏低　　　C. 正确
   D. 无影响　　E. 以上都不是

10. 下列关于指示剂的论述错误的是（　　）。
    A. 指示剂的变色范围越窄越好
    B. 指示剂的用量应适当
    C. 只能用混合指示剂
    D. 指示剂的变色范围应恰好在突跃范围内
    E. 指示剂的理论变色点 pH=pK_{HIn}

11. 酸碱滴定中需要用溶液润洗的器皿是（　　）。
    A. 锥形瓶　　　B. 移液管　　　C. 滴定管
    D. 量筒　　　　E. 以上 B 和 C

12. 用 NaOH（0.1000mol/L）测定苯甲酸 0.2500g,需 NaOH 滴定液（　　）。
    A. 19.98mL　　B. 20.50mL　　C. 21.50mL
    D. 30.20mL　　E. 以上都不正确

三、填空题

1. 在滴定分析中,指示剂颜色突变而停止滴定的那一点称为_____。在化学计量点附近,由于加入一滴酸或碱所引起的溶液 pH 的急剧改变称为_____。

2. 在用 NaOH 滴定液滴定某未知酸时,若碱式滴定管未用 NaOH 滴定液润洗,则测定出的酸的浓度_____；若锥形瓶未用酸润洗,则测定出酸的浓度_____。

3. 判断某一元弱酸能否被强碱直接滴定的判据是_____；判断某一元弱碱能否被强酸直接滴定的判据是_____。

4. 用强碱滴定弱酸时,影响滴定突跃的两个主要因素是_____和_____。

5. 用强碱滴定弱酸,当酸的浓度一定时,酸越强,其滴定突跃范围_____；酸越弱,其滴定突跃范围_____。当 K_a 一定时,浓度越大,滴定突跃范围_____；浓度越小,滴定突跃范围_____。

6. 酸碱指示剂大多是_____,其酸式和碱式具有_____,当溶液 pH 降低时,呈现_____,当溶液 pH 升高时,呈现_____。

7. 处于指示剂的理论变色点时,溶液的 pH 为_____,溶液呈现_____；指示剂的理论变色范围是_____。

四、简答题

1. 简述酸碱指示剂的变色原理。

2. 在直接滴定法中，常需选用基准物质来标定溶液，通常对于所选择的基准物质有哪些要求？

五、计算题

1. 现称取邻苯二甲酸氢钾 0.4795g，经完全溶解后，以酚酞作指示剂，用 NaOH 滴定液进行滴定，用去该滴定液 20.40mL。求该 NaOH 滴定液的浓度。

2. 在 20.00mL HCl 溶液（0.1000mol/L）中，加入 19.50mL NaOH（0.1500mol/L），计算溶液的 pH 为多少？

3. 为标定 HCl 滴定液的浓度，称取基准物质 Na_2CO_3 0.1520g，用去 HCl 滴定液 25.20mL，求 HCl 滴定液的浓度。

4. 称取某一含有 Na_2CO_3、$NaHCO_3$ 及杂质的试样 0.8050g。加入纯化水溶解后，以酚酞为指示剂，用 0.2050mol/L HCl 滴定液滴定，终点时消耗 HCl 滴定液 21.50mL，然后以甲基橙为指示剂，用 HCl 滴定液继续滴定，终点时消耗 HCl 滴定液 26.72mL。试求样品中 Na_2CO_3 和 $NaHCO_3$ 的质量分数。

第六章 沉淀滴定法

学习目标

1. 说出铬酸钾指示剂法、铁铵矾指示剂法和吸附指示剂法的测定原理和滴定条件
2. 学会硝酸银滴定液、硫氰酸钾滴定液的配制方法
3. 学会铬酸钾指示剂法、铁铵矾指示剂法和吸附指示剂法测定药物含量的方法

第一节 概 述

沉淀滴定法是以沉淀反应为基础的滴定分析方法。用于沉淀滴定分析的反应必须满足下列条件。

（1）沉淀反应达到平衡的速率快，且不易形成过饱和溶液。
（2）沉淀组成恒定，不易形成共沉淀现象。
（3）确定滴定终点必须要有恰当的指示剂。

实际上，在滴定分析中，符合上述条件的反应并不多，主要是一类能生成难溶性银盐的反应。例如：

$$Ag^+ + X^- \rightleftharpoons AgX\downarrow$$

利用生成难溶性银盐的反应进行滴定分析的方法称为银量法。银量法主要用于测定 Cl^-、Br^-、I^-、SCN^- 和 Ag^+ 等离子化合物。按照指示剂的不同可分为铬酸钾指示剂法（莫尔法）、铁铵矾指示剂法（佛尔哈德法）和吸附指示剂法（法扬斯法）。

卤化银的性质与应用

卤素离子与银离子形成的化合物称为卤化银。氟化银、氯化银为白色，溴化银为淡黄色，碘化银为黄色。氟化银可溶于水，其余皆难溶于水，溶解度由氯至碘的顺序而降低。氟化银是离子型化合物，其他卤化物都有一定的共价性。氯化银溶于稀氨水、溴化银溶于浓氨水生成配位化合物，而碘化银不溶于氨水。卤化银特别是氯化银、溴化银因具有感光性而用于制造照相材料——软片、印刷纸、硬片。氯化银可用于制造宇宙射线的解离检测器。碘化银可作为沉淀过冷云的晶核试剂，用于人工降雨。

第二节 铬酸钾指示剂法

一、铬酸钾指示剂法的原理和条件

1. 滴定原理

以 K_2CrO_4 为指示剂，以 $AgNO_3$ 为滴定液，在中性或弱碱性溶液中直接测定可溶性氯化物和溴化物的银量法，称为**铬酸钾指示剂法**。其依据产生的 AgCl 或 AgBr 与 Ag_2CrO_4 沉淀的颜色和溶解度的不同进行滴定分析。

下面以测定可溶性氯化物为例说明测定原理：

终点前　　　　$Ag^+ + Cl^- \rightleftharpoons AgCl\downarrow$（白色）

终点时　　$2Ag^+ + CrO_4^{2-} \rightleftharpoons Ag_2CrO_4\downarrow$（砖红色）

由于 AgCl 的溶解度（1.8×10^{-3}g/L）小于 Ag_2CrO_4 的溶解度（2.0×10^{-2}g/L），因此在含有 Cl^- 和 CrO_4^{2-} 的溶液中，用 $AgNO_3$ 溶液进行滴定时，首先析出白色的 AgCl 沉淀。当滴定至化学计量点时，稍过量的 Ag^+ 就会与 CrO_4^{2-} 反应生成砖红色 Ag_2CrO_4 沉淀，指示到达滴定终点。

2. 滴定条件

（1）指示剂的用量要适当　若 K_2CrO_4 指示剂用量过多，在 Cl^- 尚未沉淀完全时即有砖红色的 Ag_2CrO_4 沉淀析出，使终点提前到达，造成负误差；若 K_2CrO_4 指示剂用量过少，则滴定至化学计量点时，稍过量的 $AgNO_3$ 不能与 K_2CrO_4 形成 Ag_2CrO_4 沉淀，使终点推迟，造成正误差。理论上，在化学计量点时，溶液中恰好生成砖红色 Ag_2CrO_4 沉淀所需的 CrO_4^{2-} 浓度为 7.1×10^{-3}mol/L。

$$c(Ag^+) = c(Cl^-) = \sqrt{K_{sp,AgCl}} = \sqrt{1.56\times10^{-10}}\text{ mol/L} = 1.25\times10^{-5}\text{ mol/L}$$

如果此时恰好生成砖红色 Ag_2CrO_4 沉淀，则所需 CrO_4^{2-} 浓度为：

$$c(CrO_4^{2-}) = \frac{K_{sp,Ag_2CrO_4}}{c(Ag^+)^2} = \frac{1.12\times10^{-12}}{(1.25\times10^{-5})^2}\text{ mol/L} = 7.1\times10^{-3}\text{ mol/L}$$

由于 K_2CrO_4 溶液呈黄色，当浓度高时，其颜色在实际滴定中会影响终点判断，因此在实际滴定中，CrO_4^{2-} 的浓度约为 5.0×10^{-3}mol/L 比较合适。通常在反应液总体积为 50～100mL 溶液中，加入 5%（g/mL）K_2CrO_4 指示剂 1～2mL，此时的 CrO_4^{2-} 浓度约为 2.6×10^{-3}～5.2×10^{-3}mol/L。

（2）在中性或弱碱性溶液（pH=6.5～10.5）中滴定　若在酸性溶液中，CrO_4^{2-} 与 H^+ 反应，降低了 CrO_4^{2-} 的浓度，使 Ag_2CrO_4 沉淀出现过迟，甚至不会产生沉淀。

$$2CrO_4^{2-} + 2H^+ \rightleftharpoons 2HCrO_4^- \rightleftharpoons Cr_2O_7^{2-} + H_2O$$

若碱性太强，则有褐色的 Ag_2O 沉淀产生。

$$Ag^+ + OH^- \rightleftharpoons AgOH\downarrow$$
$$2AgOH \rightleftharpoons Ag_2O\downarrow + H_2O$$

溶液的碱性太强时，可先用稀硝酸中和，然后再用 $AgNO_3$ 滴定液滴定。

（3）滴定溶液中不能含有氨　因为 $AgCl$ 和 Ag_2CrO_4 均可与 NH_3 形成 $[Ag(NH_3)_2]^+$ 配离子而溶解，如果溶液中有 NH_3 存在时，应先用稀硝酸中和；当有铵盐存在时，溶液的 pH 以控制在 6.5～7.5 为宜。

（4）预先分离干扰离子　溶液中不应含有能与 CrO_4^{2-} 生成沉淀的阳离子（如 Ba^{2+}、Pb^{2+}、Bi^{3+} 等）或与 Ag^+ 生成沉淀的阴离子（如 PO_4^{3-}、S^{2-}、CO_3^{2-} 等），也不能含有大量的有色离子（如 Cu^{2+}、Co^{2+}、Ni^{2+} 等）以及在中性或弱碱性溶液中容易发生水解的离子（如 Fe^{3+}、Al^{3+}、Bi^{3+} 等）。如有上述离子，应预先分离除去。

铬酸钾指示剂法主要适用于直接滴定 Cl^- 和 Br^-，不适用于 I^- 和 SCN^- 的测定。因为 AgI 和 $AgSCN$ 沉淀有较强的吸附作用，会使终点变化不明显，影响测定结果。

二、$AgNO_3$ 滴定液的配制

1. 制备近似 0.1mol/L $AgNO_3$ 溶液

称取 9g 分析纯 $AgNO_3$，加纯化水配制成 500mL 溶液，搅拌均匀。将其移置于棕色磨口试剂瓶中，避光保存，待标定。

2. 0.1mol/L $AgNO_3$ 滴定液的标定

称取在 110℃ 干燥至恒重的基准 NaCl 0.12g，置于 250mL 锥形瓶中，加纯化水 50mL 使其溶解，加 5%（g/mL）K_2CrO_4 指示剂 1mL，用 0.1mol/L $AgNO_3$ 滴定液滴定至混悬液呈浅的砖红色，即为终点。平行实验 3 次。正确记录数据并进行结果分析。

按下式计算 $AgNO_3$ 滴定液的物质的量浓度：

$$c(AgNO_3)=\frac{m(NaCl)}{M(NaCl)V(AgNO_3)\times 10^{-3}}$$

式中　$c(AgNO_3)$——$AgNO_3$ 滴定液的物质的量浓度，mol/L；
　　　$m(NaCl)$——称取基准 NaCl 的质量，g；
　　　$M(NaCl)$——NaCl 的摩尔质量，g/mol；
　　　$V(AgNO_3)$——滴定消耗的 $AgNO_3$ 滴定液的体积，mL。

三、应用与实例

铬酸钾指示剂法只能用于测定可溶性的氯化物和溴化物，在弱碱性溶液中也可测定 CN^-，但不能测定 SCN^- 和 I^-，因为 $AgSCN$ 和 AgI 沉淀对 SCN^- 和 I^- 的吸附作用太强，即使充分振摇也无法将其释放出来，使终点提前，测定结果偏低。下面以测定氯化钾为例说明其测定方法。

准确称取氯化钾样品 1.6g（准确至 ±0.0001g），置于洁净的小烧杯中，加适量纯化水溶解，定量转移至 250mL 的容量瓶中，定容。摇匀。精密量取 25.00mL 上述溶液置于锥形瓶中，加纯化水 25mL，5% K_2CrO_4 指示剂 1mL，用 0.1mol/L $AgNO_3$ 滴定液滴定至混悬液呈浅的砖红色，即为终点。平行测定 3 次，正确记录数据并进行结果分析。

按下式计算氯化钾的含量：

$$w(KCl)=\frac{c(AgNO_3)V(AgNO_3)M(KCl)\times 10^{-3}}{m_s\times \dfrac{25.00}{250}}$$

式中 $w(KCl)$——KCl 的质量分数；
$c(AgNO_3)$——$AgNO_3$ 滴定液的物质的量浓度，mol/L；
$V(AgNO_3)$——滴定消耗的 $AgNO_3$ 滴定液的体积，mL；
$M(KCl)$——KCl 的摩尔质量，g/mol；
m_s——称取 KCl 样品的质量，g。

第三节 铁铵矾指示剂法

一、铁铵矾指示剂法的原理和条件

1. 滴定原理

以铁铵矾 $[NH_4Fe(SO_4)_2 \cdot 12H_2O]$ 为指示剂，以 KSCN 或 NH_4SCN 为滴定液，在酸性溶液中测定银盐或卤素化合物的银量法，称为**铁铵矾指示剂法**（也称为佛尔哈德法）。本法分为直接滴定法和剩余滴定法。

(1) 直接滴定法测定 Ag^+ 直接滴定法是在酸性溶液中，以铁铵矾为指示剂，用 KSCN 或 NH_4SCN 滴定液滴定 Ag^+ 溶液的银量法。在滴定过程中，Ag^+ 首先与 SCN^- 反应生成 AgSCN 白色沉淀，当 Ag^+ 沉淀完全后，稍过量的滴定液 SCN^- 与 Fe^{3+} 结合生成 $[Fe(SCN)]^{2+}$ 配离子，使溶液呈现血红色，即表示到达滴定终点。其反应式如下：

终点前　$Ag^+ + SCN^- \rightleftharpoons AgSCN \downarrow$（白色）

终点时　$Fe^{3+} + SCN^- \rightleftharpoons [Fe(SCN)]^{2+}$（血红色）

滴定时，溶液的 pH 一般控制在 0～1 之间。在滴定过程中，由于 AgSCN 沉淀吸附作用很强，部分 Ag^+ 会被吸附在沉淀表面，所以滴定时，必须充分摇动，使被吸附的 Ag^+ 及时地释放出来，以防止终点过早出现，导致分析结果偏低。

(2) 剩余滴定法测定卤素离子（X^-） 剩余滴定法又称返滴定法或回滴定法。此法是首先向被测溶液中，加入准确过量的 $AgNO_3$ 滴定液，使卤素离子定量生成银盐沉淀后，以铁铵矾作指示剂，用 KSCN 或 NH_4SCN 滴定液滴定剩余的 Ag^+。下面以测定 NaBr 为例说明其原理：

终点前　$Ag^+ + Br^- \rightleftharpoons AgBr \downarrow$（浅黄色）

Ag^+（剩余）$+ SCN^- \rightleftharpoons AgSCN \downarrow$（白色）

终点时　$Fe^{3+} + SCN^- \rightleftharpoons [Fe(SCN)]^{2+}$（血红色）

当过量半滴 SCN^- 滴定液时，Fe^{3+} 便与 SCN^- 反应生成血红色的配离子，指示终点到达。

2. 滴定条件

(1) 滴定应在酸性（HNO_3）溶液中进行。溶液的酸度一般控制在 pH=0～1，以防止 Fe^{3+} 水解生成 $Fe(OH)_3$ 沉淀而失去指示剂的作用。

(2) 在测定 I^- 时，应先加入准确过量的 $AgNO_3$ 滴定液，然后再加入铁铵矾指示剂。否则 Fe^{3+} 可将 I^- 氧化成 I_2，造成误差，影响分析结果。

铁铵矾指示剂法的最大优点是在酸性溶液中进行滴定，许多弱酸根离子（如 PO_4^{3-}、AsO_4^{3-}、CO_3^{2-} 等）都不会干扰滴定反应，因而选择性高，应用范围广。

（3）在测定 Cl^- 时，化学计量点附近应避免用力振摇。因为 AgSCN 的溶解度小于 AgCl 的溶解度，若用力振摇，生成物中的 AgCl 沉淀会与 NH_4SCN 滴定液发生反应，生成 AgSCN 沉淀，即沉淀的转化，消耗过量的滴定液，使本应产生的 $[Fe(SCN)]^{2+}$ 的红色不能及时出现，导致终点延迟。

$$AgCl\downarrow + SCN^- \rightleftharpoons AgSCN\downarrow + Cl^-$$

为避免出现沉淀转化反应，回滴之前可采取两个措施：①先将生成的 AgCl 过滤除去，再用 NH_4SCN 滴定液滴定剩余的 $AgNO_3$。这种措施操作繁琐，误差较大。②加入硝基苯，剧烈振摇，使 AgCl 沉淀表面覆盖一层有机溶剂，与溶液隔开，阻止 NH_4SCN 与 AgCl 发生反应。这种措施比较简便，但应注意硝基苯有毒。

剩余滴定法测定氯化物时要防止沉淀的转化

用剩余滴定法测定氯化物时，由于生成的 AgCl 溶解度比 AgSCN 大，因此加入过量的 SCN^- 时，会使 AgCl 转化为 AgSCN 沉淀，这样会使分析结果产生较大的误差。为了防止沉淀的转化，可以在 AgCl 沉淀完全后，加入少量的有机溶剂（如硝基苯或异戊醇），并充分振摇，使其包裹在 AgCl 沉淀颗粒的表面，然后再用 KSCN 或 NH_4SCN 滴定液滴定剩余的 Ag^+。

二、KSCN 滴定液的配制

1. 制备近似 0.1mol/L KSCN 溶液

称取分析纯 KSCN 固体 5.0g，加纯化水溶解后配制成 500mL 溶液。转移到 500mL 试剂瓶中待标定。

2. 标定

精密吸取 $AgNO_3$ 滴定液（0.1mol/L）25.00mL，置于 250mL 锥形瓶中，加纯化水 50mL、稀 HNO_3 2mL 和铁铵矾指示剂 2mL，用待标定的 KSCN 滴定液滴定至溶液呈浅红色，振摇后仍不褪色即为终点。平行实验 3 次，正确记录数据并进行结果分析。

按下式计算 KSCN 滴定液的浓度：

$$c(KSCN) = \frac{c(AgNO_3)V(AgNO_3)}{V(KSCN)}$$

式中　$c(KSCN)$——KSCN 滴定液的物质的量浓度，mol/L；

　　　$c(AgNO_3)$——$AgNO_3$ 滴定液的物质的量浓度，mol/L；

　　　$V(AgNO_3)$——$AgNO_3$ 滴定液的体积，mL；

　　　$V(KSCN)$——滴定消耗的 KSCN 滴定液的体积，mL。

三、应用与实例

铁铵矾指示剂法比铬酸钾指示剂法应用范围更广，在酸性溶液中可以测定 Ag^+、Cl^-、Br^-、SCN^- 等，而且在酸性溶液中 Al^{3+}、Zn^{2+}、Ba^{2+}、PO_4^{3-}、AsO_4^{3-}、CO_3^{2-} 等均不干扰滴定反应。下面以测定溴化钾的含量说明其测定方法。

准确称取 KBr 试样 0.2g，置于锥形瓶中，加纯化水 50mL 溶解，加稀 HNO₃ 2mL、AgNO₃ 滴定液（0.1mol/L）25.00mL，摇匀，再加铁铵矾指示剂 2mL，用 KSCN 滴定液（0.1mol/L）滴定至溶液呈浅红色，振摇后 30s 内不褪色即为终点。平行测定 3 次，正确记录数据并进行结果分析。

按下式计算 KBr 的含量：

$$w(\text{KBr}) = \frac{[c(\text{AgNO}_3)V(\text{AgNO}_3) - c(\text{KSCN})V(\text{KSCN})]M(\text{KBr}) \times 10^{-3}}{m_s}$$

式中　$w(\text{KBr})$——KBr 的质量分数；

$c(\text{AgNO}_3)$——AgNO₃ 滴定液的物质的量浓度，mol/L；

$V(\text{AgNO}_3)$——加入 AgNO₃ 滴定液的体积（25.00），mL；

$c(\text{KSCN})$——KSCN 滴定液的物质的量浓度，mol/L；

$V(\text{KSCN})$——滴定消耗的 KSCN 滴定液的体积，mL；

$M(\text{KBr})$——KBr 的摩尔质量，g/mol；

m_s——称取 KBr 样品的质量，g。

第四节　吸附指示剂法

一、吸附指示剂法的原理及条件

1. 滴定原理

以 AgNO₃ 为滴定液，用吸附指示剂来确定滴定终点的银量法称为**吸附指示剂法**。吸附指示剂是一类有机染料，其被沉淀吸附后结构发生变化，引起颜色的变化，从而指示滴定终点。例如，用 AgNO₃ 滴定液滴定 Cl⁻ 时，可采用荧光黄作为吸附指示剂。荧光黄是一种有机弱酸（HFIn），在溶液中存在下列解离平衡：

$$\text{HFIn} \rightleftharpoons \text{H}^+ + \text{FIn}^- \text{（黄绿色）}$$

在化学计量点前，溶液中 Cl⁻ 过量，AgCl 沉淀表面优先吸附 Cl⁻ 而带负电荷，FIn⁻ 不被吸附，溶液呈现 FIn⁻ 的颜色（黄绿色）。在化学计量点后，稍过量的 AgNO₃ 就会使 AgCl 沉淀表面吸附 Ag⁺ 形成带正电荷的 AgCl·Ag⁺ 颗粒，因此它将强烈吸附 FIn⁻。使 FIn⁻ 离子结构发生变化，溶液呈现粉红色，从而指示滴定终点。其原理如下：

终点前　$\text{Ag}^+ + \text{Cl}^- \rightleftharpoons \text{AgCl} \downarrow \text{（白色）}$

$\text{AgCl} + \text{Cl}^- + \text{FIn}^- \rightleftharpoons \text{AgCl} \cdot \text{Cl}^- + \text{FIn}^- \text{（黄绿色）}$

终点后　$\text{AgCl} \cdot \text{Ag}^+ + \text{FIn}^- \rightleftharpoons \text{AgCl} \cdot \text{Ag}^+ \cdot \text{FIn}^-$
　　　　　　　　　　　　黄绿色　　　　　　　　粉红色

2. 滴定条件

（1）沉淀要有较大的比表面积　由于吸附指示剂法是使指示剂吸附在沉淀表面而变化，为了使终点的颜色变化明显，应尽可能使 AgX 沉淀保持溶胶状态，以增大沉淀的比表面积，便于更多地吸附指示剂。为此，在滴定前先加入糊精或淀粉等胶体保护剂，以防止 AgCl 沉淀凝聚。

（2）控制适宜的酸度　吸附指示剂多数是有机弱酸，被吸附变色的是弱酸根离子，因此，必须控制适宜的酸度使指示剂在溶液中保持阴离子状态，以便被沉淀吸附而指示终点。一般对于 K_a 较小（酸性较弱）的指示剂，溶液的 pH 要高些，对于 K_a 较大（酸性较强）的指示剂，溶液的 pH 可允许低些。例如，荧光黄的 K_a 为 10^{-8}，可在 pH=7～10 的中性或弱碱性条件下使用；曙红的 K_a 为 10^{-2}，则可用于 pH=2～10 的溶液中。至于强碱性溶液，由于能使 Ag^+ 产生氧化银沉淀，故滴定不应在强碱性溶液中进行。常用的吸附指示剂见表 6-1。

表 6-1　常用的吸附指示剂

指示剂名称	适用的 pH 范围	可测离子	指示剂名称	适用的 pH 范围	可测离子
荧光黄	7～10	Cl^-	二甲基二碘荧光黄	7.0	I^-
二氯荧光黄	4～10	Cl^-	溴酚蓝	2～3	Cl^-、Br^-、I^-、SCN^-
曙红	2～10	Br^-、I^-、SCN^-	罗丹明 6G	稀 HNO_3	Ag^+

（3）避免在强光照射下滴定　因为卤化银感光易变灰或变黑，影响终点观察。

（4）沉淀对指示剂的吸附能力要略小于对待测离子的吸附能力　若沉淀对指示剂的吸附能力大于对待测离子的吸附能力，在计量点之前，指示剂离子即被沉淀吸附，使溶液变色，致使终点提前。但沉淀对指示剂的吸附能力也不能太弱，否则变色不敏锐导致终点延迟。

卤化银沉淀对卤离子和几种常用指示剂吸附能力次序为：

$$I^->二甲基二碘荧光黄>SCN^->Br^->曙红>Cl^->荧光黄$$

因此，在用 $AgNO_3$ 滴定液滴定 Cl^- 时，应选荧光黄为指示剂；在滴定 Br^- 时，应选用曙红指示剂。

二、应用与实例

吸附指示剂法可在 pH 为 2～10 的范围内，测定 Cl^-、Br^-、I^-、SCN^-、Ag^+ 等离子。下面以氯化钠的含量测定为例说明其测定方法。

准确称取氯化钠样品 1.3g，置于烧杯中，加纯化水溶解后，用直接法配制成 250mL，摇匀。精密量取上述溶液 25.00mL 置于锥形瓶中，加纯化水 25mL 稀释后，加糊精溶液（1→50）5mL、荧光黄指示剂 5～8 滴，用 $AgNO_3$ 滴定液（0.1mol/L）滴定至粉红色即为终点。平行测定 3 次，正确记录数据并进行结果分析。

按下式计算氯化钠的含量：

$$w(NaCl)=\frac{c(AgNO_3)V(AgNO_3)M(NaCl)\times 10^{-3}}{m_s\times\dfrac{25.00}{250}}$$

式中　$w(NaCl)$——NaCl 的质量分数；

$c(AgNO_3)$——$AgNO_3$ 滴定液的物质的量浓度，mol/L；

$V(AgNO_3)$——滴定消耗的 $AgNO_3$ 滴定液的体积，mL；

$M(NaCl)$——NaCl 的摩尔质量，g/mol；

m_s——称取 NaCl 样品的质量，g。

达标测评

一、名词解释

1. 铬酸钾指示剂法　　2. 铁铵矾指示剂法　　3. 吸附指示剂法

二、单项选择题

1. 铬酸钾指示剂法适用的pH范围为（　　）。
   A. 4.5～6.5　　B. 6.5～10.5　　C. 6.5～7.5
   D. 5.5～10.5　　E. 6.5～11.5

2. 铬酸钾指示剂法选择的指示剂是（　　）。
   A. K_2CrO_4　　B. $FeCl_3$　　C. $AgNO_3$
   D. $AgCl$　　E. $K_2Cr_2O_7$

3. 吸附指示剂法在开始滴定前，加入的保护胶剂是（　　）。
   A. 硝酸　　B. 氯化钠　　C. 糊精
   D. 硝基苯　　E. 碳酸钠

4. 吸附指示剂法测 Cl^- 时，应选择的指示剂是（　　）。
   A. 曙红　　B. 铁铵矾　　C. 荧光黄
   D. 三氯化铁　　E. 二甲基二碘荧光黄

5. 铬酸钾指示剂法，滴定终点的颜色为（　　）。
   A. 白色　　B. 砖红色　　C. 黄绿色
   D. 蓝色　　E. 黄色

6. 下列不干扰铬酸钾指示剂法测定的离子是（　　）。
   A. Na^+　　B. Ba^{2+}　　C. CO_3^{2-}
   D. PO_4^{3-}　　E. Fe^{3+}

7. 吸附指示剂是（　　）。
   A. 有机弱酸　　B. 无机弱酸　　C. 有机弱碱
   D. 无机弱碱　　E. 中性物质

8. 用吸附指示剂法测定 NaCl 时，终点的颜色为（　　）。
   A. 黄绿色　　B. 蓝色　　C. 粉红色
   D. 砖红色　　E. 白色

9. 可用于标定 $AgNO_3$ 滴定液的基准物质是（　　）。
   A. K_2CrO_4　　B. Na_2CO_3　　C. $K_2Cr_2O_7$
   D. $NaCl$　　E. K_2SO_4

10. 吸附指示剂在吸附前后产生明显颜色变化的是（　　）。
    A. 阳离子　　B. 阴离子　　C. H^+
    D. OH^-　　E. Cl^-

三、填空题

1. 用吸附指示剂法测定 Ag^+ 时，为了防止卤化银微粒聚集，在滴定前应加入_____或_____来保护胶体。

2. 吸附指示剂是_____弱酸，在溶液中能解离出_____离子，此离子容易被带正电荷的胶体吸附，产生明显的_____变化，从而指示滴定终点。

3. 铬酸钾指示剂法主要适用于直接测定_____和_____，不适用于_____和_____测定。

4. 铬酸钾指示剂法中指示剂的浓度必须合适，若太大，终点将_____，造成_____误差；若太小，终点将_____，造成_____误差。

四、简单题

1. 铬酸钾指示剂法的原理是什么？滴定条件有哪些？

2. 下列情况下测定结果偏低、偏高还是没有影响？为什么？

（1）用铬酸钾法测定 Cl^- 时，指示剂过量。

（2）用吸附指示剂法测定 Cl^- 时，选曙红作为指示剂。

（3）用吸附指示剂法测定 I^- 时，选曙红作为指示剂。

（4）在 pH＝4 时，用铬酸钾法测定 Cl^- 的含量。

五、计算题

1. 称取碘化钾试样 1.6520g，溶于水，加曙红指示剂，用 0.05000mol/L $AgNO_3$ 滴定液滴定，消耗 20.00mL 滴定液。试计算试样中 KI 的含量。

2. 准确称取 0.2000g 食盐溶于水后，以 K_2CrO_4 为指示剂，用 0.1500mol/L $AgNO_3$ 滴定液滴定，消耗滴定液 22.50mL，试计算试样中 NaCl 的含量。

3. 称取 NaBr 和 NaI 的混合物 0.2500g，溶于水后，用 0.1000mol/L $AgNO_3$ 滴定液滴定，消耗溶液 22.01mL，求样品中各含多少 NaBr 和 NaCl。

4. 称取氯化钠试样 0.1500g，溶解后加入固体 $AgNO_3$ 0.8920g，用铁铵矾作指示剂，过量的 $AgNO_3$ 用 0.1400mol/L KSCN 溶液回滴，用去 KSCN 溶液 25.50mL，求试样中氯化钠的质量分数。

第七章 氧化还原滴定法

学习目标 ▶▶

1. 说出高锰酸钾法、碘量法的原理及滴定条件
2. 学会高锰酸钾滴定液、碘滴定液、硫代硫酸钠滴定液的配制与标定方法
3. 熟练掌握用高锰酸钾法、碘量法测定药物含量的方法与操作技能

第一节 概 述

氧化还原滴定法是以氧化还原反应为基础的滴定分析方法。其在药品检验中有着广泛的应用,例如,用于消毒防腐的药物苯酚、消毒灭菌的过氧化氢、抗菌类药物磺胺嘧啶、抗贫血药物硫酸亚铁、药物制剂中具有抗氧化作用的焦硫酸钠、解热镇痛药物安乃近以及维生素C等,其含量均可采用氧化还原滴定法进行测定。

氧化还原反应与其他反应不同,多数氧化还原反应的机制比较复杂,反应速率较慢,而且常伴有副反应。因此,只有那些反应速率快、反应完全且无副反应的氧化还原反应才能用于滴定分析。

氧化还原滴定法根据所用滴定液的不同可分为高锰酸钾法、碘量法、亚硝酸钠法、硫酸铈法、溴酸钾法、重铬酸钾法等。本章主要介绍高锰酸钾法和碘量法。

第二节 高锰酸钾法

一、基本原理

高锰酸钾法是以 $KMnO_4$ 为滴定液,在强酸性溶液中直接或间接地测定还原性或氧化性物质含量的滴定分析法。

$KMnO_4$ 的氧化能力很强,是常用的氧化剂,可与很多还原性物质发生作用。$KMnO_4$ 的氧化能力及还原产物随溶液的酸碱性不同而有所差异,酸性越强其氧化能力越强。在强酸性溶液中 MnO_4^- 被还原为 Mn^{2+},生成的 Mn^{2+} 能加快反应速率。

$$MnO_4^- + 8H^+ + 5e \rightleftharpoons Mn^{2+} + 4H_2O$$

所以,$KMnO_4$ 滴定法常以稀 H_2SO_4 调节溶液为强酸性,酸度一般控制在 $1\sim 2mol/L$

范围内。滴定时以 KMnO₄ 溶液自身的颜色指示终点（自身指示剂法），终点时溶液为淡红色，且 30s 内不褪色即为终点。

KMnO₄ 在临床及生活中的应用

KMnO₄ 是医药上常用的氧化剂，俗称灰锰氧、PP 粉，其为紫黑色晶体，易溶于水，水溶液为紫红色，临床上常用 0.02%～0.1% KMnO₄ 水溶液洗涤创口、黏膜、膀胱、阴道、痔疮等，其有防感染、止痒、止痛等效用。也可用于吗啡、巴比妥类等药物中毒时的洗胃剂，其能氧化胃中残留的药物或毒物使药物失效。生活中常用含量为 0.3% 的 KMnO₄ 溶液对浴具、痰盂等进行灭菌消毒，用含量为 0.01% 的 KMnO₄ 水溶液浸洗水果、蔬菜 5min 即可达到杀菌目的。

二、KMnO₄ 滴定液的配制

由于市售的 KMnO₄ 晶体中含有少量的 MnO₂、硫酸盐、氯化物、硝酸盐等杂质，且配制好的 KMnO₄ 水溶液在放置过程中会慢慢分解，使溶液的浓度不断发生变化，所以 KMnO₄ 滴定液只能用间接法配制。

1. 制备近似 0.02mol/L KMnO₄ 溶液的配制

下面以配制 0.02mol/L KMnO₄ 滴定液 500mL 为例，说明其配制方法。

用托盘天平称取 1.6g 固体 KMnO₄ 置于烧杯中，加纯化水 500mL，搅拌溶解，煮沸 15min，冷却后置于棕色试剂瓶中，放暗处静置 2 日以上，用垂熔玻璃漏斗过滤。

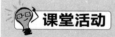

配制 KMnO₄ 滴定液时加热煮沸的目的是什么？

2. 0.02mol/L KMnO₄ 滴定液的标定

标定 KMnO₄ 滴定液的基准物质有很多，如 H₂C₂O₄·2H₂O、Na₂C₂O₄、As₂O₃ 等，其中 Na₂C₂O₄ 因其不含结晶水、性质稳定、易提纯而常用于标定高锰酸钾滴定液。

$$2KMnO_4 + 5Na_2C_2O_4 + 8H_2SO_4 \longrightarrow 2MnSO_4 + K_2SO_4 + 10CO_2\uparrow + 5Na_2SO_4 + 8H_2O$$

（1）标定方法 准确称取在 105℃ 干燥至恒重的基准 Na₂C₂O₄ 0.2g（准确至 ±0.0001g），加新煮沸过的冷的纯化水 100mL、3mol/L H₂SO₄ 10mL，振摇，溶解，然后加热至 75～85℃，趁热用待标定的 KMnO₄ 滴定液滴定至溶液呈淡红色（30s 内不褪色）。平行实验 3 次。正确记录数据并进行结果分析。

按下式计算 KMnO₄ 滴定液的物质的量浓度：

$$c(KMnO_4) = \frac{2}{5} \times \frac{m(Na_2C_2O_4)}{M(Na_2C_2O_4)V(KMnO_4) \times 10^{-3}}$$

式中 $c(KMnO_4)$——KMnO₄ 滴定液的物质的量浓度，mol/L；

$m(Na_2C_2O_4)$——称取基准 Na₂C₂O₄ 的质量，g；

$M(Na_2C_2O_4)$——$Na_2C_2O_4$ 的摩尔质量,g/mol;

$V(KMnO_4)$——滴定消耗的 $KMnO_4$ 滴定液的体积,mL。

(2)标定 $KMnO_4$ 滴定液的滴定条件

① 酸度 用 H_2SO_4 调节酸度在 1~2mol/L 范围内(滴定前加入 3mol/L 的 H_2SO_4 10mL 即可)。

② 温度 为了加快反应速率,滴定前可将溶液加热至 75~85℃,趁热滴定,终点时溶液温度不应低于 55℃。

③ 滴定速率 由于滴定前将溶液加热至 75~85℃,同时反应中生成的 Mn^{2+} 具有自动催化作用,使反应速率随着反应的进行明显加快,故滴定速率可逐渐加快,但近终点时应逐滴加入。

④ 终点判断 滴定至计量点时,稍过量的 $KMnO_4$ 可使溶液呈淡红色,保持 30s 内不褪色即为终点。

三、应用与实例

$KMnO_4$ 滴定法的应用非常广泛。在酸性溶液中可用 $KMnO_4$ 滴定液直接测定还原性物质的含量,例如,临床上常用于治疗贫血的药物硫酸亚铁,消毒杀菌的过氧化氢,其含量均可用 $KMnO_4$ 滴定法进行测定。

1. H_2O_2 含量测定

H_2O_2 俗称双氧水,可与水以任意的比例混合,H_2O_2 既具有氧化性又具有还原性,其与强氧化剂相遇时表现为还原性,因此,可在酸性条件下用 $KMnO_4$ 滴定液直接滴定。

$$2KMnO_4 + 5H_2O_2 + 3H_2SO_4 \longrightarrow K_2SO_4 + 2MnSO_4 + 5O_2\uparrow + 8H_2O$$

测定方法如下。

① 稀释 用移液管移取市售的 H_2O_2 样品液 5.00mL,置于盛有 30mL 纯化水的 100mL 容量瓶中,加水稀释至标线,摇匀。

② 测定 精密吸取稀释后的 H_2O_2 溶液 25.00mL 置于锥形瓶中,加 3mol/L H_2SO_4 溶液 10mL,用 0.02mol/L $KMnO_4$ 滴定液滴定至溶液呈现淡红色(30s 内不消失)。平行测定 3 次。正确记录数据并进行结果分析。

按照下式计算 H_2O_2 的含量:

$$\rho(H_2O_2) = \frac{5}{2} \times \frac{c(KMnO_4)V(KMnO_4)M(H_2O_2) \times 10^{-3}}{V_s \times \frac{25.00}{100.0}}$$

式中 $\rho(H_2O_2)$——样品液中 H_2O_2 含量,g/mL;

$c(KMnO_4)$——$KMnO_4$ 滴定液的物质的量浓度,mol/L;

$V(KMnO_4)$——滴定消耗的 $KMnO_4$ 滴定液的体积,mL;

$M(H_2O_2)$——H_2O_2 的摩尔质量,g/mol;

V_s——吸取 H_2O_2 样品液的体积(本实验中为 5.00mL),mL。

课堂活动

用 $KMnO_4$ 测定 H_2O_2 含量时,能否用加热的方法提高反应速率?为什么?

2. 硫酸亚铁含量测定

硫酸亚铁中铁元素的化合价为 +2 价，具有还原性，可在酸性条件下用 $KMnO_4$ 滴定液直接测定其含量。

$$2KMnO_4 + 10FeSO_4 + 8H_2SO_4 \longrightarrow 2MnSO_4 + 5Fe_2(SO_4)_3 + K_2SO_4 + 8H_2O$$

测定方法：准确称取 $FeSO_4 \cdot 7H_2O$ 样品 0.5g（准确至 ±0.0001g），加 3mol/L H_2SO_4 10mL、纯化水 30mL，振摇，溶解，立即用 0.02mol/L $KMnO_4$ 滴定液滴定至溶液为淡红色（30s 内不褪色）。平行测定 3 次。正确记录数据并进行结果分析。

按照下式计算硫酸亚铁的含量：

$$w(FeSO_4 \cdot 7H_2O) = 5 \times \frac{c(KMnO_4)V(KMnO_4)M(FeSO_4 \cdot 7H_2O) \times 10^{-3}}{m_s}$$

式中　$w(FeSO_4 \cdot 7H_2O)$——$FeSO_4 \cdot 7H_2O$ 的质量分数；

$c(KMnO_4)$——$KMnO_4$ 滴定液的物质的量浓度，mol/L；

$V(KMnO_4)$——滴定消耗的 $KMnO_4$ 滴定液的体积，mL；

$M(FeSO_4 \cdot 7H_2O)$——$FeSO_4 \cdot 7H_2O$ 的摩尔质量，g/mol；

m_s——称取 $FeSO_4 \cdot 7H_2O$ 样品的质量，g。

知识拓展

硫酸亚铁的性质与用途

从水溶液中析出的硫酸亚铁通常含有 7 个结晶水，$FeSO_4 \cdot 7H_2O$ 呈绿色俗称绿矾，在空气中能逐渐风化失去结晶水，且易被氧化成碱式硫酸盐。绿矾在医药上常制成片剂或糖浆，用于治疗缺铁性贫血，还可用于制造墨水和颜料。

第三节　碘量法

碘量法是利用 I_2 的氧化性或 I^- 的还原性进行的滴定分析方法。I_2 是一种较弱的氧化剂，能与较强还原剂作用，而 I^- 是一种中等强度的还原剂，能与许多氧化剂作用。因此，碘量法又分为直接碘量法和间接碘量法。

一、直接碘量法

直接碘量法又称为碘滴定法，是利用 I_2 的氧化性直接测定还原性物质（如亚硫酸盐、硫代硫酸盐、维生素 C、安乃近等）含量的分析方法。

直接碘量法的滴定条件是在酸性、中性或弱碱性溶液中进行。若溶液的 pH 大于 9，则部分 I_2 会发生歧化反应。

$$3I_2 + 6OH^- \rightleftharpoons IO_3^- + 5I^- + 3H_2O$$

直接碘量法以**淀粉**为指示剂，以溶液呈现蓝色指示终点。

二、间接碘量法

间接碘量法又称为滴定碘法，是利用 I^- 的还原性测定氧化性物质含量的分析方法。原理是将氧化性物质与过量的 KI 反应析出定量的 I_2，然后用硫代硫酸钠（$Na_2S_2O_3$）滴定液滴定析出的 I_2，从而测定出氧化性物质的含量。

例如，用间接碘量法测定 $KMnO_4$ 的化学反应式如下。

$$2KMnO_4 + 10KI + 8H_2SO_4 \longrightarrow 2MnSO_4 + 5I_2 + 6K_2SO_4 + 8H_2O$$
$$I_2 + 2Na_2S_2O_3 \longrightarrow 2NaI + Na_2S_4O_6$$

间接碘量法的滴定条件是在中性或弱酸性溶液中进行。若在碱性溶液中除部分 I_2 会发生歧化反应外，还能发生下列副反应。

$$S_2O_3^{2-} + 4I_2 + 10OH^- \longrightarrow 2SO_4^{2-} + 8I^- + 5H_2O$$

若在强酸性溶液中，则 $S_2O_3^{2-}$ 会发生分解反应。

$$S_2O_3^{2-} + 2H^+ \longrightarrow SO_2\uparrow + S\downarrow + H_2O$$

间接碘量法也是以**淀粉**为指示剂，以溶液的蓝色消失指示终点。

间接碘量法滴定时的注意事项如下。

（1）溶液的酸度　KI 与含氧氧化剂反应时需消耗 H^+，必须使溶液保持足够的酸度，以促使 I^- 尽快氧化成 I_2。

（2）加入 KI 的量　加入 2~3 倍于计算量的 KI，以加快被测离子的反应速率，并使生成的 I_2 与过量的 KI 结合生成 KI_3，增大 I_2 的溶解度，防止 I_2 的挥发。

（3）加入淀粉的时间　滴定接近终点时加入淀粉指示剂，以免 I_2 与淀粉吸附太牢，导致终点时蓝色不易褪去，产生误差。

（4）滴定条件　滴定应在室温、避光条件下进行。因为升高温度会增大 I_2 的挥发性，光线照射能加快空气氧化 I^- 的速率。另外，I^- 和氧化剂反应析出 I_2 的过程较慢，应密塞碘量瓶盖，置暗处 5~10min 后再滴定。

三、滴定液的配制

1. 0.1mol/L $Na_2S_2O_3$ 滴定液的配制

硫代硫酸钠晶体（$Na_2S_2O_3 \cdot 5H_2O$）含有少量的 S、Na_2SO_3、Na_2SO_4 等杂质，且易风化潮解，故配制 $Na_2S_2O_3$ 滴定液只能用间接配制法。另外，水中的微生物、CO_2、空气中的 O_2、日光等均可使 $Na_2S_2O_3$ 分解，所以，在配制 $Na_2S_2O_3$ 溶液时，需用新煮沸过的冷的纯化水，以减少溶解在水中的 CO_2、O_2，同时加入少量 Na_2CO_3 使溶液呈微碱性，以抑制微生物的生长及防止 $Na_2S_2O_3$ 分解。

现以配制 0.1mol/L $Na_2S_2O_3$ 滴定液 500mL 为例说明其配制方法。

（1）制备近似 0.1mol/L $Na_2S_2O_3$ 溶液　在托盘天平上称取 $Na_2S_2O_3 \cdot 5H_2O$ 晶体 13g、无水 Na_2CO_3 固体 0.1g，加适量的新煮沸过的冷的纯化水溶解并稀释至 500mL，搅拌均匀后转移到棕色试剂瓶中，置暗处一个月后过滤。

（2）0.1mol/L $Na_2S_2O_3$ 滴定液的标定　标定 $Na_2S_2O_3$ 滴定液的基准物质有 I_2、$K_2Cr_2O_7$、KIO_3、$KBrO_3$ 等。其中 $K_2Cr_2O_7$ 因性质稳定易于精制，而常用于标定 $Na_2S_2O_3$ 滴定液。

$$K_2Cr_2O_7 + 6KI + 7H_2SO_4 \longrightarrow 4K_2SO_4 + Cr_2(SO_4)_3 + 3I_2 + 7H_2O$$
$$2Na_2S_2O_3 + I_2 \longrightarrow Na_2S_4O_6 + 2NaI$$

标定方法：准确称取在 120℃ 干燥至恒重的基准 $K_2Cr_2O_7$ 约 0.15g（准确至 ±0.0001g），置碘量瓶中，加纯化水 50mL、碘化钾 2.0g，振摇使其溶解后，加 3mol/L H_2SO_4 10mL，摇匀，密塞，置暗处 5~10min 后，加纯化水 100mL 稀释（并冲洗碘量瓶内壁和瓶塞）。然后用 $Na_2S_2O_3$ 滴定液滴定至近终点（浅黄绿色）时，加淀粉指示剂 3mL，继续滴定至溶液的蓝色消失而显亮绿色即为终点。平行实验 3 次。正确记录数据并进行结果分析。

按下式计算 $Na_2S_2O_3$ 滴定液的浓度：

$$c(Na_2S_2O_3) = \frac{6m(K_2Cr_2O_7)}{M(K_2Cr_2O_7)V(Na_2S_2O_3) \times 10^{-3}}$$

式中　$c(Na_2S_2O_3)$——$Na_2S_2O_3$ 滴定液的物质的量浓度，mol/L；

$m(K_2Cr_2O_7)$——称取基准 $K_2Cr_2O_7$ 的质量，g；

$M(K_2Cr_2O_7)$——$K_2Cr_2O_7$ 的摩尔质量，g/mol；

$V(Na_2S_2O_3)$——滴定消耗的 $Na_2S_2O_3$ 滴定液的体积，mL。

 知识拓展

正确判断回蓝现象

上述标定过程中，若滴定至终点后溶液迅速回蓝，则说明 $K_2Cr_2O_7$ 与 KI 反应不完全，是放置时间不够或溶液的酸度过低引起的；若滴定至终点经过 5min 后溶液回蓝，则是空气中的 O_2 将 I^- 氧化引起的，对测定结果没有影响。

2. 0.05mol/L I_2 滴定液的配制

用升华法制得的纯 I_2 可用于直接法配制碘滴定液。但通常情况下是用市售的 I_2 采用间接法配制。下面以配制 0.05mol/L I_2 滴定液 500mL 为例，说明其配制方法。

（1）制备近似 0.05mol/L I_2 溶液的配制　在托盘天平上称取 6.5g 碘、18g 碘化钾，加纯化水 50mL、稀盐酸 2 滴，溶解后加纯化水稀释至 500mL，摇匀，用垂熔玻璃漏斗过滤后，置于棕色试剂瓶中暗处保存。

（2）0.05mol/L I_2 滴定液的标定　标定 I_2 滴定液既可采用基准物质标定法，也可采用比较标定法。根据《中华人民共和国药典》（2015 年版，四部）规定，标定 I_2 滴定液时采用比较标定法，即用已知准确浓度的 $Na_2S_2O_3$ 滴定液与待标定的 I_2 滴定液反应，求得 I_2 滴定液的浓度。

$$2Na_2S_2O_3 + I_2 \longrightarrow Na_2S_4O_6 + 2NaI$$

标定方法：准确量取待标定的 I_2 滴定液 25.00mL 置于碘量瓶中，加纯化水 100mL、1mol/L HCl 1mL，用 $Na_2S_2O_3$ 滴定液（0.1mol/L）滴定至近终点时，加入淀粉指示剂 2mL，继续滴定至溶液的蓝色消失即为终点。平行实验 3 次。正确记录数据并进行结果分析。

按下式计算待标定的 I_2 滴定液的浓度：

$$c(I_2) = \frac{c(Na_2S_2O_3)V(Na_2S_2O_3)}{2V(I_2)}$$

式中　$c(I_2)$——待标定 I_2 滴定液的物质的量浓度，mol/L；

$c(Na_2S_2O_3)$——$Na_2S_2O_3$ 滴定液的物质的量浓度，mol/L；

$V(Na_2S_2O_3)$——滴定消耗的 $Na_2S_2O_3$ 滴定液的体积，mL；

$V(I_2)$——移取的待标定的 I_2 滴定液的体积，mL。

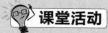

课堂活动

I₂ 与 Na₂S₂O₃ 比较法标定时，能否用 I₂ 滴定液直接滴定 Na₂S₂O₃？终点现象有何不同？

四、应用与实例

碘量法的应用范围非常广泛，可用直接碘量法测定维生素 C、安乃近、亚硫酸盐等强还原性物质的含量，也可用间接碘量法测定硫酸铜、漂白粉等氧化性物质的含量。

1. 维生素 C 含量测定

维生素 C（化学式为 $C_6H_8O_6$）中的烯二醇基易被氧化成二酮基，故可用 I₂ 滴定液直接测定其含量。

由于维生素 C 的还原能力强，易被空气中的 O_2 氧化，特别是在碱性溶液中氧化速率更快，所以在测定中应加入适量的稀醋酸，以减少维生素 C 受 I₂ 以外的其他氧化剂影响。

测定方法：精密称取维生素 C 约 0.2g（准确至 ±0.0001g），加新煮沸、放冷的纯化水 30mL、2mol/L 醋酸 10mL，待样品溶解后加淀粉指示剂 2mL，立即用 0.05mol/L I₂ 滴定液滴定至溶液呈现蓝色即为终点。平行测定 3 次。正确记录数据并进行结果分析。

按下式计算维生素 C 的含量：

$$w(C_6H_8O_6) = \frac{c(I_2)V(I_2)M(C_6H_8O_6) \times 10^{-3}}{m_s}$$

式中　$w(C_6H_8O_6)$——维生素 C 的质量分数；
　　　$c(I_2)$——I₂ 滴定液的物质的量浓度，mol/L；
　　　$V(I_2)$——滴定消耗的 I₂ 滴定液的体积，mL；
　　　$M(C_6H_8O_6)$——维生素 C 的摩尔质量，g/mol；
　　　m_s——称取的维生素 C 样品的质量，g。

2. 硫酸铜含量测定

$CuSO_4$ 中的 Cu^{2+} 具有氧化性，在 $CuSO_4$ 溶液中加入过量的 KI 可将 Cu^{2+} 还原为 CuI 沉淀，同时生成定量的 I_2，然后用 $Na_2S_2O_3$ 滴定液滴定生成的 I_2，从而间接测得硫酸铜的含量。其反应如下：

$$2Cu^{2+} + 4I^- \rightleftharpoons I_2 + 2CuI\downarrow \text{（乳白色）}$$

$$2S_2O_3^{2-} + I_2 \rightleftharpoons 2I^- + S_4O_6^{2-}$$

由于生成的 CuI 沉淀能强烈地吸附 I_3^- 而产生误差，所以在实际测定中常加入 KSCN，使 CuI 转化为溶解度更小的 CuSCN，同时释放出被 CuI 吸附的 I_3^-。

测定方法：准确称取 $CuSO_4 \cdot 5H_2O$ 约为 0.5g（准确至±0.0001g），置于碘量瓶中，加纯化水 50mL 使其溶解，加入 6mol/L 醋酸 4mL、KI 约 2.0g，用 $Na_2S_2O_3$ 滴定液滴定至浅黄色时，加入淀粉指示剂 2mL，继续滴定至溶液呈淡蓝色时加入 10% 的 KSCN 溶液 5mL，振摇，然后继续滴定至蓝色恰好消失，溶液呈米色悬浮液时即为终点。平行测定 3 次。正确记录数据并进行结果分析。

按照下式计算 $CuSO_4 \cdot 5H_2O$ 的含量：

$$w(CuSO_4 \cdot 5H_2O) = \frac{c(Na_2S_2O_3)V(Na_2S_2O_3)M(CuSO_4 \cdot 5H_2O) \times 10^{-3}}{m_s}$$

式中　$w(CuSO_4 \cdot 5H_2O)$——样品 $CuSO_4 \cdot 5H_2O$ 的质量分数；

$c(Na_2S_2O_3)$——$Na_2S_2O_3$ 滴定液的物质的量浓度，mol/L；

$V(Na_2S_2O_3)$——滴定消耗的 $Na_2S_2O_3$ 滴定液的体积，mL；

$M(CuSO_4 \cdot 5H_2O)$——$CuSO_4 \cdot 5H_2O$ 的摩尔质量，g/mol；

m_s——称取 $CuSO_4 \cdot 5H_2O$ 样品的质量，g。

间接碘量法测定硫酸铜含量的适宜条件

间接碘量法测定硫酸铜含量时，溶液的 pH 应控制在 3.5～4 范围内，若在碱性条件下，则 Cu^{2+} 能发生水解，使 Cu^{2+} 与 I^- 的反应进行不完全，且反应速率慢，同时在碱性溶液中，生成的 I_2 能发生歧化反应，产生较大的误差；若酸度过高，则溶液中的 Cu^{2+} 能加快 I^- 被空气氧化成 I_2 的速率，也会产生误差。

第四节　其他氧化还原滴定法

一、亚硝酸钠法

亚硝酸钠法是以 $NaNO_2$ 为滴定液，在酸性条件下测定芳香族伯胺、仲胺类化合物含量的滴定分析法。

用 $NaNO_2$ 滴定芳香族伯胺类化合物的滴定分析法称为**重氮化滴定法**。

$$NaNO_2 + Ar-NH_2 + 2HCl \longrightarrow [Ar-N^+\equiv N]Cl^- + NaCl + 2H_2O$$

重氮化滴定法常用来测定盐酸普鲁卡因、胺、氨苯砜、磺胺类等药物，也可用来测定水解后具有芳伯胺类的药物，如酞磺胺噻唑、对乙酰氨基酚等。

用 $NaNO_2$ 滴定芳香族仲胺类化合物的滴定分析法称为**亚硝基化滴定法**。

$$NaNO_2 + Ar-NH(R) + HCl \longrightarrow Ar-N(R)-NO + NaCl + H_2O$$

亚硝基化滴定法常用来测定磷酸伯胺喹等物质。

在 $NaNO_2$ 滴定法中，常用 HBr 或 HCl 调节溶液酸度，因 HBr 价格较贵，故一般用 HCl。目前，采用电化学方法指示滴定终点，主观误差小，并且实现了测定自动化，操作十分简便，这就是电化学分析法中的永停滴定法，将在后面详细介绍。

二、硫酸铈法

硫酸铈法是以 $Ce(SO_4)_2$ 为滴定液，在酸性条件下测定还原性物质含量的滴定分析法。如测定 H_2O_2、$Na_2C_2O_4$、$FeSO_4 \cdot 7H_2O$、As(Ⅲ)、Sb(Ⅲ) 等。

$Ce(SO_4)_2$ 具有很强的氧化性，在酸性溶液中可被还原成 Ce^{3+}，滴定时可用 HCl 或 H_2SO_4 作酸性介质。

$Ce(SO_4)_2$ 滴定法具有以下优点。

（1）$Ce(SO_4)_2$ 易纯化，配制滴定液时可用直接法配制，溶液稳定性好，久置或加热至沸都不会引起浓度的变化。

（2）反应机制简单，Ce^{4+} 还原为 Ce^{3+}，只有一个电子转移，无中间价态的产物形成。

（3）$Ce(SO_4)_2$ 虽具有很强的氧化性，但不会使 HCl 氧化，在 HCl 介质中可直接测定还原性物质，故选择性高。

（4）许多有机物如蔗糖、淀粉、甘油等都不与 $Ce(SO_4)_2$ 反应，因此可直接参与测定许多药品中亚铁的含量。

$Ce(SO_4)_2$ 滴定法通常采用邻二氮菲亚铁为指示剂，终点时溶液由红色变为蓝色。

三、溴酸钾法

溴酸钾法是以 $KBrO_3$ 为滴定液，在酸性溶液中测定还原性物质含量的滴定分析法。

$KBrO_3$ 是一种强氧化剂，可用来测定亚砷酸盐、亚铁盐、亚铜盐、碘化物及某些有机物（如联胺及卡巴砷等药物）的含量。在酸性溶液中 BrO_3^- 被还原成 Br^-，化学计量点后，稍过量的 BrO_3^- 与 Br^- 反应生成单质 Br_2。

$$BrO_3^- + 5Br^- + 6H^+ \longrightarrow 3Br_2 + 3H_2O$$

实验中常用的指示剂为甲基橙或甲基红等含氮的酸碱指示剂，化学计量点前溶液呈红色，计量点后，生成的 Br_2 能破坏指示剂的呈色结构，使溶液的红色立即消失而指示终点。

实验时应在近终点时加入指示剂，因为指示剂的褪色反应是不可逆的，在滴定过程中有可能因 $KBrO_3$ 的局部浓度过大而提早与 Br^- 反应，造成终点提前，产生误差。

达标测评

一、名词解释

1. 氧化还原滴定法　　2. 高锰酸钾法　　3. 直接碘量法　　4. 间接碘量法

二、单项选择题

1. 标定 $KMnO_4$ 滴定液时常用的基准物质是（　　）。

A. $K_2Cr_2O_7$　　B. KIO_3　　　　　C. $Na_2C_2O_4$
D. $Na_2S_2O_3$　　E. $AgNO_3$

2. 下列滴定液在反应中作还原剂的是（　　）。
   A. 高锰酸钾　　B. 碘　　　　　C. 硫代硫酸钠
   D. 亚硝酸钠　　E. 重铬酸钾

3. 高锰酸钾滴定法属于下列哪种指示剂法。（　　）
   A. 酸碱指示剂　　B. 吸附指示剂　　C. 金属指示剂　　D. 自身指示剂
   E. 外指示剂

4. 高锰酸钾滴定法用下列哪种酸调节溶液的酸性。（　　）
   A. 盐酸　　　　B. 草酸　　　　C. 硝酸
   D. 醋酸　　　　E. 稀硫酸

5. 用高锰酸钾滴定液滴定亚铁盐时，下列操作错误的是（　　）。
   A. 为了加快反应速率可在滴定前加入 Mn^{2+} 作催化剂
   B. 为了加快反应速率在滴定过程中进行加热
   C. 无需加指示剂
   D. 用硫酸调节酸度
   E. 终点颜色为淡红色

6. 高锰酸钾法滴定的酸碱性条件是（　　）。
   A. 中性　　　　B. 微酸性　　　C. 强酸性
   D. 弱碱性　　　E. 强碱性

7. 在酸性溶液中，用 $KMnO_4$ 滴定液滴定 $Na_2C_2O_4$，反应由慢而快的原因是（　　）。
   A. 反应物浓度不断增加　　　　B. 反应温度降低
   C. 反应中 $c(H^+)$ 减少　　　　D. 反应中 Mn^{2+} 生成
   E. 反应中 $c(H^+)$ 增加

8. 在酸性溶液中，下列哪种物质不能使 $KMnO_4$ 溶液褪色。（　　）
   A. Fe^{2+}　　　B. S^{2-}　　　　C. H_2O_2
   D. CO_3^{2-}　　E. $C_2O_4^{2-}$

9. 配制 $Na_2S_2O_3$ 溶液时，加入少量 Na_2CO_3 的作用是（　　）。
   A. 增强 $Na_2S_2O_3$ 的还原性　　B. 防止 $Na_2S_2O_3$ 分解并杀灭水中微生物
   C. 作抗氧化剂　　　　　　　　　D. 增强 I_2 的氧化性
   E. 中和 $Na_2S_2O_3$ 溶液的酸性

10. 间接碘量法中加入淀粉指示剂的适宜时间是（　　）。
    A. 滴定开始时　　　　　　　　B. 滴定至近终点时
    C. 滴定至溶液呈无色时　　　　D. 在滴定液滴定了 50% 后
    E. 加过量碘化钾时

11. 下列碘量法中，判断滴定终点错误的是（　　）。
    A. 直接碘量法以溶液出现蓝色为终点
    B. 间接碘量法以溶液蓝色消失为终点
    C. 用碘滴定液滴定硫代硫酸钠时以溶液出现蓝色为终点
    D. 用硫代硫酸钠滴定液滴定碘溶液时以溶液出现蓝色为终点
    E. 加淀粉可确定终点

三、填空题

1. KMnO₄ 具有很强的_____性，配制 KMnO₄ 滴定液应采用_____法，标定 KMnO₄ 滴定液常用的基准物质是_____，滴定时要用_____调节强酸性。KMnO₄ 滴定法属于_____指示剂法，终点的现象是溶液呈_____色（且 30s 内不褪色）。

2. 碘量法分为直接碘量法和间接碘量法，直接碘量法是利用 I_2 的_____性，直接测定较强的_____性物质。间接碘量法是利用 I^- 的_____性，测定_____性的物质。

3. 直接碘量法与间接碘量法所用的指示剂均为_____，直接碘量法的终点现象是溶液呈现_____，间接碘量法的终点现象是溶液_____。

四、简答题

1. 用 KMnO₄ 法测定还原性物质含量时，能否用 HNO_3 或 HCl 调节溶液的酸度？为什么？

2. 用间接碘量法测定氧化性物质时，淀粉指示剂应何时加入？为什么？

五、计算题

1. 精密量取市售的双氧水 15.00mL，用直接法配制成 250.0mL，摇匀。再从其中精密吸出 25.00mL 于锥形瓶中，加硫酸酸化后，用 0.02068mol/L KMnO₄ 滴定液滴定，终点时消耗 KMnO₄ 滴定液 26.42mL，请计算样品中 H_2O_2 的含量［单位以 g/mL 表示。已知 $M(H_2O_2)=34.02$g/mol］。

2. 标定 $Na_2S_2O_3$ 溶液时，称得基准 $K_2Cr_2O_7$ 样品 0.1506g，酸化，并加入过量的 KI，释放的 I_2 用 26.23mL 的 $Na_2S_2O_3$ 滴定至终点，请计算 $Na_2S_2O_3$ 溶液的物质的量浓度［已知 $M(K_2Cr_2O_7)=294.18$g/mol］。

3. 精密称取硫酸亚铁样品 0.6105g，加 3mol/L H_2SO_4 10mL、纯化水 30mL，立即用 0.02006mol/L 的 KMnO₄ 滴定液滴定至终点，消耗滴定液的体积为 20.03mL。求硫酸亚铁的质量分数［$M(FeSO_4 \cdot 7H_2O)=278.01$g/mol］。

4. 精密称取硫酸铜样品 0.5726g，加纯化水 30mL、CH_3COOH 约 4mL、碘化钾 2.0g，用 0.09002mol/L 的 $Na_2S_2O_3$ 滴定液滴定至浅黄色时，加入淀粉指示剂 2mL，继续滴定至溶液呈淡蓝色时加入 10% 的 KSCN 溶液 5mL，然后继续滴定至蓝色恰好消失溶液呈米色悬浮液。终点时消耗 $Na_2S_2O_3$ 滴定液的体积为 21.00mL。求样品中硫酸铜的质量分数［$M(CuSO_4 \cdot 5H_2O)=249.68$g/mol］。

第八章 配位滴定法

学习目标 ▶▶

1. 说出 EDTA 的性质及 EDTA 与金属离子形成配合物的特点
2. 说出金属指示剂的变色原理、常用的金属指示剂
3. 学会 EDTA 滴定液的配制方法
4. 学会水的总硬度测定方法及分析结果的计算

配位滴定法是以配位反应为基础的滴定分析方法。该方法是用配位剂作为滴定液直接或间接滴定被测物质，并选用适当的指示剂指示滴定终点。

金属离子在溶液中大多是以不同形式的配位离子存在的，配位反应具有极大的普遍性，被广泛地应用于分析化学的各种分离与测定中。配位滴定法对滴定反应的要求是：①配位反应必须完全，形成的配合物要稳定；②在一定的条件下，配位数必须固定；③反应速率要快；④要有适当的方法确定滴定终点。

鉴于上述要求，能够用于配位滴定的反应并不多。目前，配位滴定法主要以 EDTA（乙二胺四乙酸或乙二胺四乙酸二钠）作配位剂来测定金属离子。

第一节 EDTA 及其配合物

一、EDTA 的结构与性质

乙二胺四乙酸简称 EDTA，其分子式是 $C_{10}H_{16}O_8N_2$，从结构上看是一种四元酸，常用 H_4Y 表示。它为白色粉末状结晶，微溶于水（22℃时 0.02g/100mL），难溶于酸及一般有机溶剂；易溶于碱及氨水而生成相应的盐，其中的二钠盐可用 $Na_2H_2Y \cdot 2H_2O$ 表示，一般也简称为 EDTA，为白色结晶粉末。在水中有较大的溶解性（22℃时 11.1g/100mL），饱和溶液约为 0.3mol/L，其 pH 约为 4.8。因此在配位滴定中，由于溶解度的原因，通常用 $Na_2H_2Y \cdot 2H_2O$ 配制 EDTA 滴定液。

乙二胺四乙酸可以制成结晶固体，其结构式是：

$$\begin{array}{c} HOOCH_2C \\ HOOCH_2C \end{array} N-CH_2-CH_2-N \begin{array}{c} CH_2COOH \\ CH_2COOH \end{array}$$

两个羧基上的 H 可转移至两个 N 原子上。若此时溶液的酸度很高,它的两个羧基可再接受 2 个 H^+ 形成 H_6Y^{2+},这样,乙二胺四乙酸就相当于六元酸,有六级解离平衡:

$$H_6Y^{2+} \rightleftharpoons H^+ + H_5Y^+ \quad K_1 = 1.26 \times 10^{-1} \quad pK_1 = 0.90$$

$$H_5Y^+ \rightleftharpoons H^+ + H_4Y \quad K_2 = 2.51 \times 10^{-2} \quad pK_2 = 1.60$$

$$H_4Y \rightleftharpoons H^+ + H_3Y^- \quad K_3 = 1.00 \times 10^{-2} \quad pK_3 = 2.00$$

$$H_3Y^- \rightleftharpoons H^+ + H_2Y^{2-} \quad K_4 = 2.14 \times 10^{-3} \quad pK_4 = 2.67$$

$$H_2Y^{2-} \rightleftharpoons H^+ + HY^{3-} \quad K_5 = 6.92 \times 10^{-7} \quad pK_5 = 6.16$$

$$HY^{3-} \rightleftharpoons H^+ + Y^{4-} \quad K_6 = 5.501 \times 0^{-11} \quad pK_6 = 10.26$$

因此,EDTA 在溶液中有 7 种型体,表示为 H_6Y^{2+}、H_5Y^+、H_4Y、H_3Y^-、H_2Y^{2-}、HY^{3-} 和 Y^{4-}。其不同型体的分布受溶液 pH 影响,在不同酸度下,溶液中的 EDTA 存在的主要型体不同,如表 8-1 所示。

表 8-1 不同 pH 时 EDTA 的主要存在形式

pH 范围	<1	1~1.6	1.6~2.0	2.0~2.7	2.7~6.2	6.2~10.3	>10.3
存在形式	H_6Y^{2+}	H_5Y^+	H_4Y	H_3Y^-	H_2Y^{2-}	HY^{3-}	Y^{4-}

在 EDTA 的 7 种型体中,只有 Y^{4-} 才能与金属离子直接生成稳定的配合物,所以 $c(Y^{4-})$ 称为 EDTA 的**有效浓度**。溶液碱性越强,pH 越大,$c(Y^{4-})$ 也越大,与金属离子的配合能力也越强。

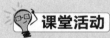

课堂活动

EDTA 在水溶液中存在几级解离?有多少种形式存在?能与金属离子直接配合的 EDTA 的形式是什么?

二、 EDTA 与金属离子配位反应的特点

1. 配位反应的广泛性

EDTA 能与大多数金属离子反应生成稳定的配合物,反应速度快,生成的配合物能够溶于水,表 8-2 列出了一些常见金属离子与 EDTA 的配合物的稳定常数的对数值。

表 8-2 常见金属离子与 EDTA 形成配合物的稳定常数的对数值(20℃)

金属离子	配合物	$\lg K_稳$	金属离子	配合物	$\lg K_稳$
Na^+	NaY^{3-}	1.66	Cd^{2+}	CdY^{2-}	16.40
Li^+	LiY^{3-}	2.79	Zn^{2+}	ZnY^{2-}	16.50
Ag^+	AgY^{3-}	7.32	Pb^{2+}	PbY^{2-}	18.30
Ba^{2+}	BaY^{2-}	7.86	Ni^{2+}	NiY^{2-}	18.56
Mg^{2+}	MgY^{2-}	8.64	Cu^{2+}	CuY^{2-}	18.70
Ca^{2+}	CaY^{2-}	10.69	Hg^{2+}	HgY^{2-}	21.80
Mn^{2+}	MnY^{2-}	13.87	Sn^{2+}	SnY^{2-}	22.11
Fe^{2+}	FeY^{2-}	14.33	Bi^{3+}	BiY^-	27.94
Al^{3+}	AlY^-	16.11	Fe^{3+}	FeY^-	25.10
Co^{2+}	CoY^{2-}	16.31	Co^{3+}	CoY^-	36.00

2. 计量关系简单

一般情况下，EDTA 与大多数金属离子反应的配位比都为 1∶1，而与金属离子的价态无关。极少数高价金属离子例外。

3. 配合物稳定性高

EDTA 与金属离子形成 3 个或 5 个五元稠环螯合物，根据螯合物的结构理论，五元稠环螯合物是最稳定的结构。EDTA 与金属钙离子形成螯合物的结构如图 8-1 所示。

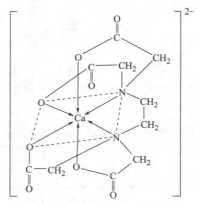

图 8-1　EDTA 与金属钙离子形成螯合物的结构示意

4. 配合物的颜色易判断

EDTA 与无色金属离子配位，形成的配合物也无色；与有色金属离子配位，形成颜色更深的配合物。几种有色配合物的颜色见表 8-3。

表 8-3　几种配合物的颜色

配合物	CoY^{2-}	MnY^{2-}	NiY^{2-}	CuY^-	CrY^-	FeY^-
颜色	玫瑰红	紫	蓝绿	深蓝	蓝	黄

EDTA 的应用

1. **汞毒治疗**　利用 EDTA 治疗汞和铅等重金属中毒，因 EDTA 可与上述重金属生成稳定而可溶的盐，随尿液排出，达到解毒效果。

2. **检验医学**　EDTA 可用作血液等液体类标本的抗凝剂（如全血细胞计数时所采用的血液标本）。

3. **牙医学**　EDTA 可以与牙质中羟基磷灰石的钙离子形成稳定的螯合物，使根管内的牙本质软化，器械易进入，根管预备更加顺利，根管成形更加完善。

4. **生物化学**　在分子生物学中，EDTA 被用于防止金属离子对酶的影响。

三、酸碱度对配位反应的影响

对于配位平衡 M + Y ⇌ MY，增大 $c(Y)$，可使得配位平衡向右移动；降低 $c(Y)$，配位平衡向左移动，引起 MY 解离，使得 M 与 Y 的配位反应不完全。$c(Y)$ 与溶液的酸度有着密切的关系，$c(H^+)$ 浓度越小，$c(Y)$ 就越大，越有利于 M 与 Y 的配位反应，如果溶液 $c(H^+)$ 过低，碱性太强，则会导致某些金属离子直接水解成金属氢氧化物沉淀，使得配位反应不彻底，无法进行配位滴定。所以，选择合适的酸碱度是进行 EDTA 配位滴定的前提。

1. 最高酸度

各种金属离子与 EDTA 生成的配合物稳定性不同，溶液的酸度对他们的影响也不同。稳定性较低的配合物，在酸性较弱的条件下即可解离；稳定性较高的配合物，只有在酸性较强的时候才会发生解离。

例如：MgY^{2-} $lgK_{稳}=8.7$，pH=5～6 时，MgY^{2-} 几乎全部解离。

ZnY^{2-} $lgK_{稳}=16.5$，pH=5～6 时，ZnY^{2-} 稳定存在。

FeY^{-} $lgK_{稳}=25.1$，pH=1～2 时，FeY^{-} 稳定存在。

因此，使用 EDTA 滴定每一种金属离子时，都必须控制在一定的 pH 范围内进行。金属离子与 EDTA 生成的配合物刚好能稳定存在时，溶液的酸度称为最高酸度（也称为最低 pH）。如果溶液的 pH 低于最低 pH，就无法进行滴定。几种常用的金属离子的最低 pH 见表 8-4。

表 8-4　EDTA 滴定常见金属离子的最低 pH

金属离子	$lgK_{稳}$	pH	金属离子	$lgK_{稳}$	pH
Mg^{2+}	8.64	9.7	Zn^{2+}	16.50	3.9
Ca^{2+}	10.96	7.5	Pb^{2+}	18.30	3.2
Mn^{2+}	13.87	5.2	Cu^{2+}	18.70	2.9
Fe^{2+}	14.33	5.0	Hg^{2+}	21.80	1.9
Al^{3+}	16.11	4.2	Sn^{2+}	22.11	1.7
Co^{2+}	16.31	4.0	Fe^{3+}	25.10	1.0

2. 最低酸度

一方面，理论上溶液的碱性越强，$c(Y)$ 的浓度越大，越有利于配位反应，但是另一方面，溶液的 pH 增大，容易导致很多金属离子发生水解反应，产生氢氧化物沉淀，不利于配位滴定。所以金属离子即将发生水解时的溶液 pH 称为允许滴定的最低酸度（也称为最高 pH）。

综上所述，在实际配位滴定过程中，EDTA 解离成 Y^{4-} 形式，释放出 H^+，使溶液酸度升高，往往需要加入一定量的缓冲溶液，将溶液 pH 控制在允许滴定的 pH 范围内。

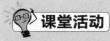

请思考，进行配位滴定时，为什么在滴定前和滴定过程中都必须控制溶液的 pH？

第二节　金属指示剂

在配位滴定过程中，通常需要加入另外一种配位剂，使之能够和金属离子形成与其自身颜色明显不同的配合物,从而指示滴定终点。这种配位剂称为金属指示剂(一般用 In 表示)。常用的金属指示剂有铬黑 T(EBT)、钙指示剂(NN)、二甲酚橙(XO)等。

一、金属指示剂的作用原理

在滴定前加入金属指示剂,则 In 与待测金属离子 M 有如下反应(省略电荷):

$$M + In(甲色) \rightleftharpoons MIn(乙色)$$

这时溶液呈 MIn(乙色)的颜色。当滴入 EDTA 溶液后,Y 先与游离的 M 发生反应,在化学计量点附近,Y 夺取 MIn 中的 M,使指示剂 In 游离出来,溶液由乙色变为甲色,指示滴定终点的到达。

滴定时 $M + Y \rightleftharpoons MY$

终点时 $MIn(乙色) + Y \rightleftharpoons MY + In(甲色)$

例如,在 pH≈10 的溶液中,指示剂铬黑 T 呈纯蓝色,它与 Mg^{2+} 的配合物($MgIn^-$)的颜色呈酒红色。滴定开始前加入指示剂铬黑 T,溶液呈酒红色。

$$Mg^{2+} + EBT(纯蓝色) \rightleftharpoons Mg^{2+}\text{-}EBT(酒红色)$$

用 EDTA 滴定液滴定,溶液的颜色保持不变。当临近化学计量点时,溶液中游离的 Mg^{2+} 已基本反应完全,再加入 EDTA,EDTA 夺取 Mg^{2+}-EBT 当中的 Mg^{2+},将 EBT 游离出来,溶液由呈酒红色变为纯蓝色,指示滴定终点。

二、金属指示剂应具备的条件

(1) **色差明显** 指示剂本身的颜色必须和它与金属离子形成配合物的颜色有明显的差别。

(2) **稳定性适当** 金属离子-金属指示剂配合物的稳定性要适当,不能过高也不能过低。过高即该配离子太稳定,不利于 EDTA 标准溶液在化学计量点后夺取金属离子,导致滴定终点延后;过低即配离子稳定性差,会使终点提前。所以要求金属离子-金属指示剂配合物既要有足够的稳定性(K_{MIn}),又要比 MY 的稳定性低($K_{MY}/K_{MIn} \geqslant 10^2$)。

(3) **变色敏锐** 指示剂与金属离子的显色反应必须灵敏、迅速,并且有良好的可逆行。

(4) **性质稳定** 金属指示剂应比较稳定,不易氧化或分解,便于储存和使用。

指示剂的封闭效应

某些金属离子与指示剂形成的配合物较其与 EDTA 形成的配合物更稳定。如果溶液中存在这样的金属离子,即使滴定已经到达计量点,甚至过量,EDTA 也不能夺取出配合物 MIn 中的金属离子,使指示剂 In^- 游离出来,因而看不到滴定终点应有的颜色突变。这种现象称为指示剂的封闭现象。如果是被测离子导致的封闭,应选择更适宜的指示剂;如果是由共存的其他金属离子导致的封闭,则应采取适当的掩蔽剂掩蔽干扰离子的影响。

三、常用的金属指示剂

1. 铬黑 T

铬黑 T 简称 EBT,属于偶氮染料,化学名称为:1-(1-羟基-2-萘偶氮基)-6-硝基-2-萘酚-4-磺酸钠。铬黑 T 溶于水后,结合在磺酸根上的 Na^+ 全部解离,以 H_2In^- 的形式存在于溶液中。由于两个酚羟基具有弱酸性,因此,在溶液中存在一系列解离平衡,且随溶液 pH 不同而呈现不同的颜色。在 pH 约为 10 的氨性缓冲溶液中,用 EDTA 直接滴定 Mg^{2+}、Zn^{2+}、Cd^{2+}、Pb^{2+} 和 Hg^{2+} 等离子时,铬黑 T 是良好的指示剂,其与金属离子形成紫红色的配合物,所以终点时溶液由紫红色变为蓝色。但 Al^{3+}、Fe^{3+}、Co^{2+}、Ni^{2+}、Cu^{2+} 和 Ti^{4+} 等对指示剂有封闭作用,Al^{3+} 和 Ti^{4+} 可以用氰化物掩蔽,Fe^{3+} 可用抗坏血酸还原掩蔽,Co^{2+}、Ni^{2+}、Cu^{2+} 可以用邻二氮菲掩蔽,Cu^{2+} 还可用硫化物形成沉淀掩蔽。

虽然铬黑 T 性质稳定,但由于其水溶液易发生聚合而变质,只能保存几天,尤其在酸性溶液中,聚合反应更为严重。所以,通常将固体铬黑 T 与干燥的纯 NaCl 按 1∶100 的质量比混合研细,密闭保存在棕色瓶中备用。

2. 钙指示剂

钙指示剂简称 NN,化学名称是 1-(2-羟基-4-磺酸基-1-萘偶氮基)-2-羟基-3-萘甲酸。纯品为黑紫色粉末,其水溶液或乙醇溶液均不稳定,故一般取钙指示剂与干燥的纯 NaCl 按 1∶100 或 1∶200 配成固体试剂使用。

钙指示剂的 NaCl 水溶液在 pH<8 或 pH>13 时呈酒红色,在 pH=12～13 呈蓝色。当使用的酸度范围为 pH=12～13 时,钙指示剂与 Ca^{2+} 形成紫红色配合物,所以,用 EDTA 滴定 Ca^{2+} 达到终点时,溶液由紫红色变为蓝色,颜色变化敏锐。

钙指示剂受封闭的情况类似于铬黑 T,此时,可以用 KCN 和三乙醇胺联合掩蔽,消除指示剂的封闭现象。

3. 二甲酚橙

二甲酚橙简称 XO,化学名称是 3,3′-双[N,N′-二(羧甲基)氨甲基]邻甲酚磺酞。二甲酚橙为紫色结晶,易溶于水,有 6 级酸式解离。在 pH>6.3 时,呈现红色;pH<6.3 时,呈现黄色;二甲酚橙与金属离子形成的配合物都是紫红色,所以它只适用于在 pH<6 的酸性溶液中使用。通常将其配成 0.5% 的水溶液,大约可以保存 2～3 周。

许多金属离子,如 Zr^{2+}(pH<1)、Bi^{3+}(pH=1～2)、Th^{4+}(pH=2.5～3.5)、Pb^{2+}、Zn^{2+}、Cd^{2+}、Hg^{2+}(pH=5～6)以及稀土元素都可以用二甲酚橙作指示剂直接滴定,终点由紫红色转变为亮黄色。实验时二甲酚橙常用于剩余滴定法中,终点时溶液的颜色由黄色变为紫红色。

有些金属离子,如 Al^{3+}、Fe^{3+}、Ni^{2+} 和 Cu^{2+} 等对二甲酚橙有封闭作用,在对这些离子进行滴定时,可以采用返滴定法,即先加入过量的 EDTA,再用 Zn^{2+} 溶液返滴定。

当 Al^{3+}、Fe^{3+}、Ni^{2+} 和 Ti^{4+} 等离子对二甲酚橙产生封闭作用,干扰到其他离子测定时,应依据不同情况采用不同的方法消除干扰,其中 Fe^{3+} 和 Ti^{4+} 可以用抗坏血酸还原,Al^{3+} 可以用氟化物掩蔽,Ni^{3+} 可以用邻二氮菲掩蔽。

掩蔽法

若被测金属离子的配合物与干扰离子的配合物稳定性相差不够大,甚至 K_{MY} 的稳定性小于 K_{NY},就不能够用控制酸度的方法滴定 M。若加入一种试剂能与干扰离子 N 起反应,则溶液中的 $c(N)$ 降低,N 对 M 的干扰作用就会减少以至消除,这种方法叫做掩蔽法,加入的物质称为掩蔽剂。

第三节 滴定液

配制 EDTA 滴定液通常是用 EDTA 的二钠盐（$Na_2H_2Y \cdot 2H_2O$）进行配制，其水溶液也称 EDTA 滴定液。通常采用间接法配制。

一、制备近似 0.05mol/L EDTA 溶液

EDTA 二钠盐（$Na_2H_2Y \cdot 2H_2O$）的摩尔质量为 372.26g/mol，称取 $Na_2H_2Y \cdot 2H_2O$ 19g，溶于约 300mL 温纯化水中，冷却后稀释至 1L，混匀并储存于硬质玻璃瓶中，待标定。

二、0.05mol/L EDTA 滴定液的标定

标定 EDTA 的滴定液的基准物质很多，纯金属有 Zn、Bi、Cu、Cd、Ni 等。另外还有许多金属氧化物或者无机盐，如 ZnO、Bi_2O_3、$ZnSO_4$ 等。现在以氧化锌为例，说明标定方法。

精密称取在 800℃ 灼烧至恒重的 ZnO 约 0.10g，加稀盐酸 3mL 使之溶解，加纯化水 25mL 及甲基红指示剂 1 滴，滴加氨试液至溶液呈微黄色，再加纯化水 25mL、$NH_3 \cdot H_2O$-NH_4Cl 缓冲溶液 10mL、铬黑 T 指示剂数滴，用 EDTA 滴定液滴定至溶液由紫红色变为纯蓝色即为终点。平行实验 3 次，正确记录实验数据并进行结果分析。

按照下式计算 EDTA 滴定液的浓度：

$$c(EDTA) = \frac{m(ZnO)}{M(ZnO)V(EDTA) \times 10^{-3}}$$

式中　　$c(EDTA)$——EDTA 滴定液的物质的量浓度，mol/L；
　　　　$m(ZnO)$——称取基准 ZnO 的质量，g；
　　　　$M(ZnO)$——ZnO 的摩尔质量，g/mol；
　　　　$V(EDTA)$——滴定消耗的 EDTA 滴定液的体积，mL。

第四节 配位滴定法的应用

一、水的总硬度测定

含有较多钙、镁离子的水称为硬水，水的硬度取决于水中 Ca^{2+}、Mg^{2+} 的含量。水的总硬度有多种表示方法，《中华人民共和国药典》（2015 年版）规定，以每升水中所含 Ca^{2+}、Mg^{2+} 总量折算成 $CaCO_3$ 的质量表示，单位 mg/L。

精密移取 100mL 水样于 250mL 锥形瓶中，加 $NH_3 \cdot H_2O$-NH_4Cl 缓冲溶液 10mL（pH≈10）、铬黑 T 指示剂少许，用 EDTA 滴定液（0.05mol/L）滴定至溶液由紫红色变为蓝色即为终点，平行测定 3 次。正确记录实验数据并进行结果分析。

按照下式计算水的总硬度：

$$\rho_{总}(CaCO_3) = c(EDTA)V(EDTA)M(CaCO_3) \times 10 \ (mg/L)$$

式中　　$\rho_{总}(CaCO_3)$——水的总硬度，mg/L；
　　　　$c(EDTA)$——EDTA 滴定液的物质的量浓度，mol/L；
　　　　$V(EDTA)$——滴定消耗的 EDTA 滴定液的体积，mL；

$M(CaCO_3)$ —— $CaCO_3$ 的摩尔质量，g/mol。

饮用水标准

世界卫生组织（WHO）《饮用水水质准则》规定的指标值为：500mg/L 以 $CaCO_3$ 计。
我国《生活饮用水卫生标准》（GB 5749—2006）规定的指标值为：450mg/L 以 $CaCO_3$ 计。

二、氯化钙注射液含量的测定

在药物分析中，直接法可以用于测定符合配位滴定分析要求的金属盐类药物（如钙盐、镁盐、锌盐等）的含量。现在以氯化钙注射液的含量测定为例进行说明。

钙离子在碱性溶液中能与 EDTA 生成稳定的配合物，可以钙指示剂指示终点，用 EDTA 滴定液测定氯化钙注射液的含量。

精密量取氯化钙注射液适量（约相当于氯化钙 0.15g）置于锥形瓶中，加纯化水 100mL、1mol/L 的氢氧化钠溶液 15mL、钙指示剂 0.1g，用 EDTA 滴定液（0.05mol/L）滴定至溶液由紫红色变为纯蓝色即为终点。平行测定 3 次，正确记录实验数据并进行结果分析。

按下列计算样品氯化钙（$CaCl_2 \cdot 2H_2O$）的含量：

$$\rho_{总}(CaCl_2 \cdot 2H_2O) = \frac{c(EDTA)V(EDTA)M(CaCl_2 \cdot 2H_2O)}{V_s}$$

式中　$\rho_{总}(CaCl_2 \cdot 2H_2O)$ —— $CaCl_2 \cdot 2H_2O$ 注射液的含量，mg/mL；
　　　$c(EDTA)$ —— EDTA 滴定液的物质的量浓度，mol/L；
　　　$V(EDTA)$ —— 滴定时消耗的 EDTA 滴定液的体积，mL；
　　　$M(CaCl_2 \cdot 2H_2O)$ —— $CaCl_2 \cdot 2H_2O$ 的摩尔质量，g/mol；
　　　V_s —— 移取氯化钙注射液的体积，mL。

氯化钙注射液的规格

《中华人民共和国药典》2015 年版规定氯化钙注射液的规格有 4 种，即 10mL：0.3g、10mL：0.5g、20mL：0.6g、20mL：1g，因此，在测定时应根据不同的规格确定试样的取用量和稀释的倍数。

三、药用硫酸镁的含量测定

在 pH≈10 的溶液中，铬黑 T 能与硫酸镁解离出的 Mg^{2+} 形成比较稳定的酒红色螯合物（Mg-EBT），而 EDTA 与 Mg^{2+} 能形成更为稳定的无色螯合物。因此，可用 EDTA 滴定液测定药用硫酸镁的含量。滴定时调节溶液的 pH＝9～10.5，终点时，EDTA 将 EBT 从 Mg-EBT 中置换出来，使溶液呈现蓝色。

精确称取硫酸镁试样 1g（精确到±0.0001g），加适量的纯化水溶解后定量转移至 100mL 容量瓶中，加纯化水稀释至刻度线，摇匀。用移液管移取 25.00mL 溶液于 250mL 的锥形瓶中，加 50mL 的纯化水、$NH_3 \cdot H_2O$-NH_4Cl 缓冲溶液 10mL、铬黑 T 少许，用

EDTA 滴定液滴定至溶液由酒红色变为蓝色即为终点。平行测定 3 次，正确记录实验数据并进行结果分析。

按照下式计算硫酸镁的含量。

$$w(MgSO_4 \cdot 7H_2O) = \frac{c(EDTA)V(EDTA)M(MgSO_4 \cdot 7H_2O) \times 10^{-3}}{m_s \times \dfrac{25.00}{100.0}}$$

式中　$w(MgSO_4 \cdot 7H_2O)$——$MgSO_4 \cdot 7H_2O$ 的质量分数；

　　　$c(EDTA)$——EDTA 滴定液的物质的量浓度，mol/L；

　　　$V(EDTA)$——滴定消耗的 EDTA 滴定液的体积，mL；

　　　$M(MgSO_4 \cdot 7H_2O)$——$MgSO_4 \cdot 7H_2O$ 的摩尔质量，g/mol；

　　　m_s——称取 $MgSO_4 \cdot 7H_2O$ 样品的质量，g。

达标测评

一、名词解释

1. 封闭效应　2. 水的总硬度　3. 配位滴定法　4. 金属指示剂

二、单项选择题

1. EDTA 配位的有效浓度 $c(Y)$ 与酸度有关，它随着溶液 pH 增大而（　　）。
   A. 增大　　　　B. 减小　　　　C. 不变
   D. 先增大后减小　E. 先减小后增大

2. 用 EDTA 滴定液测定 Ca^{2+} 时，消除 Mg^{2+} 干扰的最简便的方法是（　　）。
   A. 控制酸度法　　　　　　B. 配位掩蔽法
   C. 氧化还原掩蔽法　　　　D. 沉淀掩蔽法
   E. 溶剂萃取法

3. EDTA 与金属离子形成配合物时，其配位比一般为（　　）。
   A. 1∶1　　　B. 1∶2　　　C. 1∶4
   D. 1∶5　　　E. 1∶6

4. 用 EDTA 滴定液滴定下列离子时，能采用直接滴定方式的是（　　）。
   A. SO_4^{2-}　　　B. Al^{3+}　　　C. K^+
   D. Ca^{2+}　　　E. Cl^-

5. 配离子与外界离子之间相结合的化学键是（　　）。
   A. 离子键　　　B. 极性共价键　　　C. 非极性共价键
   D. 配位键　　　E. 氢键

6. 可用控制酸度的方法分别滴定的一组金属离子是（　　）。
   A. Ca^{2+} 和 Mg^{2+}　　B. Al^{3+} 和 Zn^{2+}　　C. Cu^{2+} 和 Zn^{2+}
   D. Pb^{2+} 和 Mg^{2+}　　E. Zn^{2+} 和 Pb^{2+}

7. EDTA 与金属离子生成的配合物刚好能稳定存在时溶液的酸度称为（　　）。
   A. 最佳酸度　　　B. 最低酸度　　　C. 最高酸度
   D. 最适宜酸度　　E. 稳定酸度

8. 铬黑 T 指示剂在水中的颜色是（　　）。
   A. 红色　　　B. 蓝色　　　C. 酒红色

D. 无色　　　　E. 黄色

9. 配位滴定中，使用金属指示剂二甲酚橙，要求溶液的酸度条件是（　　　）。
   A. pH=6.3～11.6　　B. pH=6.0　　C. pH>6.0
   D. pH<6.0　　E. pH>11.6

10. 用EDTA配位滴定法测定Mg^{2+}含量，以EBT为指示剂，指示终点的物质是（　　　）。
    A. Mg-EDTA　　B. EBT　　C. Mg-EBT
    D. Mg^{2+}　　E. H^+

11. 下列关于水的硬度的叙述错误的是（　　　）。
    A. 水的硬度是水质的重要指标之一
    B. 水的硬度是指水中Ca^{2+}、Mg^{2+}总量
    C. 水的总硬度常用的测定方法是EDTA配位滴定法
    D. 测定水的总硬度时，使用钙指示剂指示滴定终点
    E. 水的硬度可用每升水中所含$CaCO_3$质量数（毫克）来表示

三、填空题

1. 由于某些金属离子的存在，导致加入过量的EDTA滴定液，指示剂也无法指示终点的现象称为_____。故被滴定溶液中应事先加入_____，以克服这些金属离子的干扰。

2. EDTA的化学名称为_____，当溶液酸度较高时，可作____元酸，有____种存在形式，EDTA与金属离子配位时，一分子的EDTA可提供____个配位原子。

3. 测定Ca^{2+}、Mg^{2+}共存的硬水中两种组分的含量，其方法是在pH=_____时，用EDTA滴定液测得_____的含量。另取同体积的硬水加入_____，使Mg^{2+}成为_____，再用EDTA滴定液测得_____的含量。

四、简答题

1. 配制EDTA滴定液为何用的是EDTA的二钠盐？
2. 金属指示剂的作用原理是什么？它应具备哪些条件？

五、计算题

1. 称取0.1005g纯$CaCO_3$，加稀盐酸溶解后，用容量瓶配成100mL溶液。吸取25.00mL，在pH>12时，用钙指示剂指示终点，用EDTA滴定液滴定，用去24.90mL，试计算EDTA滴定液的浓度（mol/L）。

2. 称取葡萄糖酸钙试样0.5500g，溶解后，在pH=10的氨性缓冲液中用EDTA滴定（EBT为指示剂），滴定消耗浓度为0.04985mol/L的EDTA滴定液24.50mL，试计算葡萄糖酸钙的含量。（分子式$C_{12}H_{22}O_{14}Ca·H_2O$）

3. 取100mL水样，用氨性缓冲液调节至pH=10，以EBT为指示剂，用EDTA滴定液（0.008826mol/L）滴定至终点，共消耗12.58mL，计算水的总硬度。如果将上述水样再取100mL，用NaOH调节pH=12.5，加入钙指示剂，用上述EDTA滴定液滴定至终点，消耗10.11mL，试分别求出水样中Ca^{2+}和Mg^{2+}的量。

4. 用配位滴定法测定氯化锌（$ZnCl_2$）的含量。称取0.2500g试样，溶于水后，稀释至250mL，吸取25.00mL，在pH=5～6时，用二甲酚橙作指示剂，用0.01024mol/L EDTA滴定液滴定，用去17.61mL。试计算试样中$ZnCl_2$的质量分数。（氯化锌分子量：136.30）

第九章 电位法和永停滴定法

学习目标 ▶▶

1. 说出参比电极、指示电极的概念和直接电位法测定溶液 pH 的原理
2. 熟练掌握酸度计的使用方法及使用酸度计进行溶液 pH 测量的操作技能
3. 学会电位滴定仪和永停滴定仪的使用方法，知道电位滴定仪和永停滴定法在医学分析中的应用

第一节 概 述

电位法和永停滴定法均属于电化学分析法。

通过测量原电池电动势来确定待测物质含量的方法称为电位法，电位法又分为直接电位法和电位滴定法。其中，根据原电池电动势与待测组分离子活度的函数关系，直接确定待测物离子活度的方法称为直接电位法；根据滴定过程中电池电动势的突变来确定滴定终点的方法称为电位滴定法。

永停滴定法属于电流滴定法，是根据滴定过程中电解电流的突变来确定滴定终点的方法。

利用电位法和永停滴定法进行分析、测量时，必须使用电极才能完成。常用的电极有参比电极、指示电极和复合电极。

一、参比电极

一定条件下，电极电位值恒定的电极称为参比电极。参比电极的电极电位值不随待测离子浓度的变化而变化，只与其内部的离子浓度有关，当其内部离子的浓度一定时，其电极电位值恒定。常用的参比电极有甘汞电极和银-氯化银电极。

1. 甘汞电极

甘汞电极由金属汞、甘汞（Hg_2Cl_2）和 KCl 溶液组成。其构造如图 9-1 所示。
它的电极反应为：

$$Hg_2Cl_2 + 2e \rightleftharpoons 2Hg + 2Cl^-$$

25℃时，甘汞电极的电极电位为：

$$\varphi_{Hg_2Cl_2/Hg} = \varphi^{\ominus}_{Hg_2Cl_2/Hg} - \lg 0.059\alpha(Cl^-) \tag{9-1}$$

由式(9-1)可知，甘汞电极的电极电位只与电极内部氯离子的活度（浓度）有关，当电极内部氯离子浓度一定时,甘汞电极的电极电位即为定值(表 9-1)。

表 9-1　甘汞电极的电极电位(25℃)

KCl 溶液浓度	0.1mol/L KCl	1mol/L KCl	饱和 KCl
电极电位/V	0.3337	0.2801	0.2412

饱和甘汞电极(SCE 电极)是电位分析法中最常用的参比电极,其电位稳定,构造简单,保存和使用都很方便。

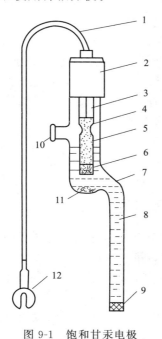

图 9-1　饱和甘汞电极

1—导线;2—电极帽;3—铂丝;4—汞;
5—汞与甘汞糊;6—棉絮塞;7—外玻璃管;
8—KCl 饱和溶液;9—素瓷芯;10—加液口;
11—KCl 结晶;12—接头

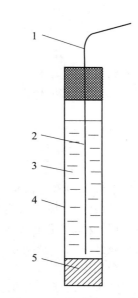

图 9-2　银-氯化银电极构造

1—银丝;2—银-氯化银;3—饱和 KCl 溶液;
4—玻璃管;5—素瓷芯

2. 银-氯化银电极

银-氯化银电极由涂有一层氯化银的银丝插入一定浓度的氯化钾溶液中构成。其构造如图 9-2 所示。

电极反应为:

$$AgCl + e \rightleftharpoons Ag + Cl^-$$

25℃时,银-氯化银电极的电极电位为:

$$\varphi_{Ag^+/AgCl} = \varphi^{\ominus}_{AgCl/Ag} - 0.059 \lg \alpha(Cl^-) \tag{9-2}$$

与甘汞电极相同,银-氯化银电极的电极电位也只随电极内部氯离子浓度的变化而变化(表 9-2)。

表 9-2　银-氯化银电极的电极电位(25℃)

KCl 溶液浓度	0.1mol/L KCl	1mol/L KCl	饱和 KCl
电极电位/V	0.2880	0.2220	0.1990

银-氯化银电极结构简单,常将其用作某些指示电极(离子选择性电极)的内参比电极。

二、指示电极

电极电位值随溶液中待测离子浓度的变化而变化的电极称为指示电极。常用的指示电极主要为金属基电极和离子选择性电极。

1. 金属基电极

金属基电极以金属为基体,电极电位的建立基于电子转移反应。金属基电极按其组成和作用不同分为以下几种。

(1) 惰性金属电极　将惰性金属(铂或金)插入含有某氧化态和还原态电对的溶液中组成的电极,又称为零类电极或氧化还原电极。电极的氧化态、还原态之间无界面。惰性金属不参与电极反应,仅为氧化还原电对提供交换电子的场所,作为导体起传递电子的作用。惰性金属电极的电极电位决定于溶液中氧化态和还原态物质活度的比值。如将铂丝插入含有Fe^{3+}、Fe^{2+}溶液中组成的电极即为惰性金属电极,其电极反应为:

$$Fe^{3+} + e \rightleftharpoons Fe^{2+}$$

25℃时,其电极电位为:

$$\varphi_{Fe^{3+}/Fe^{2+}} = \varphi^{\ominus}_{Fe^{3+}/Fe^{2+}} + 0.059 \lg \frac{\alpha(Fe^{3+})}{\alpha(Fe^{2+})} \tag{9-3}$$

氢电极、氧电极和卤素电极均属于此类电极。

(2) 金属-金属离子电极　由能发生氧化还原反应的金属插入含该金属离子的溶液中构成的电极称为金属-金属离子电极,简称金属电极,又称为第一类电极。这种电极只有一个相界面,金属与该金属的离子在界面上发生可逆的电子转移,其电极电位仅与溶液中的金属离子活度有关。金属电极可用于指示被测金属离子的活度,也可用于电位滴定中,指示沉淀或配位滴定过程中金属离子活度的变化。$Ag-AgNO_3$电极(银电极)属于金属电极,其电极反应为:

$$Ag^+ + e \rightleftharpoons Ag$$

25℃时,其电极电位为:

$$\varphi_{Ag^+/Ag} = \varphi^{\ominus}_{Ag^+/Ag} + 0.059 \lg \alpha(Ag^+) \tag{9-4}$$

组成这类电极的金属有银、铜、锌、汞、铅等。

(3) 金属-金属难溶盐电极　将金属表面涂上该金属的难溶盐后,插入其难溶盐的阴离子溶液中所构成的电极,称为金属-金属难溶盐电极,又称为第二类电极。这类电极有两个相界面,其电极电位随溶液中难溶盐阴离子活度的变化而变化,可用于测定难溶盐阴离子的活度。Ag-AgCl电极属于金属-金属难溶盐电极,其电极反应为:

$$AgCl + e \rightleftharpoons Ag + Cl^-$$

25℃时,其电极电位为:

$$\varphi_{Ag^+/AgCl} = \varphi^{\ominus}_{Ag^+/AgCl} - 0.059 \lg \alpha(Cl^-) \tag{9-5}$$

必须注意,某一电极作为参比电极还是指示电极,不是固定不变的。例如,银-氯化银电极通常用作参比电极,但又用作测定Cl^-的指示电极;pH玻璃电极通常用作测定H^+的指示电极,但又可用作测定Cl^-、I^-的参比电极。

2. 离子选择性电极

离子选择性电极又称膜电极,这类电极有一层特殊的敏感膜,对溶液中的特定离子产生选择性的响应，膜电极电位的产生源于离子的交换和扩散，而非电极反应中的电子转移，电极电位的大小与待测离子浓度的关系满足能斯特方程式，因此，测定原电池的电动势，便可求得待测离子的浓度。离子选择性电极的平衡时间短、选择性好，是电位分析法中最常用的指示电极。

pH玻璃电极是一种能对溶液中H^+产生选择性响应的玻璃膜电极，玻璃膜成分一般为$Na_2O(22\%)$、$CaO(6\%)$、$SiO_2(72\%)$，它对溶液中的H^+活度有选择性响应，是最常用的pH指示电极，常用于测定或指示溶液的pH。

(1) pH玻璃电极的构造　pH玻璃电极的构造如图9-3所示，电极的下端是由特殊玻璃制成的球形薄膜，膜厚30～100μm，是电极的主要组成部分。膜内装有一定pH的缓冲溶液（称内参比溶液，通常由0.1mol/L HCl和KCl组成），溶液中插入一根Ag-AgCl电极或甘汞电极作内参比电极。

(2) pH玻璃电极的响应原理　pH玻璃电极的内参比电极电位恒定，与被测溶液的pH无关，玻璃电极的工作原理主要产生于玻璃膜上，见图9-4。

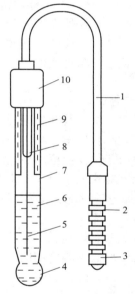

图9-3　pH玻璃电极的构造
1—绝缘屏蔽电缆；2—高绝缘电极插头；
3—金属接头；4—玻璃薄膜；5—内参比电极；
6—内参比溶液；7—外管；8—支管圈；
9—屏蔽层；10—塑料电极帽

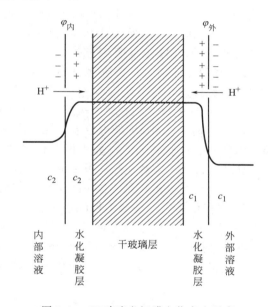

图9-4　pH玻璃电极膜电位产生示意

玻璃膜有两个界面，膜外水化凝胶层1与外部溶液的H^+活度不同，H^+会从活度大的相向活度小的相迁移，从而改变了水化凝胶层1和外部溶液两相界面的电荷分布，产生了外相界电位$\varphi_{外}$；同样，玻璃电极膜内水化凝胶层2与内参比溶液产生了内相界电位$\varphi_{内}$（如图9-4所示）。

玻璃内、外膜之间产生的膜电位$\varphi_{膜}$为：

$$\varphi_{膜}=\varphi_{外}-\varphi_{内}=0.059\lg\frac{\alpha(H^+)_{(外)}}{\alpha(H^+)_{(内)}} \tag{9-6}$$

式中，$\alpha(H^+)_{(外)}$为膜外待测溶液的H^+活度；$\alpha(H^+)_{(内)}$为膜内参比溶液的H^+活度（恒定）。因此，膜电位$\varphi_{膜}$的计算式可简化为：

$$\varphi_{膜} = K + 0.059\lg\alpha(H^+)_{(外)} \tag{9-7}$$

玻璃电极的电极电位的大小由内参比电极电位和膜电位决定，因此，整个玻璃电极的电极电位为：

$$\varphi_{玻璃} = \varphi_{参比} + \varphi_{膜} = \varphi_{参比} + K + 0.059\lg\alpha(H^+)_{(外)} = K_{玻} + 0.059\lg\alpha(H^+)_{(外)}$$

因此有：

$$\varphi_{玻璃} = K_{玻} - 0.059\text{pH} \tag{9-8}$$

由式(9-8)可知，只要确定了常数值$K_{玻}$，即可由测得的玻璃电极的电极电位值求得待测溶液的pH。

(3) pH玻璃电极的性能

① 电极斜率 溶液的pH改变一个单位时所造成的玻璃电极电位的变化值称为电极斜率，用S表示，其理论值为$2.303RT/F$。玻璃电极长期使用会老化，使得实际斜率小于理论值，当实际斜率小于52mV/pH（25℃）时，玻璃电极不宜再使用。

② 酸差和钠差 当用pH玻璃电极测定pH<1的酸性溶液时，由于外部溶液$c(H^+)$过高，H^+会进入水化凝胶层1，在其中占据大量的交换点位，导致外部溶液的H^+活度较真实活度偏低，pH测量值高于真实值，产生酸差（正误差）。当用普通玻璃电极测定pH>9的碱性溶液pH时，玻璃膜会对H^+和Na^+同时响应，致使pH测量值低于真实值而产生钠差（又称碱差，负误差）。

③ 不对称电位 当玻璃电极膜内、外溶液的H^+活度相等时，理论上$\varphi_{膜}=0$，但实际上$\varphi_{膜}\neq 0$，有1~30mV的电位差存在，此电位差称为不对称电位。其产生原因主要来自玻璃膜内外表面性质的差异（如表面几何形状不同、结构存在微小差异、水化作用不同等）。不同玻璃电极的不对称电位不同；在一定条件下，同一玻璃电极的不对称电位相同。因此，可通过充分浸泡电极和用标准pH缓冲溶液校正的方法消除不对称电位对于测定的影响。

④ 电极的内阻 玻璃电极的内阻很大，要求通过被测原电池的电流必须很小，以免引起误差。因此，使用玻璃电极时，必须使用高阻抗的测量仪器测定。

⑤ 使用温度 玻璃电极一般在0~50℃范围内使用，温度过低，电极内阻会增大；温度过高，电极寿命会缩短。此外，测定标准溶液和待测溶液pH的温度必须相同。

课堂活动

玻璃电极的不对称电位能否消除？

---

(4) 使用pH玻璃电极的注意事项

① pH玻璃电极初次使用前，必须在蒸馏水中浸泡24h以上，以便形成良好的水化凝胶层，降低不对称电位的影响。平时常用的pH玻璃电极，短期存放可用pH=4.00的缓冲溶液或蒸馏水浸泡；长期存放，应用pH=7.00的缓冲溶液浸泡或套上橡皮帽放在盒中。

② pH玻璃电极的内参比电极与球泡间不能有气泡，若有，应轻甩电极让气泡逸出。

③ pH玻璃电极敏感膜很薄，易于破碎损坏，因此，测定时pH玻璃电极的球泡应稍高于甘汞电极的陶瓷芯端，并全部浸在溶液中，球泡不能与玻璃杯及硬物相碰。

④ pH玻璃电极不能用于测量含有氟离子的溶液，以防腐蚀电极；不能用浓硫酸、酒精来洗涤电极，以防电极表面脱水，失去功能。

⑤ 测定某一样品前，应轻摇溶液，以缩短响应时间。

⑥ 测完某一样品，要立即洗净电极，并用滤纸吸干后，再测定下一个样品。电极清洗

后切勿用织物擦干，以防损坏、污染电极，导致读数错误。

pM 玻璃电极

玻璃膜电极对金属阳离子的选择性响应与玻璃的成分有关。若向玻璃中引入 Al_2O_3 或 B_2O_3，则其对碱金属的响应能力增强。在碱性范围内，玻璃膜的电极电位由碱金属离子的活度决定，这种玻璃电极称为 pM 玻璃电极，pM 玻璃电极中最常用的是 pNa 电极，用于测定的 Na^+ 浓度。

三、pH 复合电极

复合电极是将指示电极和参比电极制作在一起的电极。复合电极结构简单，使用方便，测量不受氧化性或还原性物质的影响，平衡速度较快，测定值较稳定，外壳的抗冲击能力较玻璃电极强。目前实验室常用 pH 复合电极进行测量。

pH 复合电极由 pH 玻璃电极和银-氯化银电极（或 pH 玻璃电极和甘汞电极）复合而成。使用 pH 复合电极时，应注意以下事项。

① 电极不用时应浸泡在含 KCl 且 pH=4 的缓冲溶液中，不可用去离子水浸泡，否则会使电极的响应变慢、精度变差。新电极使用前应在 3mol/L KCl 溶液中浸泡 8～24h 方可使用。

② 电极应避免在强酸、强碱或其他腐蚀性溶液中使用。无水乙醇、重铬酸钾、浓硫酸等脱水性介质会损坏球泡表面的水化凝胶层，因此，pH 复合电极严禁在脱水性介质中使用。

③ pH 复合电极前端的球泡应透明无裂纹，球泡内应充满溶液（无气泡）。

④ 安装前，应轻甩几下电极，以确保银-氯化银内参比电极浸入到球泡的内参比溶液中，防止出现测量过程中酸度计显示的数字乱跳的现象。

⑤ 电极插入待测液后，要先搅拌晃动溶液几下再静置，以缩短电极的响应时间。

⑥ 测量高浓度溶液或黏稠性试样时，应尽量缩短测量时间，用后要立即用去离子水反复清洗，以除去黏附在电极球泡膜上的试样，防止电极被污染。

⑦ 电极清洗后，应用滤纸吸干电极球泡膜，不可擦拭，以免损坏、污染玻璃薄膜，影响测量精度。

使用新 pH 玻璃电极或复合电极测溶液 pH，电极使用前应如何处理，目的是什么？

第二节 直接电位法测定溶液 pH

通过测定电池电动势来确定待测组分浓度的方法，称为直接电位法。此法通常用于测定溶液的 pH 和其他离子的浓度。

一、测定原理

直接电位法测定溶液 pH,常用饱和甘汞电极作参比电极,pH 玻璃电极作指示电极。把玻璃电极和饱和甘汞电极插入待测溶液中组成原电池。原电池符号可表示为:

(一)玻璃电极|待测溶液‖饱和甘汞电极(+)

25℃时,原电池的电动势为:

$$EMF = \varphi^+ - \varphi^- = \varphi_{SCE} - \varphi_{玻璃}$$

故

$$EMF = 0.2412 - (K_{玻} - 0.059 pH) = K + 0.059 pH \tag{9-9}$$

由此可知,原电池的电动势 EMF 与溶液的 pH 呈线性关系。式(9-9)中的常数 K 包括内参比电极的电位、外参比电极的电位、不对称电位、玻璃电极的内膜电位等,温度一定时,数值 K 恒定,但不同玻璃电极的 K 不同,难以测定和计算。因此,直接电位法测定溶液 pH 时,常用标准 pH 缓冲溶液进行校正,采用"两次测量法"消除不对称电位及常数项 K 等不确定因素造成的误差。即先测定已知 pH_s 的标准缓冲溶液的电池电动势 EMF_s,再测量未知 pH_x 的待测液的电池电动势 EMF_x,在 25℃时,电池电动势与 pH 之间的关系满足下式:

$$EMF_s = K + 0.059 pH_s$$
$$EMF_x = K + 0.059 pH_x$$

两式相减并整理得:

$$pH_x = pH_s \frac{EMF_s - EMF_x}{0.059} \tag{9-10}$$

由式(9-10)可知,利用直接电位法测定溶液 pH 的过程中,只需确定 pH_s、EMF_s 和 EMF_x 值,即可消除不确定的常数 K,求得待测液的 pH_x。

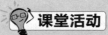

直接电位法测定溶液 pH 时,采用"两次测量法"的目的是什么?

二、测定方法

直接电位法利用酸度计测定溶液的 pH。测量时,酸度计先要经过 pH 标准缓冲溶液校准(消除公式中的常数项),然后再进行样品的 pH 测量。根据测量精度的要求,直接电位法测定溶液的 pH 主要有以下方法。

1. 单标准 pH 缓冲溶液法

此法用于测量精度在 0.1pH 以下的样品,可用 25 型酸度计(见图 9-5,最小分度 0.1 单位)完成,一般选用 pH=6.86 或 pH=7.00 的标准缓冲溶液校准仪器。操作方法为:先将温度补偿器旋转到标准缓冲溶液的温度,用 pH 复合电极测量标准缓冲溶液的 pH,待读数稳定后,调节"定位"调节器使酸度计显示该标准缓冲溶液的 pH_s。之后,将温度补偿器旋转至待测液的温度,再将洗净、吸干的电极插入待测液,显示屏的数值稳定后,显示的数值即为 pH_x。

2. 双标准 pH 缓冲溶液法

利用酸度计进行精密测量,需用比较精密的酸度计,如 pHS-29A 型酸度计(见图 9-6),

其最小分度为 0.01 单位。该类仪器除了设有"定位"和"温度"补偿调节器外，还设有电极"斜率"调节器，测量时需要用两种标准缓冲溶液进行校准。即：先以 pH＝6.86 或 pH＝7.00 的标准缓冲溶液进行"定位"校准，然后根据待测液的酸碱情况，再选用 pH＝4.00（酸性）或 pH＝9.18、pH＝10.01（碱性）的标准缓冲溶液进行"斜率"校正。之后，将酸度计的温度补偿器旋转至待测液温度，将电极插入待测液，显示屏的数值稳定后，读得的数值即为 pH_x。

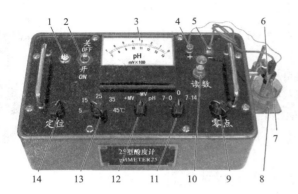

图 9-5　25 型酸度计

1—指示灯；2—电源开关；3—指示电表；
4—参比电极接点；5—玻璃电极插孔；
6—玻璃电极；7—饱和甘汞电极；
8—测定溶液；9—零点调节器；
10—读数开关；11—量程选择开关；
12—pH-mV 开关；13—温度
补偿器；14—定位调节器

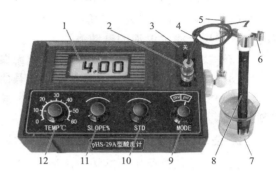

图 9-6　pHS-29A 型酸度计

1—显示屏；2—复合电极插孔；3—电源开关；
4—导线；5—电极杆；6—电极夹；7—测定溶液；
8—复合电极；9—pH-mV 开关；10—定位调节器；
11—斜率调节器；12—温度补偿器

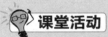

直接电位法测定溶液 pH 时，如何根据实际需要选定测量仪器和测定方法？

3. 常用的标准缓冲溶液

用酸度计测定溶液 pH 的准确度决定于标准缓冲溶液的准确度，也决定于标准溶液和待测溶液组成的接近程度，因此，利用直接电位法测定溶液的 pH 时，必须选择合适的标准缓冲溶液。常用标准缓冲溶液 pH 见表 9-3。

表 9-3　常用标准缓冲溶液 pH

温度/℃	0.05mol/L 草酸三氢钾	饱和酒石酸氢钾	0.05mol/L 邻苯二甲酸氢钾	0.025mol/L KH_2PO_4 和 0.025mol/L Na_2HPO_4
0	1.666	—	4.003	6.984
10	1.670	—	5.998	6.923
20	1.675	—	4.002	6.881
25	1.679	3.557	4.008	6.865
30	1.683	3.552	4.015	6.853
35	1.688	3.549	4.024	6.844
40	1.694	3.547	4.035	6.838

三、酸度计简介

酸度计简称 pH 计，是测定溶液 pH 常用的精密仪器，能在 0～14 的 pH 范围内使用。pH 计由电极和电计两部分组成。电极为参比电极-玻璃电极对或复合电极；电计为精密的电流计，能够直接显示所测溶液的 pH。

酸度计因用途和测量精度不同分为多种不同的类型，可以根据情况选择合适的酸度计。

1. 酸度计的主要调节旋钮及功能

（1）mV-pH 转换器　功能选择按钮，指向"pH"时，仪器用于测量 pH；指向"mV"时，仪器用于测量电池的电动势。

（2）"温度"补偿器　利用它可调节温度至标准缓冲溶液或待测液的温度。

（3）"定位"调节器　调节仪器，使其所示的 pH 与标准缓冲溶液 pH 保持一致。

（4）"斜率"调节器（pHS-2、pHS-3 型酸度计设有）　调节电极系数，确保仪器能精密测量 pH。

2. 使用酸度计测量溶液 pH 的注意事项

（1）校准仪器所用标准缓冲溶液的 pH_s 应尽量接近待测液的 pH_x（$\Delta pH<3$）。

（2）标准缓冲溶液与待测液的温度应相同。

（3）饱和甘汞电极的平衡时间较长，电极插入溶液后应有足够的平衡时间。

用酸度计测量溶液的 pH，无论待测液有无颜色，是否为氧化剂、还原剂，抑或是胶体溶液或浊液，都不影响其准确测量。

第三节　电位滴定法

电位滴定法是根据滴定过程中电池电动势的突变来确定滴定终点的分析方法。电位滴定法与前面介绍的滴定分析法相似，其区别在于确定终点的方法不同。

一、基本原理

测定时，将适当的指示电极和参比电极插入待测溶液中组成原电池，用电位计测量电池的电动势 E，如图 9-7 所示。加入的标准溶液体积 V 不断增多，待测离子浓度不断降低，指示电极的电位和电池的电动势均随之变化。在化学计量点附近，溶液中待测离子的浓度发生突变而产生滴定突跃，指示电极的电位和电池的电动势 E 也发生相应的突跃，从而确定滴定终点。

二、确定滴定终点的方法

1. E-V 曲线法

以电池电动势 E 对标准溶液体积 V 作图，得到 E-V 曲线，如图 9-8（a）所示，曲线斜率最大点对应的体积为滴定终点。

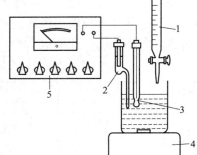

图 9-7　电位滴定装置
1—滴定管；2—参比电极；3—指示电极；
4—磁力搅拌器；5—电位计

2. $\dfrac{\Delta E}{\Delta V}$-$\bar{V}$ 曲线法（一次微商法）

以相邻的电动势差值与其对应的标准溶液体积差值之比 $\dfrac{\Delta E}{\Delta V}$ 为纵坐标，以相邻两次加入标准溶液体积的算术平均值 $\bar{V}$ 为横坐标，绘制 $\dfrac{\Delta E}{\Delta V}$-$\bar{V}$ 曲线，如图 9-8（b）所示，曲线最高处所对应的体积即为滴定终点。

3. $\dfrac{\Delta^2 E}{\Delta V^2}$-$V$ 曲线法（二次微商法）

以 $\dfrac{\Delta^2 E}{\Delta V^2}$ 为纵坐标，以加入的标准溶液体积 V 为横坐标，绘制 $\dfrac{\Delta^2 E}{\Delta V^2}$-$V$ 曲线，如图 9-8（c）所示，$\dfrac{\Delta^2 E}{\Delta V^2}=0$ 所对应的体积为滴定终点。

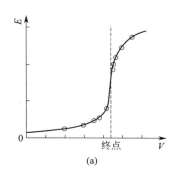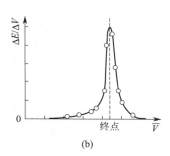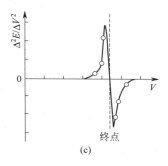

图 9-8 确定滴定终点的方法示意图

电位滴定法具有很多优点，如能用于测定有色溶液、浑浊溶液及非水溶液等，可实现自动滴定，操作简便，且确定滴定终点的主观误差小等，广泛用于确定酸碱滴定、氧化还原滴定、沉淀滴定、配位滴定的终点。目前，全自动电位滴定仪已经非常普及，可以在仪器上直接设定滴定终点的电位值，省去人工操作、记录数据、绘制曲线、观察滴定终点等麻烦，使用十分方便。

第四节 永停滴定法

永停滴定法属于电化学分析法中的电流滴定法，又称为双电流滴定法，测量时，将两个相同的铂电极插入待滴定的溶液中，在两个电极间外加一小电压（10～100mV），然后进行滴定，观察、记录滴定过程中电流的变化，根据电流变化的特点来确定滴定终点。

一、原理及分类

1. 原理

氧化还原电对分为可逆电对和不可逆电对。在含有某氧化还原电对的溶液中插入一支铂电极，铂电极将反映出该氧化还原电对的电极电位。若向含氧化还原电对的溶液中同时插入双铂电极，溶液和双铂电极即可组成原电池，两支铂电极的电极电位相同，故原电池的电动势为零，电极间无电流通过。此时在两个电极间外加一小电压，若溶液中的氧化还原电对为可逆电对，如 I_2/I^-、Fe^{3+}/Fe^{2+}、Ce^{4+}/Ce^{3+}、Br_2/Br^- 等，则能产生电解作用，两极间有电流通过；若溶液中的氧化还原电对为不可逆电对，如 $S_4O_6^{2-}/S_2O_3^{2-}$ 等，则不能产生电解作用，两极间无电流通过。

例如，含 I_2/I^- 的溶液与双铂电极组成原电池，当给予一很小的外加电压时，在阳极（接正极端）发生氧化反应：

$$2I^- \rightleftharpoons I_2 + 2e$$

在阴极（接负极端）发生还原反应：

$$I_2 + 2e \rightleftharpoons 2I^-$$

电池中发生了电解反应，两个电极分别发生氧化、还原反应，有电子的得失，因此，两极间和外电路中有电流通过。永停滴定法就是利用滴定过程中可逆电对形成或消失，造成两电极回路中电流突变来确定滴定终点的。

利用永停滴定法测定时，两极间电流的大小取决于可逆电对中较低浓度的形态的浓度，当氧化型和还原型的浓度相等时，电流达到最大。

2. 分类

根据滴定过程中电流的变化情况，永停滴定法常分为以下 3 种类型。

（1）滴定液为可逆电对，被测物为不可逆电对 I_2 滴定液滴定 $Na_2S_2O_3$ 即属于这种类型。滴定开始至化学计量点前，溶液中只有 I^- 和 $S_4O_6^{2-}/S_2O_3^{2-}$ 不可逆电对。电极间无电流通过，电流计指针指在零点。当达到计量点后，溶液中稍过量的碘液与原有的 I^- 形成 I_2/I^- 可逆电对，在电极上发生电解反应，因此，电极间有电流通过，电流计指针会突然发生偏转，指示化学计量点的到达（如图 9-9 所示）。

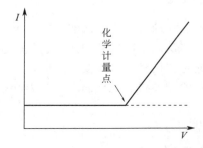

图 9-9 I_2 滴定 $Na_2S_2O_3$ 的滴定曲线

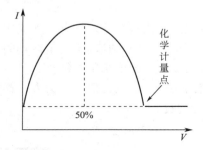

图 9-10 $Na_2S_2O_3$ 滴定 I_2 的滴定曲线

（2）滴定液为不可逆电对，被测物为可逆电对 $Na_2S_2O_3$ 滴定液滴定 I_2 液（含有 KI）即属于这种类型。在滴定开始至化学计量点前溶液中存在 I_2/I^- 可逆电对，两极间有电流通过，其间，$c(I_2) = c(I^-)$ 时，电流强度最大。当反应达到化学计量点时，溶液中只有 $S_4O_6^{2-}$ 和 I^-，无电解反应发生，电流计指针回到零点，化学计量点后，溶液中含有 $S_4O_6^{2-}/S_2O_3^{2-}$ 不可逆电对和 I^-，无电解反应发生，电流计指针停在零点不动（如图 9-10 所示）。

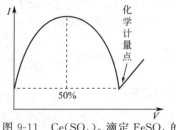

图 9-11 $Ce(SO_4)_2$ 滴定 $FeSO_4$ 的滴定曲线

（3）滴定剂与被测物均为可逆电对 $Ce(SO_4)_2$ 滴

定液滴定 $FeSO_4$ 溶液即属于这种类型。在滴定开始前，溶液中只有 Fe^{2+}，因无可逆电对存在，两极间无电流通过。滴定开始后，Ce^{4+} 与 Fe^{2+} 反应生成的 Fe^{3+} 不断增多，因此，可逆电对 Fe^{3+}/Fe^{2+} 形成，电流不断变大；当 $c(Fe^{2+})=c(Fe^{3+})$ 时，电流达最大值。继续滴加 Ce^{4+}，Fe^{3+} 不断增加，Fe^{2+} 浓度逐渐下降，电流也逐渐下降；达到化学计量点时，可逆电对 Fe^{3+}/Fe^{2+} 消失，溶液中只有 Fe^{3+}，此时电流降至最低点。化学计量点后，加入过量的 Ce^{4+} 会与反应生成的 Ce^{3+} 形成可逆电对 Ce^{4+}/Ce^{3+}，溶液中电流又开始变大（如图 9-11 所示）。

> **课堂活动**
>
> 采用永停滴定法测量时，何时回路中电流强度最大？在其三种类型中，如何根据电流强度的变化确定滴定终点？

二、应用与实例

永停滴定法使用永停滴定仪完成测量，其装置如图 9-12 所示。该法所用仪器简单，操作方便，测量方法准确可靠，故应用广泛，早已被《中国药典》收载为重氮化滴定法和费休氏水分测定法确定终点的法定方法。亚硝酸钠法中，采用永停滴定法确定化学计量点，比用指示剂确定化学计量点更方便、更准确。

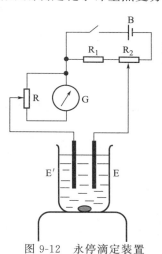

图 9-12 永停滴定装置

例如，磺胺嘧啶含量测定方法如下。

精密称取适量的样品溶液，放入烧杯中，加水和 HCl 后，置电磁搅拌器上搅拌使溶解，再加入 KBr，插入铂电极。由于化学计量点前溶液中不存在可逆电对，电流计指针停在零点，此时将滴定管的尖端插入待测液液面以下约 2/3 处，用亚硝酸钠滴定液快速滴定，并不断搅拌；至化学计量点附近时，将滴定管的尖端提出液面，然后缓慢滴定。化学计量点后，稍加过量的亚硝酸钠溶液水解可提供 HNO_2，溶液中的 HNO_2 与其微量分解产物形成可逆电对，两个电极上发生电解反应，电极反应如下。

阳极： $NO + H_2O \longrightarrow HNO_2 + H^+ + e$

阴极： $HNO_2 + H^+ + e \longrightarrow NO + H_2O$

电极之间有电流通过，电流计的指针突然偏转，不再回到零位，以此确定滴定终点到达。

达标测评

一、名词解释
1. 指示电极　2. 参比电极　3. 直接电位法　4. 永停滴定法

二、单项选择题
1. 下列电极常用作参比电极的是（　　）。
　　A. 甘汞电极　　B. 玻璃电极　　C. 惰性电极
　　D. 复合电极　　E. 金属电极

2. 用电位法测定溶液的 pH 应选用（　　）。
   A. 电位滴定法　　B. 永停滴定法　　C. 直接电位法
   D. 电导法　　　　E. 酸碱滴定法
3. 用直接电位法测定溶液的 pH 常选用（　　）作指示电极。
   A. 甘汞电极　　B. 玻璃电极　　C. 惰性电极
   D. 复合电极　　E. 银-氯化银电极
4. 使用单标准 pH 缓冲溶液法测量时，若酸度计显示的 pH 与标准缓冲溶液的 pH 不一致时，应用（　　）调节。
   A. 温度补偿器　　B. mV-pH 转换器　　C. 斜率调节器
   D. 定位调节器　　E. C 和 D
5. 消除玻璃电极的不对称电位常采用（　　）方法。
   A. 蒸馏水浸泡玻璃电极　　　　B. 标准缓冲溶液浸泡玻璃电极
   C. 进行两次测量法　　　　　　D. 进行温度补偿
   E. A 和 C
6. 玻璃电极使用前在蒸馏水中浸泡的目的是（　　）。
   A. 在膜表面形成稳定的水化凝胶层　　B. 清洗除杂
   C. 减小、稳定不对称电位　　　　　　D. A 和 C
   E. 以上说法都不对
7. 永停滴定法用于（　　）。
   A. 测定物质含量　　B. 测量溶液的 pH　　C. 确定滴定终点
   D. 控制测定条件　　E. 标定溶液浓度

三、填空题

1. 甘汞电极的电极电位与_____有关。25℃时，饱和甘汞电极的电极电位为_____。
2. 玻璃电极在初次使用前应在_____中浸泡_____小时以上，目的是_____。
3. 利用直接电位法测量溶液的 pH 时，常用仪器为_____，测量过程中必须采用_____法，目的是_____、_____。
4. 永停滴定法中，氧化还原电对必须为_____，原电池中应发生_____，两电极间_____电流通过。
5. 根据滴定过程中电流的变化情况，永停滴定法常分为_____种类型。若化学计量点前一直没有电流，化学计量点后突然出现电流，则滴定液为_____电对，被测物为_____电对；若滴定开始前有电流，化学计量点前电流由小变大、再变小；化学计量点和化学计量点后无电流，则滴定液为_____电对，被测物为_____电对；若滴定开始前无电流，化学计量点前电流由小变大、再变小至无电流，化学计量点后再次出现电流，则滴定液为_____电对，被测物为_____电对。

四、简答题

1. 常见的指示电极和参比电极有哪些？
2. 用玻璃电极测定溶液 pH 的原理是什么？
3. 永停滴定法与电位滴定法有何区别？

第十章 紫外-可见分光光度法

学习目标

1. 说出分光光度法的特点
2. 知道吸收光谱的绘制方法及意义
3. 能说出光的吸收定律、吸光系数的意义并学会有关的计算
4. 知道分光光度法中常用的定量分析方法并学会有关的计算
5. 熟练掌握分光光度计的使用方法
6. 了解紫外-可见分光光度法的误差来源和测量条件的选择

第一节 概 述

在仪器分析中，根据待测物质发射或吸收的电磁辐射以及待测物质与电磁辐射的相互作用而建立起来的定性、定量和结构分析方法，统称为光学分析法。分光光度法是其中的一种。

在紫外光区（200～400nm）和可见光区（400～760nm），根据待测物质对不同波长电磁辐射的吸收程度不同而建立起来的分析方法，称为**紫外-可见分光光度法**。它是药品分析、临床生化检验、卫生理化检验、环境分析、科学研究和工农业生产等领域的重要分析方法。

紫外-可见分光光度法主要有如下特点。

（1）灵敏度高　被测物最低浓度一般为 $10^{-5}\sim10^{-6}$ mol/L，适用于微量或者痕量组分分析。

（2）准确度高　相对误差在1%～5%，对微量组分的分析已能满足要求。

（3）仪器设备简单、操作简便、测定快速　由于采用选择性高的显色剂和适当的比色条件，可以不经分离干扰物质，即可直接进行测定，从而缩短分析时间。

（4）应用范围广　几乎所有的无机离子和有机化合物均可直接或间接用紫外-可见分光光度法进行测定。

一、光的本质与物质的颜色

从本质上讲，光是一种电磁波，它具有波动性和微粒性，即光的波粒二象性。通常用频率和波长来描述光的波动性。人的视觉所能感觉到的光称为可见光，波长范围在400～

760nm，人的眼睛感觉不到的还有红外光（波长大于760nm）、紫外光（波长小于400nm）、X射线等。图10-1为几种光的波长范围。

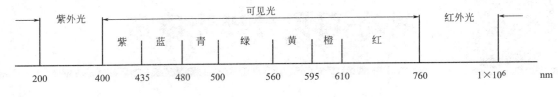

图10-1　几种光的波长范围

在可见光区，不同波长的光呈现不同的颜色，但各种有色光之间并没有严格的界线，而是由一种颜色逐渐过渡到另一种颜色。

具有单一波长的光称为**单色光**。由不同波长的光组成的光称为**复合光**。实验证明，白光（如日光、白炽电灯光、日光灯光等）属于复合光，它是由各种不同颜色的光按一定强度比例混合而成的。如果让一束白光通过棱镜，便可分解为红、橙、黄、绿、青、蓝、紫七种颜色的光，这种现象称为**光的色散**。

两种适当颜色的单色光按一定强度比例混合可成为白光，这两种单色光称为**互补色光**。如图10-2中直线相连的两种色光彼此混合可成白光，它们为互补色光。如黄光和蓝光互补、绿光和紫光互补。

物质的颜色是由于物质选择性地吸收了可见光中某一波长的光而产生的。当一束白光通过某一溶液时，如果该溶液对各种颜色的光都不吸收，则溶液无色透明；如果完全吸收，则溶液显黑色；如果某些波长的光被溶液吸收，另一些波长的光不被吸收而透过溶液，溶液的颜色就是它的吸收光的互补色。

图10-2　光的互补色示意

课堂活动

根据物质的颜色与光的选择性吸收，你认为高锰酸钾溶液吸收了什么颜色的光？硫酸铜溶液又吸收了什么颜色的光？

二、光的吸收定律

1. 透光率（T）和吸光度（A）

当一束单色光照射到均匀而无散射的溶液时，一部分光被溶液吸收，另一部分光透过溶液。假设 I_0 为入射光的强度，I_a 为溶液吸收光的强度，I_t 为透过光的强度，则：

$$I_0 = I_a + I_t \tag{10-1}$$

当入射光的强度 I_0 一定时，溶液吸收光的强度 I_a 越大，则溶液透过光的强度 I_t 越小，表明溶液对光的吸收程度越大。

透射光的强度 I_t 与入射光强度 I_0 之比称为**透光率**，用符号 T 表示：

$$T = \frac{I_t}{I_0} \times 100\% \tag{10-2}$$

透光率越大,溶液对光的吸收越少;反之,透光率越小,溶液对光的吸收越多。

透光率的负对数称为**吸光度**,用 A 表示。

$$A = -\lg T \tag{10-3}$$

A 越大,溶液对光的吸收越多。

> 吸光度具有加和性。也就是说,如果溶液中同时存在两种或两种以上的吸光性物质,则测得的该溶液的吸光度等于溶液中各吸光性物质吸光度的总和。
>
> $$A = A_1 + A_2 + A_3 + \cdots + A_n$$
>
> 根据吸光度的加和性,可以在同一样品中不经分离同时测定两个以上的组分。这个性质在实际操作中有着极其重要的意义。

2. 光的吸收定律

实验证明,当入射光的波长一定时,溶液对光的吸收程度与该溶液的浓度和溶液的厚度有关。其定量关系服从**朗伯-比尔定律**,即当一束平行的单色光通过均匀、无散射的溶液时,在单色光波长、强度、溶液的温度等条件不变的情况下,溶液的吸光度与溶液的浓度及液层厚度的乘积成正比。其数学表达式为:

$$A = KcL \tag{10-4}$$

式中　A——吸光度;

　　　K——吸光系数;

　　　c——溶液的物质的量浓度,mol/L;

　　　L——液层的厚度,cm。

朗伯-比尔定律又称为**光的吸收定律**,是分光光度法定量分析的依据。它不仅适用于有色溶液,也适用于无色溶液及气体和固体的非散射均匀体系;不仅适用于可见光区的单色光,也适用于紫外和红外光区的单色光。但它只适用于稀溶液和单色光,若为浓溶液或复合光时,误差较大。

三、吸光系数

朗伯-比尔定律中的 K 称为吸光系数,是物质的特征常数之一。其物理意义是吸光物质在单位浓度、单位液层厚度时的吸光度。当溶液的浓度选用不同的表示方法时,吸光系数的表示方法也不同。常用的表示方法有如下两种。

1. 摩尔吸光系数

摩尔吸光系数是指在波长一定时,吸光物质的溶液浓度为 1mol/L,液层厚度为 1cm 时的吸光度,单位为 L/(mol·cm),常用 ε 表示:

$$\varepsilon = \frac{A}{cL} \tag{10-5}$$

式中　ε——摩尔吸光系数,L/(mol·cm);

　　　A——吸光度;

　　　c——溶液的物质的量浓度,mol/L;

　　　L——液层的厚度,cm。

2. 百分吸光系数

百分吸光系数是指在波长一定时，吸光物质的溶液浓度为 1g/100mL，液层厚度为 1cm 时的吸光度，单位为 $100\text{mL}/(\text{g}\cdot\text{cm})$，常用 $E_{1\text{cm}}^{1\%}$ 表示。在药物分析工作中，应用较多的是百分吸光系数。

$$E_{1\text{cm}}^{1\%}=\frac{A}{\rho_B L} \tag{10-6}$$

式中　$E_{1\text{cm}}^{1\%}$——百分吸光系数，$100\text{mL}/(\text{g}\cdot\text{cm})$；

　　　A——吸光度；

　　　ρ_B——溶液的质量浓度，g/100mL；

　　　L——液层的厚度，cm。

摩尔吸光系数（ε）和百分吸光系数（$E_{1\text{cm}}^{1\%}$）之间的换算关系是：

$$\varepsilon = E_{1\text{cm}}^{1\%}\frac{M}{10} \tag{10-7}$$

式中　M——吸光物质的摩尔质量，g/mol。

【例 10-1】 某化合物的摩尔质量为 125g/mol，摩尔吸光系数 $2.5\times10^5\text{L}/(\text{mol}\cdot\text{cm})$，配制该化合物溶液 1L，将其稀释 200 倍，于 1.00cm 吸收池中测得其吸光度 0.6000，问需要该化合物的质量是多少？

解　已知 $M=125\text{g/mol}$　$\varepsilon=2.5\times10^5\text{L}/(\text{mol}\cdot\text{cm})$　$L=1.00\text{cm}$　$A=0.6000$　$V=1\text{L}$

设需要该化合物的质量为 m_x（g）。

根据公式 $A=\varepsilon cL$，得：

$$0.6000=2.5\times10^5\times\frac{\frac{m_x}{125}}{1\times200}\times1.00$$

$$m_x=0.0600(\text{g})$$

答：需要该化合物质量为 0.0600g。

【例 10-2】 用氯霉素（摩尔质量为 323.15g/mol）纯品配制 100mL 含 2.00mg 的溶液，在 1.00cm 厚的吸收池中，于 278nm 波长处测得其吸光度为 0.614，试计算氯霉素在 278nm 波长处的百分吸光系数和摩尔吸光系数。

解　已知 $M=323.15\text{g/mol}$　$\rho_B=2.00\text{mg}/100\text{mL}=2.00\times10^{-3}\text{g}/100\text{mL}$　$A=0.614$

$L=1.00\text{cm}$

根据公式 $E_{1\text{cm}}^{1\%}=\dfrac{A}{\rho_B L}$ 得：

$$E_{1\text{cm}}^{1\%}=\frac{0.614}{2.00\times10^{-3}\times1.00}$$

$$=307\,[100\text{mL}/(\text{g}\cdot\text{cm})]$$

根据公式 $\varepsilon=E_{1\text{cm}}^{1\%}\dfrac{M}{10}$ 得：

$$\varepsilon=307\times\frac{323.15}{10}=9921\,[\text{L}/(\text{mol}\cdot\text{cm})]$$

答：氯霉素在 278nm 波长处的百分吸光系数和摩尔吸光系数分别为 $307\,[100\text{mL}/(\text{g}\cdot\text{cm})]$ 和 $9921\text{L}/(\text{mol}\cdot\text{cm})$。

吸光系数在一定条件下是一个常数,它与入射光的波长、溶质的本性以及溶液的温度有关,也与仪器的质量有关,它的数值越大,说明有色溶液对光越容易吸收,测定的灵敏度越高。一般 ε 值在 10^3 以上即可用于分光光度法进行定量测定。

不同物质对同一波长单色光可以有不同的吸光系数。同一物质对不同波长单色光也会有不同吸光系数。一般用物质最大吸收波长(λ_{max})处的吸光系数作为一定条件下衡量灵敏度的特征常数,因此,吸光系数是分光光度法进行定性和定量分析的重要依据。

四、吸收光谱

吸收光谱又称**吸收光谱曲线**或**吸收曲线**,它是在浓度一定的条件下,以波长(λ)为横坐标、以吸光度(A)为纵坐标所绘制的曲线。例如将不同波长的单色光依次通过一定浓度的高锰酸钾溶液,便可测出该溶液对各种单色光的吸光度。然后以波长(λ)为横坐标、以吸光度(A)为纵坐标,绘制曲线,曲线上吸光度最大的地方称为**最大吸收峰**,吸收峰最高处所对应的波长称为**最大吸收波长**,用 λ_{max} 表示。图 10-3 为不同浓度高锰酸钾溶液的吸收光谱曲线。

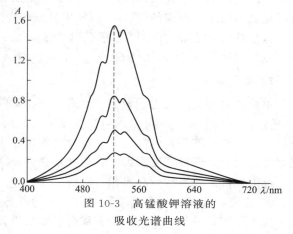

图 10-3　高锰酸钾溶液的吸收光谱曲线

从图 10-3 中四种不同浓度高锰酸钾溶液的吸收光谱曲线可以看出以下几点。

(1)高锰酸钾溶液的 λ_{max} 为 525nm,说明高锰酸钾溶液对波长 525nm 附近的绿色光有最大吸收,而对紫色光和红色光则吸收很少,故高锰酸钾溶液显现绿色光的互补色即紫色。

(2)4 种不同浓度的高锰酸钾溶液在相同的波长范围内所形成的吸收峰高度不同,浓度越大,吸收峰越高,即吸光度越大。因此在相同条件下,吸光度的大小与浓度有关。这是分光光度法定量分析的依据。

(3)在相同条件下 4 种不同浓度的高锰酸钾溶液,其吸收光谱曲线的形状非常相似,最大吸收波长相同,说明吸收光谱的形状与溶液中溶质的结构有关。这是分光光度法定性分析的依据。

(4)当溶液的浓度、温度、液层的厚度一定时,溶液对 λ_{max} 的光吸收程度最大。因此,常用 λ_{max} 的光作为测定溶液吸光度的入射光,以获得较高的测定灵敏度。

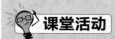课堂活动

如果测定高锰酸钾溶液的吸光度,应该选择何种波长的光作为入射光?

第二节　紫外-可见分光光度计

分光光度计是用来测定溶液吸光度的仪器。根据所用的光源不同,可分为紫外分光光度计、可见分光光度计、红外分光光度计。由于紫外分光光度计和可见分光光度计的构造原理相同,常合并在一个仪器上,称为紫外-可见分光光度计。

在 200~760nm 波长范围内，能够任意选择不同波长的单色光来测定溶液吸光度的仪器，称为紫外-可见分光光度计。本节主要介绍紫外-可见分光光度计。

一、紫外-可见分光光度计的基本结构

各种型号的紫外-可见分光光度计，就其基本结构来说，都是由光源、单色器、吸收池、检测器及信号显示系统 5 个主要部件组成：

光源 → 单色器 → 吸收池 → 检测器 → 信号显示系统

1. 光源

光源是提供入射光的部件。要求能够发射出强度足够而且稳定的连续光谱，不同的光源可以提供不同波长范围的光波。紫外-可见分光光度计常用的光源有如下两种。

（1）热辐射光源　用于可见光区，如钨灯、卤钨灯等。可使用的波长范围为 360~1000nm。

（2）气体放电光源　用于紫外光区，如氢灯、氘灯等。可使用的波长范围为 200~360nm。

2. 单色器

单色器是将光源发射的复合光色散分离出单色光的光学装置。其由入射狭缝、准直镜（透镜或凹面反射镜，它可使入射光变成平行光）、色散元件、聚焦元件和出射狭缝等几个部分组成。其核心部分是色散元件，起分光作用。狭缝在决定单色器性能上起着重要作用，狭缝宽度过大时，谱带宽度太大，入射光单色性差；狭缝宽度过小时，又会减弱光强。

色散元件主要有棱镜和光栅。

① 棱镜　有玻璃和石英两种材料。不同波长的光通过棱镜时有不同的折射率，因而棱镜可将不同波长的光分开。由于玻璃会吸收紫外光，所以玻璃棱镜适用于可见光区，石英棱镜适用于紫外光区。

② 光栅　光栅是依据光的衍射和干涉原理而制成的。它是在高度抛光的玻璃表面上每毫米刻有大约 1200 个等宽、等距的平行条纹的色散元件。它可用于紫外、可见和近红外光谱区域，在整个波长区域中具有良好的、几乎均匀一致的色散率，并且具有适用波长范围宽、分辨本领高、成本低、便于保存和易于制作等优点，所以光栅是目前用得最多的色散元件。光栅也有不足之处，其缺点是形成的各级光谱会重叠而产生干扰。

3. 吸收池

吸收池是用于盛放分析液的器皿，也叫比色皿或比色杯。吸收池一般有玻璃和石英两种材质的。玻璃吸收池只能用于可见光区。石英吸收池可用于可见光区及紫外光区。吸收池的大小规格从几毫米到几厘米不等。最常用的是 1cm 的吸收池。为减少光的反射损失，吸收池的光学面必须严格垂直于光束方向。在分析测定过程中，吸收池要挑选配对，使它们的性能基本一致。因为吸收池材料本身及光学面的光学特性以及吸收池光程长度的精确性等对吸光度的测量结果都有直接影响。吸收池上的指纹、油污或池壁上的沉积物都会影响其透光性，因此不能用手接触透光面，使用前后必须彻底清洗，并用擦镜纸擦拭干净外部。

4. 检测器

检测器是一种光电转换元件，是检测单色光通过溶液后透过光的强度、把光信号转变为电信号的装置。检测器有光电池、光电管和光电倍增管等。

（1）光电池　是一种光敏半导体元件。主要是硒光电池和硅光电池，其特点是不必经过

放大就能产生直接推动微安表或检流计的光电流。但由于它容易出现"疲劳效应",所以寿命较短,只能用于低档的仪器中。

(2) 光电管　光电管在紫外-可见分光光度计上的应用很广泛。它以一弯成半圆柱且内表面涂上一层光敏材料的镍片作为阴极,以置于圆柱形中心的一金属丝作为阳极,密封于高真空的玻璃或石英中构成的。当光照射到阴极上的光敏材料时,阴极发射出电子,被阳极收集而产生光电流。与光电池比较,光电管具有灵敏度高、光敏范围宽、不易疲劳等优点。

(3) 光电倍增管　光电倍增管实际上是一种加上多级倍增电极的光电管。光电倍增管的输出电流随外加电压的增加而增加,且极为敏感。光电倍增管灵敏度高,是检测微弱光最常见的光电元件,对光谱的精细结构有较好的分辨能力。

5. 信号显示系统

信号显示系统的作用是放大信号并以适当的方式显示或记录信息。常用的信号显示系统有指针式、数字式等。现在许多分光光度计配有微电脑处理工作站,一方面可以对仪器进行控制,另一方面可以对数据进行自动处理。

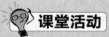

简述分光光度计的主要部件及其各部件的作用。

二、紫外-可见分光光度计的类型

1. 可见分光光度计

在实际工作中,常用分光光度计为722型。其外形如图10-4所示。

722型可见分光光度计的光源为12V、25W的钨灯,电磁辐射的波长为360～800nm;色散元件为光栅;吸收池由光学玻璃制成,每台配有一套厚度分别为0.5cm、1.0cm、2.0cm、3.0cm、5.0cm等规格的吸收池供选用;检测器为真空光电管;显示器为数字式。这种仪器构造简单,单色性差,故常用于可见光区的一般定量分析。

2. 紫外-可见分光光度计

紫外-可见分光光度计根据光学系统不同分为单波长分光光度计和双波长分光光度计两大类。单波长又分为单光束分光光度计和双光束分光光度计。各类仪器的基本结构相似,都配有卤钨灯和氘灯两种光源。卤钨灯的使用波长为330～1000nm,氘灯的使用波长为190～330nm,二者转换用手柄控制;单色器的色散元件是一个平面光栅;吸收池有玻璃和石英材质的各一套;检测器是PD硅光电池或光电倍增管;终端输出用数字显示浓度(c)、吸光度(A)和透光率(T)。有的显示吸收曲线和标准曲线,同时可以打印测量结果。

国产UV755B型紫外-可见分光光度计的外形如图10-5所示。

红外分光光度计

红外分光光度计是利用物质对红外光的吸收光谱而建立起来的分析方法,又称为红外吸收光谱法,用IR表示。其特点是光谱与分子结构密切相关,吸收峰既多又密,信息量多,特征性强。主要应用于有机化合物的定性鉴别和结构分析。也可用于定量分析，但其灵敏度、准确度较低。

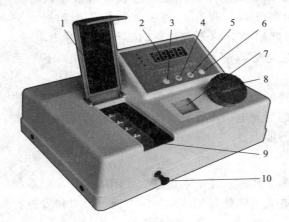

图 10-4　722 型可见分光光度计
1—试样室盖；2—数字显示屏；3—确认键；4—0%T 键；
5—100%T 键；6—功能键；7—波长读数窗；
8—波长旋钮；9—试样室；10—试样架推拉杆

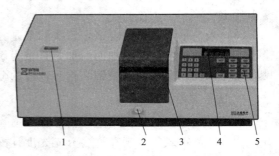

图 10-5　UV755B 型紫外-可见分光光度计外形
1—波长读数窗；2—试样架推拉杆；
3—试样室盖；4—数字显示屏
确认键；5—功能键

3. 722 型可见分光光度计的使用方法

① 接通电源，依次打开试样室盖和仪器开关，将选择开关置于"T"位（透过率），波长旋钮调整至测定所需波长值、灵敏度旋钮调至低位，预热 30min。

② 将空白溶液、标准溶液、待测溶液依次在仪器的样品架上放好。

③ 使空白溶液处于光路位置，调节"0"旋钮，使读数显示为"0.00"，盖上试样室盖，调节"100%"旋钮，使读数显示为"100.0"。

④ 反复调节"0"和"100%"旋钮，即打开试样室盖用零点调节钮调"0"，关闭试样室盖调"100%"，直至稳定不变。

⑤ 盖上箱盖，依次拉出吸收池架推拉杆，将标准溶液、待测溶液置入光路，分别记录透光率读数。

⑥ 若测定吸光度 A，将选择开关置于"A"位，调节"消光零"旋钮，使显示数字为"0.000"，然后将标准溶液、待测溶液移入光路，则显示的数值为吸光度。

⑦ 若测量浓度 c，将选择开关旋至"c"，将标准溶液置于光路，调节"浓度"旋钮，使数字显示为标定值，将被测样品移入光路，即可读出被测样品的浓度值。

⑧ 测定完毕，关闭仪器开关，切断电源，将各旋钮恢复至原位，将比色皿清洗干净，置于滤纸上晾干后装入比色皿盒，罩好仪器。做好仪器使用记录。

第三节　定性定量分析方法

一、定性分析方法

1. 比较吸收光谱的一致性

在相同条件下，分别测定未知物和标准品的吸收光谱曲线，对比二者是否一致。当没有标准物时，可以将未知药物的吸收光谱与《中华人民共和国药典》中收录的该药物的标准图谱进行严格的对照比较。如果这两个吸收光谱曲线的形状和光谱特征，如吸收曲线的形状、肩峰、吸收峰的数目、峰位和强度（吸光系数）等完全一致，则可以初步认为二者是同一化合物。需要注意的是，只有在用其他光谱方法进一步证实后，才能得出较为肯定的结论。因为主要官能团相同的物质，可能会产生非常相似甚至相同的紫外-可见吸收光谱曲线，所以，吸收光谱曲线相同，可能不一定是同一种化合物。但如果这两个吸收光谱曲线的形状和光谱特征有差异，则可以肯定二者不是同一种化合物。

2. 比较吸收光谱的特征数据

最大吸收波长（λ_{max}）和吸光系数是用于定性鉴别的主要光谱特征数据。在不同化合物的吸收光谱中，最大吸收波长（λ_{max}）可以相同，但因分子量不同，百分吸光系数值会有差别。有些化合物的吸收峰较多，而各吸收峰对应的吸光度或百分吸光系数的比值是一定的，因此，也可以通过比较吸光度或百分吸光系数的比值的一致性，进行定性鉴别。

二、定量分析方法

朗伯-比尔定律是分光光度法定量分析的依据。被测溶液的吸光度与其浓度、液层的厚度之间符合 $A = KcL$ 关系式。在符合光的吸收定律的条件下，选用 λ_{max} 光作为入射光，对标准溶液和样品溶液在相同条件下测出它们的吸光度，即可计算出被测组分的含量。常用的方法主要有三种。

1. 标准曲线法

标准曲线法是分光光度法中最常用的定量方法，特别适合于大批量样品的定量测定。具体方法如下。

（1）配制标准系列　取若干个相同规格的容量瓶，按照由少到多的顺序依次加入标准溶液，并分别加入等体积的试剂及显色剂，再加溶剂稀释至标线，摇匀备用。

（2）配制样品溶液　另取一个相同规格的容量瓶，精密吸取一定体积的原样品溶液，按照与标准系列相同的操作程序和实验条件，配制一定浓度的样品溶液。

（3）测定标准系列和样品溶液的吸光度　选择合适的参比（空白）溶液，在相同的条件下，以该溶液最大吸收波长（λ_{max}）的光作为入射光，分别测定标准系列各溶液和样品溶液所对应的吸光度。

（4）绘制标准曲线　根据测定结果，以标准溶液浓度（c）为横坐标，所对应的吸光度（A）为纵坐标，绘制吸光度-浓度曲线，称为标准曲线，也称为工作曲线或 A-c 曲线。如图10-6所示。

（5）计算原样品溶液的浓度　根据测定的样品溶液的吸光度，在标准曲线上的纵坐标上找到样品的吸光度（$A_{样}$），再在标准曲线的横坐标上确定所对应的样品溶液的浓度（$c_{样}$），如图10-6所示。最后，根据配制样品溶液时所取的原样品溶液的体积以及容量瓶的容积，用式(10-8)计算原样品溶液的浓度（$c_{原样}$）。

$$c_{原样} = c_{样} \times 稀释倍数 \tag{10-8}$$

使用标准曲线法一般要用 $4\sim7$ 个标准溶液，其浓度范围应在溶液的吸光度与其浓度呈线性关系的区间内，且溶液的吸光度最好控制在 $0.2\sim0.8$ 范围内。

如果标准系列的浓度适当，测定条件合适，那么理想的标准曲线就是一条通过坐标原点的直线，如图10-6所示。在实际工作中，很多因素可能导致 A 偏离光的吸收定律，常出现标准曲线在高浓度端发生弯曲现象,给测定结果带来误差,如图10-7所示。

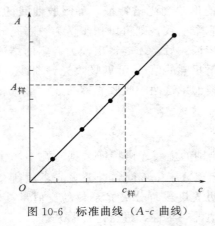

图 10-6 标准曲线（A-c 曲线）

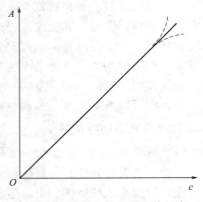

图 10-7 偏离光的吸收定律示意

导致偏离光的吸收定律的主要原因是单色光不纯、溶液浓度过高或过低、吸光物质性质不稳定等。

2. 标准品对照法

在相同的条件下,配制浓度为 $c_{标}$ 的标准溶液和浓度为 $c_{样}$ 的样品溶液,在最大吸收波长 λ_{max} 处,分别测定二者的吸光度值为 $A_{标}$、$A_{样}$,依据朗伯-比尔定律,则有:

$$A_{标} = K_{标} \, c_{标} \, L_{标}$$
$$A_{样} = K_{样} \, c_{样} \, L_{样}$$

由于是同一种物质,用同一台仪器、相同厚度的吸收池在同一波长处测定,因此有:

$$c_{样} = c_{标} \frac{A_{样}}{A_{标}} \tag{10-9}$$

再根据稀释倍数求出原样品液的浓度:

$$c_{原样} = c_{样} \times 稀释倍数$$

一般来说,为了减少误差,标准品对照法配制的标准溶液浓度常与样品溶液的浓度相接近。

【例 10-3】 精密吸取 $KMnO_4$ 样品溶液 5.00mL,加蒸馏水稀释至 25.00mL。另配制 $KMnO_4$ 标准溶液的浓度为 25.0μg/mL。在 λ_{max}=525nm 处,用 1cm 厚的吸收池,测定样品溶液和标准溶液的吸光度分别为 0.220 和 0.250,求原样品溶液中 $KMnO_4$ 的浓度。

解 已知 $A_{标}$=0.250 $A_{样}$=0.220 $c_{标}$=25.0μg/mL

根据公式 $c_{样} = c_{标} \dfrac{A_{样}}{A_{标}}$,得:

$$c_{样} = c_{标} \frac{A_{样}}{A_{标}} = 25.0 \times \frac{0.220}{0.250} = 22.0 \, (\mu g/mL)$$

根据公式 $c_{原样} = c_{样} \times 稀释倍数$ 得:

$$c_{原样} = c_{样} \times 稀释倍数 = 22.0 \times \frac{25.0}{5.00} = 110 \, (\mu g/mL)$$

答:原样品溶液中 $KMnO_4$ 的浓度为 110μg/mL。

3. 吸光系数法

吸光系数法又称绝对法,是直接利用朗伯-比尔定律的数学表达式 $A = KcL$ 进行计算的定量分析方法。在相关的手册中查出待测物质在最大吸收波长 λ_{max} 处的吸光系数（ε、

$E_{1cm}^{1\%}$),并在相同条件下测量样品溶液的吸光度 A,则其浓度可根据以下公式计算:

$$c = \frac{A}{\varepsilon L} \text{ 或 } \rho_B = \frac{A}{E_{1cm}^{1\%} L} \tag{10-10}$$

【例 10-4】 维生素 B_{12} 的水溶液在 $\lambda_{max} = 361nm$ 处的百分吸光系数 $E_{1cm}^{1\%} = 207$ [100mL/(g·cm)]。若用 1cm 的吸收池,测得维生素 B_{12} 样品溶液在 361nm 波长处的吸光度 $A = 0.621$,试求该溶液的质量浓度。

解 已知 $E_{1cm}^{1\%} = 207$ [100mL/(g·cm)] $L = 1.00cm$ $A = 0.621$

根据公式 $\rho_B = \dfrac{A}{E_{1cm}^{1\%} L}$,得:

$$\rho_B = \frac{A}{E_{1cm}^{1\%} L} = \frac{0.621}{207 \times 1.00} = 0.00300 (g/100mL)$$

答:该溶液的质量浓度为 0.00300g/100mL。

达标测评

一、名词解释

1. 工作曲线 2. 吸收光谱曲线 3. 最大吸收波长 4. 光的吸收定律 5. 摩尔吸光系数 6. 百分吸光系数

二、单项选择题

1. 有色物质的浓度、最大吸收波长、吸光度三者的关系是(　　)。
   A. 增加、增加、增加　B. 减小、不变、减小　C. 减小、增加、增加
   D. 增加、不变、减小　E. 减小、不变、增加

2. 某浓度的溶液在 1cm 吸收池中测得透光率为 T,若浓度增大 1 倍,则透光率为(　　)。
   A. T^2　　　　　　B. $T/2$　　　　　　C. $2T$
   D. $\sqrt{T}$　　　　　E. $2\sqrt{T}$

3. 以下说法错误的是(　　)。
   A. 吸光度随浓度增加而增加　　　　B. 吸光度随液层厚度增加而增加
   C. 吸光度随入射光的波长减小而增加　D. 吸光度随透光率的增大而减小
   E. 在 λ_{max} 处溶液的吸光度最大

4. 下列关于吸收光谱曲线的描述中,不正确的是(　　)。
   A. 吸收光谱曲线表明了吸光度随波长的变化情况
   B. 吸收光谱曲线以波长为纵坐标,以吸光度为横坐标
   C. 吸收光谱曲线中,最大吸收峰处的波长为最大吸收波长
   D. 吸收光谱曲线表明了吸光物质的光吸收特性
   E. 同一物质不同浓度的溶液吸收光谱曲线的形状相似,最大吸收波长相同

5. 用 1cm 吸收池测定某有色溶液的吸光度为 A,若改用 2cm 吸收池,则吸光度为(　　)。
   A. $2A$　　　　　　B. $A/2$　　　　　　C. A
   D. $4A$　　　　　　E. $3A$

6. 吸收光谱曲线是（　　）。
   A. 吸光度（A）-时间（t）曲线
   B. 吸光度（A）-波长（λ）曲线
   C. 吸光度（A）-浓度（c）曲线
   D. 吸光度（A）-温度（T）曲线
   E. 吸光度（A）-质量（m）曲线

7. 分光光度法中的标准曲线是（　　）。
   A. 吸光度（A）-时间（t）曲线
   B. 吸光度（A）-波长（λ）曲线
   C. 吸光度（A）-浓度（c）曲线
   D. 吸光度（A）-温度（T）曲线
   E. 吸光度（A）-质量（m）曲线

8. 下列说法正确的是（　　）。
   A. 吸收曲线的基本形状与溶液的浓度无关
   B. 吸收曲线与物质的特性无关
   C. 溶液的浓度越大，吸光系数越大
   D. 溶液的颜色越浅，吸光度越大
   E. 溶液的浓度越大，最大吸收波长越大

三、填空题

1. 已知某有色配合物在一定波长下用 2cm 吸收池测定时其透光率 $T=0.60$，若在相同条件下改用 1cm 吸收池测定，吸光度 A 为_____；用 3cm 吸收池测量，透光率 T 又为_____。

2. 测量某有色配合物的透光率时，若吸收池厚度不变，当有色配合物浓度为 c 时的透光率为 T，当其浓度变为原来的 1/3 时的透光率为_____。

3. 吸收曲线上吸光度最大的地方称为_____，它对应的波长称为_____，吸收曲线的_____和_____与物质的分子结构有关，因此，吸收曲线的特征可作为对物质进行_____的基础。

4. 对于同一物质的不同浓度溶液来说，其吸收曲线的形状_____，最大吸收波长_____，只是吸收程度_____，表现在曲线上就是曲线的_____。

四、计算题

1. 药物卡巴克洛的摩尔质量为 236g/mol，将其配成每 100mL 含 0.4962mg 的溶液，盛于 1cm 吸收池中，在 λ_{max} 为 355nm 处测得 A 值为 0.557，求卡巴克洛的摩尔吸光系数 ε。

2. 已知一溶液在 λ_{max} 处 ε 为 1.40×10^4 L/(mol·cm)，现用 1cm 吸收池测得该物质的吸光度为 0.85，计算该溶液的浓度。

3. 已知 $KMnO_4$ 溶液的摩尔吸光系数为 2.2×10^3 L/(mol·cm)，$KMnO_4$ 的摩尔质量为 158g/mol，求将质量浓度为 0.02g/L 的 $KMnO_4$ 溶液放在 3cm 吸收池中测得的吸光度是多少？

第十一章 原子吸收分光光度法

学习目标 ▶▶

1. 知道原子吸收分光光度法的基本原理
2. 说出原子吸收分光光度计的主要部件及作用
3. 知道原子吸收分光光度计的主要类型及特点
4. 学会用标准曲线法、标准加入法测定元素含量的方法与操作技能

第一节 基本原理

原子吸收分光光度法又称为原子吸收光谱分析法。它是基于元素所产生的原子蒸气对同种元素所发射的特征谱线的吸收作用来测定元素含量的一种分析方法。由于它在仪器结构及操作与紫外-可见分光光度法有许多相似之处,故常称为原子吸收分光光度法。

原子吸收分光光度法与紫外-可见分光光度法都是基于物质对紫外、可见光的吸收作用而建立的分析方法,同属吸收光谱法的范围,但其差别在于:紫外-可见分光光度法是研究溶液中的分子或离子对光的吸收,分子吸收谱带较宽,是带状光谱;原子吸收分光光度法中吸收光辐射的是气态基态原子,原子吸收谱线较窄,是线状光谱。原子吸收分光光度法与紫外-可见分光光度法的比较见表11-1。

表11-1 原子吸收分光光度法与紫外-可见分光光度法的比较

异同		紫外-可见分光光度法	原子吸收分光光度法
相似之处	分类	均属吸收光谱	
	工作波段	190～900nm	
	仪器组成	光源、单色器、吸收池、检测器	
不同之处	吸收机理	分子吸收带状光谱	原子吸收线状光谱
	光源	连续光源(钨灯,氘灯)	锐线光源(空心阴极灯)
	仪器排布	光源-单色器-吸收池-检测器	光源-原子化器-单色器-检测器

一、原子吸收分光光度法的特点

1. 灵敏度高

用火焰原子化器时,对大多数金属元素可测到10^{-6}g/mL;用非火焰原子化器时,一般可达到10^{-13}～10^{-9}g/mL。

2. 选择性好

不同元素由于其吸收的谱线不同，元素间干扰很小且较易克服，对大多数试样可不经分离直接测定。

3. 准确度较高

一般情况下，火焰原子吸收法的相对误差约1%。石墨炉原子吸收法的相对误差约3%～5%。

4. 操作简单、分析速度快、应用范围广

仪器操作简便，测定速度快且重现性较好，不仅可作痕量分析，也可作常量分析，既可测定金属也可用间接原子吸收法测定非金属和有机化合物，可测定元素达到70多种。

原子吸收分光光度法也有不足，如对某些元素检出能力较差；每测一种元素都要使用一种元素灯；大多数仪器都不能同时进行多元素的测定。

二、共振线和吸收线

原子吸收光谱的基础是测量气态基态原子对共振辐射的吸收。在一般情况下，原子处于能量最低状态（最稳定态），称为基态（E_0）。在高温火焰中，气态基态原子由于吸收外界能量，其最外层电子被激发，可跃迁到较高的不同能级上，这时原子的状态称为激发态。处于激发态的电子很不稳定，一般在极短的时间内又可能跃回到低能级呈基态，此时，被激发的电子会辐射出一定频率的光子，该辐射光子的频率与其基态电子跃迁到激发态时所吸收辐射光子的频率相同，各种元素的原子结构和外层电子排布不同，不同元素的原子从基态跃迁至激发态（或由激发态跃迁返回基态）时，吸收（或发射）的能量不同，因而各种元素的共振线不同而各有其特征性，是元素的特征谱线。

1. 共振发射线

原子外层电子由第一激发态直接跃迁至基态所辐射的谱线称为共振发射线。

2. 共振吸收线

原子外层电子从基态跃迁至第一激发态所吸收的一定波长的谱线称为共振吸收线。

共振发射线和共振吸收线都简称为共振线。

原子吸收一定频率的辐射后从基态到第一激发态的跃迁最容易发生，吸收最强。对大多数元素来说，共振线（特征谱线）是元素所有原子吸收谱线中最灵敏的谱线。因此，在原子吸收光谱分析中，常用元素最灵敏的第一共振吸收线作为分析线。

三、定量分析基础

每个元素的原子不仅可以发射一系列特征谱线，而且也可以吸收与发射波长相同的特征谱线。当光源发射的某一特征波长的光通过原子蒸气时，原子中的外层电子将选择性地吸收其同种元素所发射的特征谱线，在一定条件下，入射光被吸收而减弱的程度与样品中待测元素的含量呈正相关，原子蒸气对入射光吸收的程度符合朗伯-比尔定律，即：

$$A = -\lg T = KcL \tag{11-1}$$

在原子吸收分光光度法中，通过采用火焰使试样蒸发产生原子蒸气。通常情况下，火焰中激发态的原子数和离子数可以忽略不计，可以用蒸气中的基态原子数目代替吸收辐射的原子总数，待测元素的原子总数与试样中被测元素的浓度 c 成正比。因此在一定的浓度范围和一定的火焰宽度 L 下，有：

$$A = Kc \tag{11-2}$$

它表示在一定实验条件下，通过测定基态原子的吸光度（A），就可求得试样中待测元素的浓度（c）。式(11-2)是原子吸收分光光度法的定量分析基础。

第二节　原子吸收分光光度计

一、原子吸收分光光度计的主要部件

原子吸收分光光度计主要由光源、原子化器、分光系统和检测系统等四大部分组成（图11-1）。

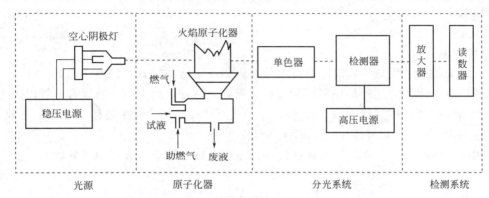

图 11-1　单光束原子吸收分光光度计示意

1. 光源

光源的作用是发射出被测元素的特征谱线，目前应用最广泛的是空心阴极灯，其他还有蒸气放电灯、高频无极放电灯等。

空心阴极灯是由玻璃管制成的封闭着低压气体的放电管。其发射的光谱主要是阴极元素的光谱，因此用不同的待测元素作为阴极材料可以制成各种待测元素的空心阴极灯。空心阴极灯的光强度与灯的工作电流有关，灯电流过小，放电不稳定，光强输出小；灯电流过大，造成被气体离子激发的金属原子数增多，使发射线明显变宽，导致灵敏度下降，灯寿命缩短。通常以空心阴极灯上标注的最大工作电流（约 5~10mA）的 40%~60% 为宜。

空心阴极灯在使用前必须经过 10~15min 的预热，以使灯的发射强度达到稳定，从而得到较好的灵敏度和精确度。

2. 原子化系统

原子化系统的功能是提供能量，使试样干燥、蒸发和原子化。入射光束在这里被基态原子吸收，因此也可把它视为"吸收池"。

由于样品的原子化是原子吸收分光光度法的关键，直接影响元素测定的灵敏度、准确度和测定的重复性，所以原子化系统是原子吸收分光光度计中的重要部件。

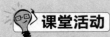 课堂活动

原子吸收分光光度计的主要部件有哪些？各部件的主要作用是什么？

原子化的方法可分为火焰原子化法和非火焰原子化法。其中前者应用较普遍。

（1）火焰原子化器　火焰原子化器是通过可燃性气体燃烧的高温使试样发生解离、被测元素原子化的装置。可分为全消耗型和预混合型两类。

全消耗型原子化器将试液直接喷入火焰内，其结构简单，常用于试样溶剂具有可燃性的样品分析。

预混合型原子化器由雾化器、雾化室和燃烧器三部分构成。它是将试液经雾化器雾化后，在雾化室与燃料气混合，然后在燃烧器上燃烧，使细雾被火焰蒸发并热分解成蒸气状态的基态原子。

火焰是原子蒸气吸收光的介质，分析不同的元素，需要不同的火焰温度。火焰的温度取决于所用的燃料及助燃气体的种类和混合比。在原子吸收分光光度法中，要求火焰的温度能够使被测元素的化合物解离成原子，最常用的火焰是空气-乙炔火焰，最高温度2600K，能测30多种元素。

（2）非火焰原子化器　目前广泛应用的非火焰原子化器是石墨炉原子化器。

石墨炉原子化法的过程是将试样注入石墨管中间位置，用大电流通过石墨管以产生高达2000~3000℃的高温使试样干燥、蒸发和原子化（图11-2）。其特点有：①原子化效率高，几乎可达到100%；②试样用量少，固体几毫克，液体几微升；③可直接分析悬浮液、乳状液、黏稠的液体及固体试样；④操作在封闭体系中进行，适合于有毒物质分析。

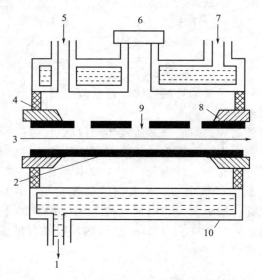

图 11-2　石墨炉原子化器示意

1—冷却水出口；2—石墨管；3—光路；4—绝缘材料；5—惰性气体；6—可卸式窗；
7—冷却水进口；8—电接头；9—样品；10—金属套

非火焰原子化器与火焰原子化器相比灵敏度高但精密度差，重现性差，干扰较大，测定速度慢，操作不够简便，装置复杂。

3. 分光系统

原子吸收分光光度计的分光系统又称单色器。有光栅单色器和棱镜单色器两种。单色器的作用是将被测元素的共振线与其他谱线分开。单色器位于原子化器之后。

4. 检测系统

检测系统主要由检测器、放大器、对数变换器和显示器组成。

（1）检测器　将单色器分出的光信号转变成电信号。

（2）放大器　将光电倍增管输出的较弱信号，经电子线路进一步放大。

（3）对数变换器　进行光强度与吸光度之间的转换。

（4）显示器　显示和输出实验结果

二、原子吸收分光光度计的类型

从类型上来讲，原子吸收分光光度计可分为单光束原子吸收分光光度计和双光束原子吸收分光光度计。双光束原子吸收分光光度计可以消除由于光源不稳定以及背景吸收等对测定结果造成的影响。另外，为了适应同时测定多种元素的需要，市场上还有双波道或多波道原子吸收分光光度计，可同时测定多种元素。

1. 单光束原子吸收分光光度计

光路系统结构简单，共振线在传播过程中辐射能量损失较少，单色器能获得较大的能量，故灵敏度较高、价格低廉、操作简便、易于维护。为获得稳定的光源辐射，元素灯要充分的预热。

2. 双光束原子分光光度计

由切光器将同一光源发出的光切为两束光：一束通过火焰，另一束不通过火焰直接经过单色器。光源和检测器的任何变动，都由参比光束得到校正，可消除光源强度变化及检测器灵敏度变动的影响。

3. 双波道或多波道原子分光光度计

使用两种或多种空心阴极灯，使光辐射同时通过原子蒸气而被吸收，然后再分别引到不同分光和检测系统，测定各元素的吸光度值。此类仪器准确度高，可同时测定两种以上元素。但装置复杂，仪器价格昂贵。

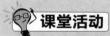

原子吸收分光光度计的类型有哪些？

第三节　定量分析方法

原子吸收分光光度法的定量分析方法主要有标准曲线法、标准加入法、内比法等。本章主要介绍标准曲线法、标准加入法，其都是依据试样中待测元素的浓度与吸光度之间呈线性函数的关系，由标准溶液的浓度换算出样品溶液的浓度。

一、标准曲线法

标准曲线法最重要的是绘制一条标准曲线（见图11-3），它与紫外-可见分光光度法中的

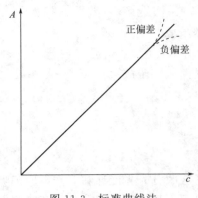

图 11-3 标准曲线法

标准曲线法类似。在仪器推荐的浓度范围内，制备一组含待测元素的标准溶液，同时以相应试剂制备空白对照溶液。将仪器按规定启动后，依次测定空白对照溶液和各浓度对照品溶液的吸光度 A，记录读数。以每一浓度的吸光度读数为纵坐标、相应浓度 c 为横坐标，绘制标准曲线。在完全相同的条件下，使待测元素的估计浓度在标准曲线浓度范围内，测定吸光度，从标准曲线上查得相应的浓度，计算元素的含量；也可由标准试样数据获得线性方程，将测定试样的吸光度 A 数据带入计算。

当待测元素浓度较高时，标准曲线易发生弯曲，此外一些干扰因素也会导致标准曲线弯曲。为了提高标准曲线法分析数据的精密度和准确度，要求标准溶液的组成应与试样尽可能相近，分析过程中，操作条件应保持恒定，同时应使试液的吸光度值落在标准曲线的线性范围内。

使用标准曲线法一般要用 4～7 个标准溶液，其浓度范围应在溶液的吸光度与其浓度呈线性关系的区间内，且溶液的吸光度最好控制在 0.2～0.8 范围内。

如果标准系列的浓度适当，测定条件合适，那么理想的标准曲线就是一条通过坐标原点的直线。

二、标准加入法

若样品中被测元素成分很少或样品的基体组成复杂，且对测定有明显影响或难以配制与样品组成相似的标准溶液时，可采用标准加入法。

取同体积相同的试液（c_x）若干份（例如 4 份），分别置于 4 个同体积的容量瓶中，除 1 号容量瓶外，依次按比例加入不同量的待测元素的标准溶液（c_0），分别用去离子水稀释至刻度，定容后浓度依次为：c_x, c_x+c_0, c_x+2c_0, c_x+3c_0，制成从零开始递增的一系列溶液。按上述标准曲线法"将仪器按规定启动后"操作，分别测得吸光度为：A_x, A_1, A_2, A_3，记录读数；利用吸光度 A 与相应的

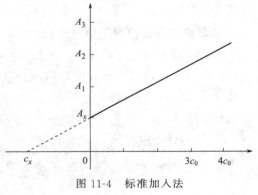

图 11-4 标准加入法

浓度作图，延长此直线至与浓度轴的延长线相交，图 11-4 中 c_x 点的浓度值即为待测溶液的浓度。再以此计算试样中待测元素的含量。如果试样不含被测元素，则曲线通过原点。

使用标准加入法应注意以下几点。

(1) 标准加入法的基础是待测元素浓度与其吸光度成正比，因此待测元素的浓度应在线性范围内。

(2) 为了得到较为准确的外推结果，最少应采用 4 个点来作标准曲线。加入标准溶液的量应适当，以保证曲线的斜率适宜，太大或太小的斜率，会引起较大的误差。

(3) 此法能消除物理干扰，但不能消除背景吸收的干扰。如存在背景吸收，必须予以扣除，否则将得到偏高的结果。

原子吸收分光光度法在医学检验中的应用

原子吸收分光光度法的特点是简便快速，灵敏度高，干扰小，可分析多种生物试样，如体液、组织、毛发、指甲等。在分析血液中一些常见元素时，1mL 的量几乎就能解决问题。对体液中含量较高的 K、Na、Ca、Mg、Fe、Cu、Zn 等元素，可通过稀释直接用火焰法测定；对试样量少、含量较低的元素，如 Ni、Cr、Cd 和 Co 等可用无火焰原子化法加以分析。如在测定血清钙和镁时，可直接在空气-乙炔火焰中分析经（1∶20）～（1∶50）稀释过的样品。为抑制磷酸根的干扰，在试样和标准溶液中均添加了 1% 的 EDTA 溶液、0.5% 的镧溶液或 0.25% 的锶溶液。

达标测评

一、单项选择题

1. 原子吸收分光光度法适宜于（   ）。
   A. 元素定性分析　B. 痕量定量分析　C. 常量定量分析
   D. 常量定性分析　E. 半定量分析
2. 在原子吸收分光光度计中，目前常用的光源是（   ）。
   A. 火焰　　　　　B. 空心阴极灯　　C. 氙灯
   D. 交流电弧　　　E. 蒸气放电灯
3. 原子吸收分析中光源的作用是（   ）。
   A. 供试样蒸发和激发所需的能量　　B. 发射待测元素的特征谱线
   C. 产生紫外线　　　　　　　　　　D. 产生具有足够浓度的散射光
   E. 在广泛的光谱区域内发射连续光谱
4. 在火焰原子化过程中，伴随着产生一系列的化学反应，下列哪些反应是可能发生的。（   ）
   A. 解离　　　　　B. 化合　　　　　C. 还原
   D. 聚合　　　　　E. 缩合
5. 在原子吸收分析中，测定元素的灵敏度、准确度在很大程度上取决于（   ）。
   A. 空心阴极灯　　B. 火焰　　　　　C. 原子化系统
   D. 分光系统　　　E. 检测系统
6. 原子化器的主要作用是（   ）。
   A. 将试样中待测元素转化为基态原子
   B. 将试样中待测元素转化为激发态原子
   C. 将试样中待测元素转化为中性分子
   D. 将试样中待测元素转化为阳离子
   E. 将试样中待测元素转化为阴离子
7. 原子吸收光谱是（   ）。
   A. 分子的振动能级跃迁时对光的选择吸收产生的

B. 分子的转动能级跃迁时对光的选择吸收产生的
C. 基态原子吸收了特征辐射跃迁到激发态后又回到基态时所产生的
D. 分子的电子吸收特征辐射后跃迁到激发态所产生的
E. 基态原子吸收特征辐射后跃迁到激发态所产生的

8. 在原子吸收光谱法中，火焰原子化器与石墨炉原子化器相比较，应该是（　　）。
   A. 灵敏度要高，检出限却低　　　　　　B. 灵敏度要低，检出限也低
   C. 灵敏度要低，检出限却高　　　　　　D. 灵敏度要低，检出限也低
   E. 灵敏度要高，检出限也高

二、判断题

1. 原子吸收分光光度法与紫外-可见光光度法都是利用物质对辐射的吸收来进行分析的方法，因此，两者的吸收机理完全相同。（　　）
2. 原子吸收分光光度计中单色器在原子化系统之前。（　　）
3. 原子化器的作用是将试样中的待测元素转化为基态原子蒸气。（　　）
4. 原子吸收光谱是线状光谱，而紫外吸收分光光度法是带状光谱。（　　）
5. 原子吸收光谱法中原子蒸气对入射光的吸收程度不符合朗伯-比尔定律。（　　）

三、简答题

1. 在原子吸收分光光度法中为什么常常选择共振吸收线作为分析线？
2. 原子吸收分光光度计主要由哪几部分组成？各部分的功能是什么？
3. 原子化器的功能是什么？基本要求有哪些？常用的原子化器有哪两类？

第十二章 荧光分析法

学习目标 ▶▶

1. 掌握荧光分析法的基本原理及荧光强度与物质浓度的关系
2. 熟悉激发光谱和发射光谱的概念、分子结构与荧光的关系、影响荧光强度的外部因素
3. 熟悉荧光分光光度计的基本组成部件
4. 学会荧光定量分析方法

荧光分析法是根据物质的荧光谱线位置及其强度进行定性和定量分析的方法。荧光分析法的主要特点是灵敏度高,检测限达 10^{-10} g/mL;选择性好,荧光物质的分子结构不同,其吸收激发光的波长和发射荧光的波长均不同。目前,广泛应用于医学检验、卫生检验、药物分析、食品分析及环境监测等领域。

第一节 荧光分析法的基本原理

一、荧光和磷光

物质的分子受到光照射时,处于基态最低振动能级的电子吸收一定的能量,发生能级跃迁,变成激发态。在电子发生能级跃迁的过程中,自旋方向通常保持不变,仍与处于基态的电子自旋方向相反,这种状态称为激发单线态 S,如图 12-1a 所示。

基态分子能量低,比较稳定,而激发态分子能量高,不稳定,可以通过多种方式失去能量回到基态。处于激发态各振动能级的分子以非光辐射的形式返回到同一电子激发态的最低振动能级,这种释放能量的过程称为振动弛豫,振动弛豫只发生在同一电子能级内,如图 12-1b 所示。两个激发态能级之间的能量相差较小或重叠时,激发态分子以非光辐射方式失去能量,返回至电子第一激发态的最低振动能级,这种释放能量的过程称为内部能量转换,如图 12-1c 所示。处于第一激发态的最低振动能级的电子(寿命为 $10^{-9} \sim 10^{-6}$ s),以光辐射的形式返回至基态的任一振动能级,所发射的光称为荧光,如图 12-1d 所示。激发单线态的电子通过振动弛豫和内部能量转换下降到第一激发态的最低振动能级后,改变自旋方向,与处于基态的电子自旋方向相同(称为激发三线态 T),这一过程称为体系间跨越,如图 12-1e 所示。处于激发三线态的电子存活一定时间(寿命为 $10^{-3} \sim 10$ s)后,以光辐射的形式返

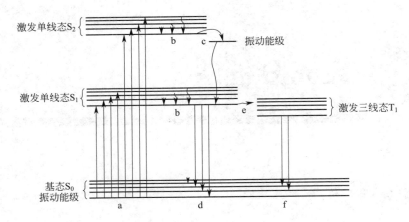

图 12-1 荧光和磷光示意图
a—激发；b—振动弛豫；c—内部能量转换；d—荧光；e—体系间跨越；f—磷光

回至基态的任一振动能级，所发射的光称为磷光，如图 12-1f 所示。

就光的能量而言，激发光＞荧光＞磷光；就光的波长而言，激发光＜荧光＜磷光。

激发态分子与溶剂分子或其他溶质分子之间相互碰撞，以热能的形式释放能量返回基态的过程称为外部能量转换，在这种情况下，会使荧光和磷光的强度减弱甚至消失。

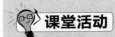

激发光、荧光和磷光有何不同？

二、激发光谱与发射光谱

固定荧光波长不变，以不同波长的激发光照射荧光物质，记录激发波长 λ_{ex} 对应的荧光强度 F，绘制的 $F\text{-}\lambda_{ex}$ 曲线，即为激发光谱，如图 12-2a 所示，激发光谱曲线的形状与测量时选择的荧光波长无关，但其强度与所选择的荧光波长有关。

保持激发光的波长和强度固定不变，记录不同发射（荧光）波长 λ_{em} 对应的荧光强度 F，绘制 $F\text{-}\lambda_{em}$ 曲线，称为发射光谱，即荧光光谱，如图 12-2b 所示。激发光谱与荧光光谱大体呈镜像关系。荧光光谱的形状与测量时选择的激发波长无关，但其强度与所选择的激发波长有关。由于激发态分子存在多种形式的无辐射跃迁，损失了一部分能量，所以荧光分子的发射波长总是大于激发波长。例如，硫酸奎宁的激发光谱和荧光光谱，见图 12-2。

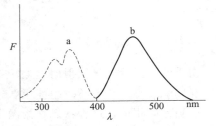

图 12-2 硫酸奎宁的激发光谱和荧光光谱
a—激发光谱；b—荧光光谱

物质分子的结构不同，其激发光谱和荧光光谱也不同，据此可以对物质进行定性鉴别。

当测定激发光谱时，将发射单色器的光栅固定在最适当的发射光波长处，让激发光单色扫描，检测各波长激发光对应的荧光强度，所记录的光谱即激发光谱；当测定荧光光谱时，将激发单色器的光栅固定在最适当的激发光波长处，让发射单色器扫描，检测不同波长的荧光强度，所记录的光谱即荧光光谱。

三、分子产生荧光的条件

荧光的产生涉及基态分子吸收能量和激发态分子释放能量两个过程，因此，分子产生荧光必须同时具备两个条件。

1. 能够强烈吸收紫外-可见光

物质的分子必须具有能吸收紫外-可见光的结构，即共轭双键结构。

2. 具有足够的荧光效率

激发态分子发射荧光的光量子数和所吸收的激发光的光量子数的比值称为荧光效率，用表示：

$$\varphi_f = \frac{发射荧光的光量子数}{吸收光的光量子数} = \frac{发射荧光的分子数}{吸收光的分子数} \tag{12-1}$$

可见，物质分子的荧光效率 φ_f 在 0~1 之间。例如荧光素钠在水中 $\varphi_f = 0.92$；荧光素在水中 $\varphi_f = 0.65$；蒽在乙醇中 $\varphi_f = 0.30$；菲在乙醇中 $\varphi_f = 0.10$。

有些物质虽然有较强的紫外吸收，但吸收的能量都以非光辐射的方式释放了，荧光效率 φ_f 为零，则没有荧光发射。

四、荧光与分子结构

能发射强荧光的有机化合物通常具有以下结构特征。

1. 共轭 π 键结构

实验表明，大多数能发射荧光的物质都含有芳香环或杂环，这些分子具有共轭的 π→π* 跃迁，分子体系共轭程度越大，荧光效率越高，荧光强度越大，而荧光波长也长移。如下面三个化合物的共轭结构与荧光的关系：

	苯	萘	蒽
λ_{ex}	205nm	286nm	356nm
λ_{em}	287nm	321nm	404nm
φ_f	0.11	0.29	0.36

2. 刚性平面结构

实验发现，多数具有刚性平面结构的有机化合物分子都具有较强的荧光发射。因为这种结构可以减少分子的振动，即减少外部能量转换的损失，有利于荧光发射。例如，荧光黄与酚酞的结构十分相近，由于荧光黄分子中的氧桥使其具有刚性平面结构，在 0.1mol/L NaOH 溶液中，荧光效率达 0.92，是强荧光物质。而酚酞由于没有氧桥的作用，分子不易保持平面，没有荧光。萘与维生素 A 都具有 5 个共轭的 π 键，前者为刚性平面结构，而后者为非刚性结构，因而，前者的荧光强度远远大于后者。

荧光黄　　　　酚酞

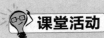

本来不发生荧光或荧光较弱的物质与金属离子形成配位化合物后，如果刚性平面性增加，那么就可以发射荧光或增强荧光。例如，2,2'-二羟基偶氮苯本身无荧光，但与 Al^{3+} 形成配合物后，便能发射荧光；8-羟基喹啉是弱荧光物质，与 Mg^{2+}、Al^{3+} 形成配合物后，荧光增强。

相反，如果原来结构中共平面性较好，但由于位阻效应使分子共平面性下降后，则荧光减弱。例如，1-二甲氨基萘-7-磺酸盐的 $\varphi_f = 0.75$，1-二甲氨基萘-8-磺酸盐的 $\varphi_f = 0.03$，这是因为后者的二甲氨基与磺酸基之间的位阻效应，使分子发生了扭转，两个环不能共平面，因而使荧光大大减弱。

3. 取代基

取代基的性质（尤其是发色基团）对荧光物质的荧光特性和强度均有较强的影响。在芳香族化合物的芳环上，连有不同取代基时，其荧光强度和荧光光谱有很大不同。按照影响规律不同可将取代基分为三类：第一类为给电子取代基，使荧光加强。属于这类基团的有 —NH_2、—NHR、—NR_2、—OH、—OCH_3、—CN 等。这类基团能增加分子的 π 电子共轭程度，常使荧光效率提高，导致荧光增强。第二类为吸电子基，使荧光减弱。属于这类基团的有—COOH、—CHO、—NO_2、—F、—Cl、—I 等。这类基团能减弱分子的 π 电子共轭程度，使荧光减弱甚至熄灭。第三类取代基对 π 电子共轭体系作用较小，如—R、—SO_3H 等，对荧光的影响也不明显。

> **课堂活动**
> 荧光物质的分子结构有什么特点？

五、影响荧光强度的外部因素

分子所处的外界环境，如温度、酸度、溶剂、荧光熄灭剂等都会影响荧光效率，甚至影响分子结构及立体构象，从而影响荧光光谱的形状和强度。了解和利用这些因素，有利于提高荧光分析的灵敏度和选择性。

1. 温度

通常情况下，溶液中荧光物质的荧光效率和荧光强度随着温度的升高而降低。这主要是因为温度升高时，分子运动的速率加快，分子间的碰撞概率增加，外部能量转换明显增强，导致荧光效率明显降低。

2. 溶剂的极性

同一物质在不同溶剂中，其荧光光谱的形状和强度也不同。通常荧光波长随着溶剂极性的增强而长移，荧光强度也增大。荧光强度随溶剂黏度的增大而增大，原因是溶剂黏度增大时，分子间碰撞概率降低，荧光强度增大。

3. 溶液的酸度

某些荧光物质本身是弱酸或弱碱时，溶液的酸度对其荧光强度有较大的影响。主要是因为在不同酸度条件下，荧光物质的分子和离子间的平衡会发生改变，物质的存在形式不同，其荧光光谱和荧光强度也不同。例如，苯胺在不同的pH条件下就有不同的存在形式。

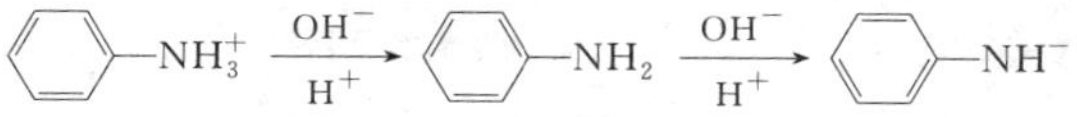

$$\text{C}_6\text{H}_5\text{NH}_3^+ \xrightleftharpoons[\text{H}^+]{\text{OH}^-} \text{C}_6\text{H}_5\text{NH}_2 \xrightleftharpoons[\text{H}^+]{\text{OH}^-} \text{C}_6\text{H}_5\text{NH}^-$$

pH<2　　　　　　pH 7～12　　　　　　pH>13
无荧光（离子形式）　蓝色荧光（分子形式）　无荧光（离子形式）

在 pH 7～12 的溶液中，苯胺主要以分子形式存在，由于—NH_2是提高荧光效率的取代基，故苯胺分子能产生蓝色荧光；但在 pH<2 和 pH>13 的溶液中，苯胺均以离子形式存在，不能发射荧光。

有些金属离子与有机试剂生成的荧光配合物，其组成和稳定性受到溶液酸度的影响，从而影响它们的荧光性质。例如，Mg^{2+} 与 8-羟基喹啉-5-磺酸钠反应，在 pH>8 时能形成有荧光的配合物，而在 pH<5.7 时，配合物解离，荧光也因此消失。

除此之外，还有荧光熄灭剂（如卤素离子、重金属离子、硝基化合物等）和散射光等因素都能影响荧光的强度。所以，用荧光分析法测定时，应严格控制测定条件。

六、荧光强度与溶液浓度的关系

荧光是物质吸收一定波长的光辐射之后所产生的发射光，可以从溶液的各个方向观察到荧光。当强度为 I_0 的入射光激发荧光物质溶液后，一部分被吸收，另一部分 I 可透过溶液。为了避免透射光的影响，一般是在与激发光垂直的方向上观测荧光 F，如图 12-3 所示。

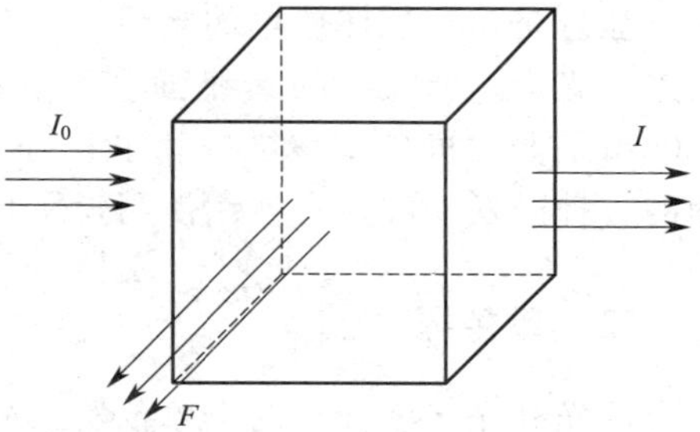

如前所述，荧光物质溶液的荧光强度与该溶液中荧光物质吸收光能的程度及荧光效率有关。实验证明，当激发光的波长、强度，以及溶剂、温度等条件一定时，物质在低浓度范围内的荧光强度 F 与溶液中荧光物质的浓度 c 成正比。

$$F = 2.3\varphi_f I_0 \varepsilon c L = Kc \qquad (12\text{-}2)$$

图 12-3　观测溶液荧光示意图

式中　φ_f——荧光效率；
　　　I_0——激发光的强度；
　　　ε——荧光物质的摩尔吸光系数，L/(mol·cm)；
　　　L——荧光物质溶液的液层厚度，cm；
　　　c——荧光物质溶液的浓度，mol/L；
　　　K——比例常数。

这是荧光分析法进行定量分析的理论依据。测定时，可以利用激发光谱和荧光光谱选择最佳的激发波长和测定波长。

第二节　荧光分光光度计

荧光分光光度计是用于测量荧光强度的仪器装置，主要由光源、激发单色器、样品池、荧光单色器、荧光检测器、记录与显色器等部件所组成，其结构如图 12-4 所示。

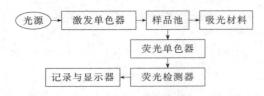

图 12-4　荧光分光光度计结构示意图

> **课堂活动**
>
> 针对荧光检测器在光路中的位置，试比较荧光分光光度计与紫外-可见分光光度计有何不同。

一、光源

荧光分光光度计的激发光源应具备稳定性好、光强度大、适用波长范围宽并且该波长范围内强度一致等特点。光源的稳定性直接影响测定结果的重现性和精密度，光强度直接影响测定的灵敏度。常用的光源有高压汞灯、氙灯、卤钨灯等。

高压汞灯是以汞蒸气放电发光的光源，产生强烈的线状光谱，主要有 365nm、405nm 和 436nm 三条谱线，尤以 365nm 谱线最强。

氙灯是短弧气体放电的光源，外套为石英，内充氙气，通电后氙气电离，同时产生较强的连续光谱，所发射的谱线强度大，在 200～800nm 波长范围内为连续光谱，且在 300～400nm 波长之间的谱线强度几乎相等，能满足荧光分析的要求，是荧光分光光度计广泛采用的一种激发光源。宜连续使用，忌频繁启动。

二、单色器

荧光分光光度计有两个单色器，分别是置于样品池之前的激发单色器和置于样品池之后的发射（荧光）单色器，这两个单色器光路的夹角呈 90°角，如图 12-3 所示，以消除透射光对荧光测量的影响，单色器的色散元件通常用光栅。

三、样品池

样品池是盛放试样溶液并用于测定荧光强度的容器。普通玻璃会吸收 320nm 以下的紫外光，不适用于紫外光区激发的荧光分析，所以，荧光测定用的样品池通常用石英材料制成。常用散射光较少的正方形样品池，并且四面均透光，便于在激发光方向的垂直方向测量荧光强度。

四、检测器

检测器是将荧光信号转变为电信号的光电转换元件。用紫外-可见光作为激发光源时，所产生的荧光多为可见光，荧光强度较弱，因此要求检测器有较高的灵敏度。荧光分光光度计一般采用光电倍增管作检测器，置于发射（荧光）单色器之后。

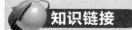

知识链接

由于荧光分析是测定很弱背景上的荧光强度，测定的灵敏度取决于检测器的灵敏度，只要检测器的灵敏度高，就可以测定很稀的溶液，因此，荧光分析法的灵敏度很高。而紫外-可见分光光度法测定的是透过光强度与入射光强度的比值，即使将光强度信号放大，其比值仍然不变，故荧光分析法的灵敏度高于紫外-可见分光光度法。

五、记录与显示器

荧光分光光度计的记录与显示器类似于紫外-可见分光光度计，在此不再赘述。

第三节 荧光定量分析方法

荧光定量分析法的理论依据是式（12-2），即 $F=Kc$，所以，与紫外-可见分光光度法相似，常用的方法也是标准曲线法、对比法和联立方程法等。

一、单组分溶液的定量方法

1. 标准曲线法

标准曲线法是荧光分析中最常用的定量方法。取已知量的标准品按试样相同方法处理后，配成一系列不同浓度的标准溶液。在最佳实验条件下，分别测定标准溶液的荧光强度（F）和空白溶液的荧光强度（F_0）；扣除空白值（F_0）后，以荧光强度为纵坐标、标准溶液的浓度为横坐标，绘制标准曲线。然后将处理后的试样配成一定浓度的待测溶液，在同一条件下测定其荧光强度，扣除空白值（F_0）后，从标准曲线求出荧光物质的含量。

2. 对比法

如果荧光物质的标准曲线通过原点，就可选择在其线性范围内，用直接比较法进行测定。配制一个浓度为 c_s 的标准溶液，测定其荧光强度（F_s）。然后，在相同条件下，测定试样溶液的荧光强度 F_x。分别从 F_x 和 F_s 值中扣除空白值 F_0 后，根据式（12-2）可以求得试样溶液中荧光物质的浓度。

$$c_x = \frac{F_x - F_0}{F_s - F_0} c_s \tag{12-3}$$

例如，《中国药典》（2015年版）采用荧光法测定利血平含量。利血平中的三甲氧基苯甲酰结构被氧化后产生的物质具有较高的荧光效率。测定时，精密量取对照品溶液与供试品溶液各5mL，分别置于具塞试管中，加五氧化二钒试液2.0mL，激烈振摇后，在30℃放置1h，照荧光分析法，在激发光波长400nm、发射光波长500nm处测定荧光强度，计算即得。

二、多组分溶液的定量方法

如果混合物中各组分的荧光发射峰相距较远，而且相互之间无明显干扰，则可分别在不同波长处测定各个组分的荧光强度，从而利用标准曲线法或对比法求出各个组分的含量。

如果混合物中各组分的荧光发射峰有重叠（干扰），则需要利用荧光强度的加和性，在适宜的荧光波长处，测定混合物的荧光强度，再根据各组分在该荧光波长处的最大荧光强度，列出联立方程式，求算各个组分的含量。

达标测评

一、名词解释

1. 荧光分析法   2. 激发光谱   3. 振动弛豫   4. 外部能量转换

二、单项选择题

1. 分子荧光分析比紫外-可见分光光度法选择性高的原因是（　　）。
   A. 分子荧光光谱为线状光谱，而分子吸收光谱为带状光谱
   B. 能发射荧光的物质比较少
   C. 荧光波长比相应的吸收波长稍长
   D. 荧光光度计有两个单色器，可以更好地消除组分间的相互干扰
   E. 分子荧光分析线性范围更宽

2. 荧光效率是指（　　）。
   A. 荧光强度与吸收光强度之比
   B. 发射荧光的量子数与吸收激发光的量子数之比
   C. 发射荧光的分子数与物质的总分子数之比
   D. 激发态的分子数与基态的分子数之比
   E. 荧光强度与溶液浓度之比

3. 激发光波长和强度固定后，荧光强度与荧光波长的关系曲线称为（　　）。
   A. 吸收光谱   B. 激发光谱   C. 荧光光谱
   D. 工作曲线   E. 滴定曲线

4. 荧光波长固定后，荧光强度与激发光波长的关系曲线称为（　　）。
   A. 吸收光谱   B. 激发光谱   C. 荧光光谱
   D. 工作曲线   E. 红外光谱

5. 一种物质能否发出荧光主要取决于（　　）。
   A. 分子结构   B. 激发光波长   C. 溶液温度
   D. 溶剂的极性   E. 激发光强度

6. 下列说法正确的是（　　）。
   A. 荧光发射波长永远大于激发波长
   B. 荧光发射波长永远小于激发波长
   C. 荧光光谱形状与激发波长相同
   D. 荧光光谱形状与激发光谱形状完全相同
   E. 在一定条件下，稀溶液的荧光强度与荧光物质的浓度成反比

7. 下列因素能够导致荧光效率下降的有（　　）。
   A. 激发光强度增大   B. 溶剂极性变小   C. 溶液的温度降低
   D. 溶剂极性变大   E. 分子中的共轭体系增加

8. 为使荧光强度和荧光物质溶液的浓度成正比，必须使（　　）。
   A. 激发光足够强   B. 吸光系数足够大   C. 试液浓度足够稀
   D. 仪器灵敏度足够高 E. 仪器选择性足够好

9. 荧光分光光度计与紫外分光光度计的主要区别在于（　　）。
   A. 光源　　　　　　B. 光路　　　　　　C. 单色器
   D. 检测器　　　　　E. 吸收池
10. 荧光分光光度计常用的光源是（　　）。
    A. 空心阴极灯　　　B. 能斯特灯　　　　C. 钨灯
    D. 硅碳棒　　　　　E. 氙灯

三、填空题

1. 能够发射荧光的物质，必须同时具备两个条件，一是_____，二是_____。
2. 分子π电子共轭程度越大，则荧光强度越____，荧光波长向____波长方向移动；吸电子取代基将使分子的荧光强度____。
3. 激发光谱的形状与发射光谱的形状极为_____，荧光光谱的形状与激发光谱的形状，常形成_____。
4. 影响荧光强度的外部因素有____、____、____、____、____。
5. 荧光分光光度计主要由____、____、____、____、____和____组成。
6. 荧光分析法常用的定量分析方法是____、____、____。

四、问答题

1. 荧光和磷光的主要区别是什么？何谓荧光效率？
2. 荧光性物质的分子结构特点是什么？分子结构对荧光强度有哪些影响？

五、辨是非题

1. 凡是能够吸收紫外-可见光的物质就能产生荧光。（　　）
2. 荧光分析中，发射单色器放在与激发光垂直的方向。（　　）
3. 荧光物质的荧光强度随着溶液温度的升高而增强。（　　）
4. 振动弛豫属于辐射跃迁。（　　）
5. 荧光光谱曲线的形状与测量时选择的激发波长无关。（　　）

六、计算题

用荧光法测定复方炔诺酮片中炔雌醇的含量时，取供试品20片（每片含炔诺酮应为0.54～0.66mg，含炔雌醇应为31.5～38.5μg），研细溶于无水乙醇中，稀释至250mL，滤过，取滤液5mL，稀释至10mL，在激发波长285nm和发射波长307nm处测定荧光强度。如炔雌醇对照品的乙醇溶液（1.4μg/mL）在同样测定条件下荧光强度为65，则合格片的荧光读数应在什么范围内？

第十三章 色谱分析法

学习目标

1. 说出液-固吸附色谱和液-液分配色谱的基本原理
2. 学会柱色谱、薄层色谱、纸色谱的操作技能
3. 说出气相色谱法的基本术语
4. 说出气相色谱仪和高效液相色谱仪的基本结构
5. 学会气相色谱法常用的定量方法

第一节 经典液相色谱法

色谱法（chromatography）是一种依据物质的物理或物理化学性质（如溶解性、极性、离子交换能力、分子大小等）不同而进行分离分析的方法。它具有分离能力强、灵敏度高、选择性好、分析速度快、应用范围广等特点。因此，色谱法是分析复杂混合物的最有效的分离分析方法，在药学及相关专业中应用非常广泛。

一、色谱法的产生与分类

1. 色谱法的产生

1903 年，俄国植物学家茨维特（Tsweet）在研究植物色素时，将其石油醚提取液注入装有碳酸钙的直立玻璃管顶端，让液体慢慢流下，并不断添加石油醚由上而下冲洗，色素不断向下移动，由于各种色素成分的性质不同，向下移动的速度各不相同，经过一段时间后，便可见玻璃管呈现一层层不同颜色的色带。1906 年，茨维特在发表论文时将这种现象命名为色谱。之后的学者称这种实验装置为色谱柱，称这种方法为柱色谱。

在色谱实验中，物质组成及其理化性质均匀的体系称为"相"。例如，上述玻璃管内填充的碳酸钙，其位置固定不变，称为固定相；冲洗色谱柱所用的溶剂——石油醚，其位置自上而下不断改变，称为流动相。相与相之间都有一定的界面分开，如互不相溶的固-液两相、液-液两相等。

色谱法的发展

20世纪20年代之后，色谱法受到了化学家的高度关注，得以迅猛发展。30年代相继出现了薄层色谱和纸色谱，与原有的柱色谱一起成为一门分离技术，统称为经典液相色谱法。50年代相继出现了气相色谱法和气相色谱-质谱联用技术，70年代出现了高效液相色谱法，80年代相继出现了液相色谱的各种联用技术，统称为现代色谱技术。

自20世纪90年代至今，是色谱法迅猛发展的重要时期，仪器设备更加精密，检测方法日益完善，应用范围越来越宽，"色谱法"一词一直沿用至今。

2. 色谱法的分类

（1）按照流动相和固定相的状态分类　按照流动相的状态分类可分为液相色谱法、气相色谱法和超临界流体色谱法三类。

流动相为液体的色谱法称为**液相色谱法**。根据固定相的状态可再分为液-固色谱法和液-液色谱法两类。

流动相为气体的色谱法称为**气相色谱法**。根据固定相的状态可再分为气-固色谱法和气-液色谱法两类。

流动相为超临界流体的色谱法称为**超临界流体色谱法**。所谓超临界流体，是指温度及压力均处于临界点以上的液体，其性质介于气体和液体之间。其中临界温度是当温度高于某一数值时，任何大的压力均不能使纯物质由气相转化为液相的温度；临界压力是在临界温度下，气体能被液化的最低压力。

（2）按色谱过程的分离机制分类　固定相不同，色谱过程的分离机制也不相同，可分为吸附色谱法、分配色谱法、离子交换色谱法和分子排阻色谱法4个基本类型。近年来，还有其他分离机制的色谱方法，如毛细管电泳法、手性色谱法、分子印迹色谱法等。

（3）按操作形式分类　按操作形式分类可分为柱色谱、纸色谱和薄层色谱三类。

柱色谱法是将固定相装于柱管内构成色谱柱，让色谱过程在色谱柱内完成。

纸色谱法是以纸纤维吸附的水作固定相，让色谱过程在纸面上完成。

薄层色谱法是将固定相制成一个薄层，让色谱过程在薄层面内完成。

色谱法的各种分类方法并非是绝对的、孤立的，而是相互渗透、兼容的。

二、柱色谱法

柱色谱的固定相可用吸附剂、涂于载体表面的液体、离子交换剂或凝胶等。现以液-固吸附柱色谱为例，说明柱色谱法的基本原理、选择两相的基本原则、操作方法等。液-固吸附柱色谱是以固体吸附剂为固定相，以液体溶剂为流动相（称洗脱剂或淋洗剂），利用吸附剂对不同组分的吸附能力及溶剂对不同组分的解吸附能力的差异进行分离的一种色谱法。

1. 基本原理

将A、B混合物的石油醚溶液加入到以氧化铝（吸附剂）为固定相的色谱柱中，刚开始，A、B都被吸附在柱上端的吸附剂上，形成起始色带如图13-1(a)所示，然后以乙醚-石油醚（体积比＝1∶4）为流动相进行洗脱，当流动相通过起始色带时，被吸附在固定相上的组分溶解于流动相中,称为解吸附。已解吸附的组分随着流动相向前移行,遇到新的吸附剂颗粒,又再次被吸附,如此在色谱柱中不断地进行吸附、解吸附、再吸附、再解吸附……由于A、B的性质存在微小差异,因而被吸附的能力和被解吸附的能力也略有不同,经过反复多次的吸附、解吸附后,A、B的微小差异逐渐被扩大,最终被分离开,在柱中形成两个色带,如图13-1(b)所示,继续用流动相进行洗脱,B和A两组分依次流出色谱柱,见图13-1(c)。

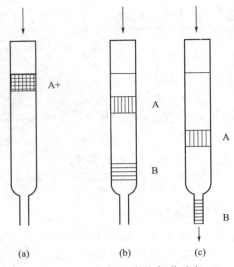

图13-1 液-固吸附柱色谱示意

2. 吸附剂与洗脱剂的选择

(1) 吸附剂 吸附剂是一些多孔性微粒物质,具有较大的比表面积和吸附中心,其吸附性能取决于吸附中心的多少及其吸附能力的大小。常用的吸附剂有硅胶、氧化铝、聚酰胺、大孔吸附树脂等。

① 硅胶 硅胶($SiO_2 \cdot xH_2O$)具有多孔性硅氧交联结构,其骨架表面的硅醇基(—SiOH)能与极性化合物或不饱和化合物形成氢键,而具有吸附能力。硅胶表面的硅醇基若与水结合成水合硅醇基,则失去活性,无吸附能力,此过程称为脱活化;将硅胶于105~110℃加热,能可逆除去这些水(称为自由水),此过程称为活化。通过活化与脱活化可控制吸附剂的活性。

② 氧化铝 色谱用的氧化铝按制备方法的不同可分为碱性(pH=9.0~10.0)、中性(pH≈7.5)和酸性(pH=4.0~5.0)三种。

碱性氧化铝适用于碱性和中性物质的分离,如生物碱。酸性氧化铝适用于分离酸性和中性物质,如氨基酸、酸性色素等。中性氧化铝适用于酸性、中性和碱性物质的分离,如生物碱、挥发油、萜类、甾体以及在酸碱中不稳定的苷类、酯类等化合物,故中性氧化铝应用最广。

硅胶和氧化铝的吸附活性与其含水量密切相关。活性的强弱用活性级别(Ⅰ~Ⅴ)表示。含水量越高活性级数越大,活性越低,吸附能力越差。如表13-1所示。在适当的温度下加热,除去水分,可使其吸附能力增强,称为活化;反之,加入一定量水分可使活性降低,称为脱活性。

表13-1 硅胶、氧化铝的活性与含水量的关系

活性级别	吸附活性	硅胶含水量/%	氧化铝含水量/%
Ⅰ	大 ↑	0	0
Ⅱ		5	3
Ⅲ		15	6
Ⅳ		25	10
Ⅴ	小	38	15

③ 聚酰胺 聚酰胺是一类由酰胺聚合而成的高分子化合物,主要通过分子中的酰氨基与化合物质子给予体形成氢键而对该物质产生吸附,因形成氢键的能力不同,吸附能力也不

同，从而使各化合物得以分离。常用的是聚己内酰胺。聚酰胺主要用于酚类（含黄酮类、蒽醌类、鞣质类等）、酸类、硝基类等物质的分离，目前，聚酰胺被广泛应用于天然药物有效成分的分离。

此外，硅藻土、硅酸镁、活性炭和天然纤维素等也可用作吸附剂。

（2）洗脱剂　洗脱剂的洗脱作用，实质上是溶剂分子与被分离的组分分子，竞争占据吸附剂表面活性点位的过程。极性强的溶剂分子，占据吸附点位的能力就强，因而具有强的洗脱作用。极性弱的溶剂分子竞争占据吸附点位的能力弱，洗脱作用就弱。

为了使样品各组分分离，就必须同时考虑到被分离物质的性质、吸附剂的活性和洗脱剂的极性三方面因素。

① 被分离组分的结构和性质　烷烃系非极性化合物，一般不被吸附或不易被吸附。但其结构中有 H 被官能团取代后，则极性发生变化。常见有机化合物的极性由小到大的顺序是：

烷烃＜烯烃＜醚类＜硝基化合物＜酯类＜酮类＜醛类＜硫醇＜胺类＜酰胺＜醇类＜酚类＜羧酸类

② 吸附剂的活性与被分离组分极性的关系　分离极性大的组分，宜选用吸附性能小的吸附剂，以免吸附过牢，不易洗脱。分离极性小的组分，宜选择吸附性能大的吸附剂，以免组分流出太快，难以分离。

③ 洗脱剂的极性与被分离组分极性的关系　一般按照极性物质易溶于极性溶剂，非极性物质易溶于非极性溶剂的"相似相溶"原则来选择洗脱剂。常用有机溶剂的极性由小到大的顺序是：

石油醚＜环己烷＜四氯化碳＜苯＜甲苯＜乙醚＜氯仿＜乙酸乙酯＜正丁醇＜丙酮＜乙醇＜甲醇

综上所述，如果分离极性较大的组分，应选用吸附活性较小的吸附剂作固定相和极性较大的溶剂作洗脱剂；如果分离极性较小的组分，应选用吸附活性较大的吸附剂作固定相和极性较小的溶剂作洗脱剂。

3. 操作方法

柱色谱的操作方法可分为下列几个步骤。

（1）装柱　选择长度与直径比约为 20∶1 的玻璃管，垂直固定于支架上，在下端的管口处垫以少许脱脂棉或玻璃棉，装入吸附剂（固定相），上面加 5mm 左右的洁净砂子或与柱管内径相同的圆形滤纸，以保持一个平整的表面，加强分离效果。装柱时可采用以下两种方法。

① 干法装柱　将已过筛（80～120 目）活化后的吸附剂经漏斗慢慢地均匀加入柱内，中间不要间断，装完后轻轻敲打色谱柱，使之填充均匀，然后，沿管壁轻轻倒入洗脱剂不断洗脱，使吸附剂中空气全部排除。

② 湿法装柱　将吸附剂与适当的洗脱剂调成糊状，然后慢慢地连续不断地加入柱内，让吸附剂自由沉降而填实，放出多余的洗脱剂。这是目前常用的装柱方法。

（2）加样　将样品溶于一定体积的溶剂中，并小心地滴加到柱顶部。加到柱上的样品溶液要求体积小，浓度高。

（3）洗脱　可用一种溶剂或几种溶剂按一定比例混合，组成混合溶剂作为洗脱剂。在洗脱时应不断添加洗脱剂，并保持一定高度的液面。控制洗脱剂的流速，不可过快；否则，达不到柱中吸附平衡，影响分离效果。各组分因被吸附和解吸附的能力不同而逐渐分离，先后流出色谱柱。

>
>
> ## 其他柱色谱
>
> 1. **分配柱色谱法** 流动相为液体，固定相也为液体，常把固定相涂于载体表面。载体是对被测组分无吸附作用、颗粒大小适宜、具有较大的表面积的惰性物质，对固定相起支撑作用。常用的载体有硅胶、多孔硅藻土、纤维素等。在色谱过程中，被分离组分在两相之间进行一系列的分配、再分配……不同组分在两相间的分配能力不同，可以实现分离。
> 2. **离子交换柱色谱法** 流动相为液体，固定相为离子交换剂。色谱过程发生离子交换。
> 3. **分子排阻柱色谱法** 流动相为液体，固定相为分子筛。可以分离不同粒径的组分。

三、纸色谱法

纸色谱法是以滤纸作为载体的分配色谱法。固定相一般为纸纤维上吸附的水，流动相（展开剂）一般采用含水的有机溶剂，最常用的是正丁醇、醋酸、水混合溶剂。

1. 基本原理

在使用纸色谱法时，常用与水相混溶的溶剂作为流动相。因为滤纸纤维所吸附的水分为 20%～60%，其中约有 6%～7% 能通过氢键与纤维上的烃基结合成复合物，所以，这一部分水与丙酮、乙醇、丙醇等仍能形成类似不相混溶的两相。纸色谱法的分离机制属于分配色谱的范畴，也就是说，在色谱过程中，被分离的组分在固定相和流动相之间进行着一系列的分配、再分配……由于各组分在两相之间的分配系数（物质在固定相和流动相之间的浓度之比）不同，随流动相移动的速度也不同，经过一段时间可以实现分离。

2. 操作方法

纸色谱的操作方法分为色谱滤纸的选择、点样、展开、定性与定量分析等几个步骤。

(1) **色谱滤纸的选择** 色谱滤纸应符合下列基本要求：

① 纸纤维应松紧适宜，质地均匀，平整无折痕；
② 纸面洁净，大小合适，边缘整齐，有一定的力学强度；
③ 用于定性鉴别，应选用薄型滤纸；用于定量或制备，则选用厚型滤纸。

(2) **点样** 首先，用铅笔在距滤纸一端 1.5～2cm 处轻轻画一条起始线，然后，在起始线上每隔 2cm 作一个点样记号，再用点样管吸取一定量的样品液，轻轻接触点样记号，点样后所形成的斑点（原点）直径越小越好，一般不宜超过 3mm。

(3) **展开** 先将展开剂放入密封容器，使其蒸气饱和容器，再将点有样品的色谱纸一端浸入到展开剂 1cm 处进行展开（点样处不能接触展开剂）。待溶剂前沿线到达适当位置时，取出滤纸，迅速画出溶剂前沿线的位置和样品斑点的位置。若待测组分无色，则可以喷洒适当的显色剂。

3. 定性与定量分析

(1) **定性分析**

① 比移值（R_f） 样品展开后，原点到斑点中心的距离与原点到溶剂前沿线的距离之比，称为比移值，用 R_f 表示，即：

$$R_f = \frac{原点到斑点中心的距离}{原点到溶剂前沿的距离} \tag{13-1}$$

当色谱条件一定时,组分的 R_f 值是一常数,其值在 0～1 之间,可用范围是 0.2～0.8。组分不同,结构和极性各不相同,其 R_f 值也不同。因此,R_f 值是纸色谱法定性的基本参数。

② 相对比移值(R_s)　让样品与对照品在相同条件下展开,样品移动的距离与对照品移动的距离之比,称为相对比移值,用 R_s 表示,即:

$$R_s = \frac{原点到样品斑点中心的距离}{原点到对照品斑点中心的距离} \tag{13-2}$$

对照品可以选用某一组分,也可以另选。R_s 值可能大于 1,也可能小于 1,$R_s=1$ 时,说明该组分与对照品一致。测定 R_s 值时,采用与对照品在同一条件下进行操作,消除了实验条件的影响,能够减小误差。因此,R_s 值也是纸色谱法定性的基本参数。

> **课堂活动**
>
> 请您谈谈比移值 R_f 与相对比移值 R_s 的异同。

【例 13-1】 将含有组分 A、B 及对照品 C 的溶液点在同一张滤纸上,用适当的展开剂(流动相)展开后,测量各组分斑点中心及溶剂前沿线至起始线的距离,如图 13-2 所示。试列出计算比移值 R_f 和相对比移值 R_s 的式子。

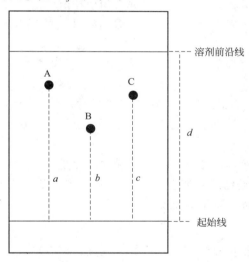

图 13-2　纸色谱示意

解　根据 R_f 和 R_s 的定义可得:

$$R_{f(A)} = \frac{a}{d}, \quad R_{f(B)} = \frac{b}{d}, \quad R_{s(A)} = \frac{a}{c}, \quad R_{s(B)} = \frac{b}{c}$$

(2) 定量分析　纸色谱的定量方法如下。

① 目测法　将标准系列溶液和试样溶液同时点在一张滤纸上,展开和显色后,目视比较试样斑点的颜色深浅和面积大小与标准系列中的哪一个最为接近,即可认定试样的近似浓度。若试样斑点的颜色深浅和面积大小介于标准系列某两个斑点之间,则取二者浓度的平均值作为试样的浓度。

② 剪洗法　先将试样的色斑剪下,用适当溶剂浸泡、洗脱,再用比色法或分光光度法定量。

③ 光密度测定法　用色谱斑点扫描仪分别测定试样斑点和标准品斑点的光密度,并将二者进行比较,即可求算含量。

四、薄层色谱法

1. 基本原理

薄层色谱法是将固定相均匀地铺在光洁的玻璃板上以形成薄层,然后在薄层上进行分离分析的色谱法。与柱色谱类似,薄层色谱法的固定相也可用吸附剂、涂于载体表面的液体、离子交换剂或分子筛(凝胶)等,其分离机制与对应的柱色谱法相同,有人把它称为敞开的柱色谱法。薄层色谱法具有技术简单、操作容易、分析速度快、分辨能力高、结果直观、不需要昂贵的仪器设备就可以分离较复杂混合物等特点,在药典收录的药材主成分含量测定方法中占据重要的地位。目前,液-固吸附薄层色谱应用最为广泛。

2. 固定相的选择

液-固吸附薄层色谱的固定相是吸附剂,常用的有硅胶和氧化铝等,与柱色谱用的吸附剂相比,基本要求相同,但粒度更小,一般在 200 目以上,故分离效率要高一些。

3. 流动相的选择

薄层色谱法的流动相也称为展开剂,根据"相似相溶"的一般原则,选择适当的溶剂或混合溶剂作展开剂,即被分离组分的极性大,需用极性大的展开剂;被分离组分的极性小,需用极性小的展开剂。

例如,某物质用单一溶剂苯展开时,R_f 值太小,甚至停留在原点未动,此时可在展开剂中加入适量极性大的溶剂,如苯:乙酸乙酯为 9:1,8:2,7:3⋯一直到获得满意的 R_f 值(0.2~0.8 之间)为止。如果用单一溶剂苯展开时,R_f 值太大,斑点出现在前沿附近,则可在展开剂中逐步加入适量极性小的溶剂,如石油醚、环己烷等以降低展开剂的极性,如苯:石油醚为 9:1,8:2⋯使 R_f 值符合要求。

薄层色谱法中常用的溶剂,按极性由弱到强的顺序是:

石油醚<环己烷<二硫化碳<四氯化碳<三氯乙烷<苯<甲苯<二氯甲烷<氯仿<乙醚<乙酸乙酯<丙酮<乙醇<甲醇<吡啶<水

4. 操作方法

薄层色谱法的一般操作步骤为制板、点样、展开、斑点定位、定性定量分析等。

(1)制板　将吸附剂涂铺在玻璃板上使之成为厚度均一的薄层叫制板。制板所用的玻璃板必须表面光滑、平整清洁、不得有油污,其大小与纸色谱相同。常用的有软板和硬板两种。

① 软板的制备　吸附剂中不加黏合剂制成的薄板叫**软板**。常用的软板有硅胶板和氧化铝板,制板方法是先将吸附剂均匀地撒在玻璃板一端,取一根比玻璃板宽度长的玻璃棒,在两端包裹上适当厚度的橡皮膏。所铺薄层厚度视分离要求而定,一般应控制在 0.25~0.5mm 范围。然后从撒有吸附剂的一端两手均匀推动玻璃棒向前。推动速度不宜太快,也不应中途停顿,以免薄层厚度不匀,影响分离效果。软板的制备方法简便、快速、随铺随用,展开速度快,但制备的薄层不牢固,易被吹散,分离效果差。现用得比较多的是硬板。

② 硬板的制备　吸附剂中加黏合剂所制成的板叫**硬板**。常用的黏合剂有煅石膏

($CaSO_4 \cdot 1/2H_2O$)和羧甲基纤维素钠等,分别用代号"G""CMC-Na"表示。常用的硬板有硅胶 G 板、氧化铝 G 板、硅胶 CMC-Na 板、氧化铝 CMC-Na 板、F254 板和 F365 板等。F 板为在吸附剂中加有波长为 254nm 或 365nm 的荧光物质。

通常用湿法制备硬板,即先将一定量的吸附剂,按一定比例加入 0.5%~1%的 CMC-Na 溶液,调成糊状物,然后铺板。硅胶-CMC 板的力学强度好,可用铅笔在上面作记号。但不宜使用强腐蚀性显色剂,还要注意显色温度和时间。如果所用吸附剂是硅胶-G 或氧化铝-G,则可直接加水调成糊状进行铺板。用煅石膏作黏合剂制成的硬板,力学强度较差,易脱落,但耐腐蚀,可用浓硫酸试液显色。湿法铺板可分为倾注法、平铺法和机械涂铺法。

a. 倾注法 将糊状物倒在玻板上,用玻璃棒均匀摊开,轻轻振荡,使薄层均匀,置于水平台上晾干。

b. 平铺法 在水平台面上先放置适当大的玻璃平板,再在此板上放置准备好的玻板,另在玻板两边加上玻璃条做成框边(框边的厚度应略高于中间玻板约 0.25~1mm),将吸附剂糊倒在中间玻板上,用有机玻璃板或玻璃棒向一定方向均匀地将吸附剂刮平,然后再逐块轻轻振动均匀,置于水平台上晾干。

c. 机械涂铺法 用涂铺器制板,操作简单,得到的薄板厚度均匀一致,适合于定量分析,是目前广为应用的方法。由于涂铺器的种类较多,型号各不相同,使用时,应按仪器的说明书操作。

为了提高薄层板的活性、分离效率和选择性,需要对晾干后的薄层板进行活化,即放入 110℃的烘箱中活化 1~2h,存入干燥器中,放至室温备用。

(2) 点样 点样是将试样液和对照品液点到薄层上。点样时应注意以下几个问题。

① 试样溶液的制备 溶解试样的溶剂,对点样非常重要。尽量避免用水为溶剂,因为水溶液点样时,水不易挥发,易使斑点扩散。一般都用甲醇、乙醇、丙酮、氯仿等挥发性有机溶剂,最好用与展开剂相似的溶剂。若样品为水溶液,且受热不易破坏,则可边点样边用电吹风加热促其迅速干燥。

② 点样量 点样量的多少与薄层的性能及显色剂的灵敏度有关。一般分析型薄层,点样量为几微克至几十微克,而制备型薄层可以点到数毫克。点样量的多少对分离效果有很大影响。点样量太少,展开后斑点模糊,甚至看不出斑点。点样量太多,则展开后往往出现斑点过大或拖尾等现象,甚至不能完全分离。点样用的仪器常用管口平整的毛细管或平口微量注射器。

③ 点样方法 点样方法与纸色谱相同。

(3) 展开 展开过程就是混合物分离过程,必须在密闭容器内进行。展开方式有如下几种。

① 近水平展开 近水平展开应在长方形展开槽内进行[如图 13-3(a) 所示]。将点好样的薄板下端浸入展开剂约 0.5cm(样品原点不能浸入展开剂中),把薄板上端垫高,使薄板与水平角度适当,约为 15°~30°。展开剂借助毛细管作用自下而上进行。该方式展开速度快,适合于不含黏合剂的软板的展开。

② 上行展开 是目前薄层色谱法中最常用的展开方式[如图 13-3(b) ②所示]。将点好样的薄板放入已盛有展开剂的直立型色谱缸中,斜靠于色谱缸的一边壁上(样品原点不能浸入展开剂中),展开剂沿下端借毛细管作用缓慢上升,待展开距离达薄板长度的 4/5 或 9/10 时,取出薄板,画出溶剂前沿,待溶剂挥干后进行斑点定位。这种展开方式适用于硬板的

展开。

③ 多次展开 取经展开一次后的薄板让溶剂挥发干，再用同一种展开剂或改用一种新的展开剂按同样的方法进行第二次、第三次……展开，以达到增加分离度的目的。

④ 双向展开 即经第一次展开后，取出，挥去溶剂，将薄板转 90°后，再改用另一种展开剂展开（试样原点不能浸入展开剂中）。双向展开所用的薄板规格一般为 20cm×20cm。这种方法常用于分离成分较多，性质比较接近的难分离混合物。

部分展开方式如图 13-3 所示。

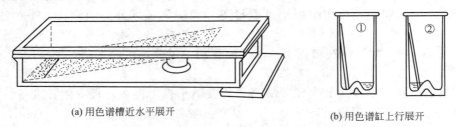

(a) 用色谱槽近水平展开　　　　(b) 用色谱缸上行展开

图 13-3　色谱槽（缸）与展开方式

(4) 斑点定位 待测组分有颜色，其斑点可在日光下直接定位测定。待测组分没有颜色，必须采用以下方法定位测定。

① 荧光检出法 该法是在紫外灯下观察薄板上有无荧光斑点或暗斑。如果被测物质本身在紫外灯下观察无荧光斑点，则可以借助 F 型薄板来进行检出。荧光薄板在紫外灯照射下，整个薄板背景呈现黄绿色荧光，而被测物质由于吸收了 254nm 或 365nm 的紫外光而呈现出暗斑。

② 化学检出法 化学检出法是利用化学试剂（显色剂）与被测物质反应，使斑点产生颜色而定位。该法是斑点定位应用最多的方法。显色剂可分为通用型显色剂和专属型显色剂两种。通用显色剂有碘、硫酸溶液、荧光黄溶液、氨蒸气等。碘可使许多有机化合物显色，如生物碱、氨基酸等衍生物；硫酸乙醇溶液也能使大多数有机化合物显出不同颜色的斑点；0.05%的荧光黄甲醇溶液是芳香族与杂环化合物的通用显色剂。专属性显色剂是利用物质的特性反应显色。例如，茚三酮是氨基酸的专用显色剂，三氯化铁-铁氰化钾试剂是含酚羟基物质的显色剂，溴甲酚绿是酸性化合物的显色剂。

显色剂的显色方式，通常采用直接喷雾法或浸渍显色法。若使用的是硬板可将显色剂直接喷洒在薄板上，喷洒的雾点必须微小、致密和均匀。若使用的是软板则采用浸渍法显色，将薄板的一端浸入到显色剂中，待显色剂扩散到整个薄层后，取出，晾干或吹干，即可呈现斑点的颜色。

在实际工作中，应根据被分离组分的性质及薄板的状况来选择合适的显色剂及显色方法。各类组分所用的显色剂可查阅有关手册或色谱法专著。

(5) 定性分析 确定试样斑点位置之后，用纸色谱同样的方法，计算比移值 R_f 和相对比移值 R_s，与标准品进行对比定性。

(6) 定量分析

① 用简易的定量或半定量的方法进行分析 目视比较法即属于该种方法，将对照品配成浓度已知的系列标准溶液，同样品溶液一起分别点在同一块薄板上展开，显色后，目视比较试样色斑的颜色深度和面积大小与对照品中的哪一个最为接近，即可求出试样的近似浓度。若试样斑点的颜色深浅和面积大小介于标准系列某两个斑点之间，则取二

者浓度的平均值作为试样的浓度。本法的精度为±10％，适合于半定量分析或药物中杂质的限度检查。

② 斑点洗脱法　薄层板展开、定位之后，将待测组分斑点处的吸附剂定量取下（如采用刀片刮下或捕集器收集），再用合适的溶剂将待测组分定量洗脱，采用其他分析方法测定其含量，如分光光度法等。

③ 薄层扫描法　近年来，由于分析仪器的不断发展和完善，用薄层扫描仪直接测定斑点的含量已成为薄层色谱定量的主要方法。薄层扫描仪是为适应薄层色谱和纸色谱的要求而专门对斑点进行扫描的一种双波长分光光度计。该仪器种类很多，目前常用的是 CS-910 双波长双光束薄层扫描仪，其原理与双波长分光光度计相同，如图 13-4 所示。

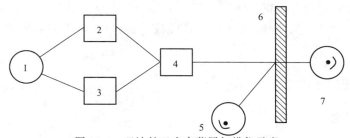

图 13-4　双波长双光束薄层扫描仪示意
1—光源；2,3—单色器；4—斩光器；5,7—光电倍增管；6—薄层板

从光源（氘灯、钨灯或氙灯）发射出来的光，通过单色光器分成两束不同波长的光 λ_1 和 λ_2。斩光器交替地遮断这两束光，最后合在同一光路上，通过狭缝，照射在薄层板上。如采用反射法测定，则斑点表面的反射光由光电倍增管（图 13-4 中 5）接收，如采用透射法测定，则由光电倍增管（图 13-4 中 7）所接收。光电倍增管将光能量变为电信号输出，再由对数放大器转换为吸光度信号，此信号由记录仪记录，即可得到轮廓曲线或峰面积。在进行测量时，仪器先自动转到预先设定的参比波长处测出数据，并将此数据储存起来，再自动转到预先设定的试样波长处测定，然后自动计算出两个波长的吸光度差值。该仪器自动化程度高、方便、准确，所有操作和测量参数都由操作者事先编好程序，然后由计算机自动控制。

> **知识拓展**
>
> ### 药典中应用薄层色谱法的实例
>
> 《中华人民共和国药典》2015 年版要求黄连中小檗碱以盐酸小檗碱（$C_{20}H_{18}ClNO_4$）计，不得少于 3.6％。其含量测定方法为：取本品粉末约 0.1g，精密称定，置 100mL 量瓶中，加入盐酸：甲醇（1∶100）约 95mL，60℃ 水浴中加热 15min，取出，超声处理 30min，室温放置过夜，加甲醇至刻度，摇匀，滤过，滤液作为供试品溶液。另取盐酸小檗碱对照品适量，精密称定，加甲醇制成每 1mL 含 0.04mg 的溶液，作为对照品溶液。照薄层色谱法试验，精密吸取供试品溶液 1μL、对照品溶液 1μL 与 3μL，分别交叉点于同一硅胶 G 薄层板上，以苯∶乙酸乙酯∶异丙醇∶甲醇∶水（6∶3∶1.5∶1.5∶0.3）为展开剂，预平衡 15min，展开至 8cm，取出，挥发干，照薄层色谱法进行荧光扫描，激发波长 $\lambda = 366nm$，测量供试品与对照品荧光强度的积分值，计算，即得含量值。将测定结果与药典规定值对比。

第二节 气相色谱法

气相色谱法（gas chromatography，GC）是以气体为流动相的柱色谱法。它是 20 世纪 50 年代初期迅速发展起来的一种分离分析方法，具有分离效能高、选择性高、灵敏度高、样品用量少、分析速度快（几秒至几十分钟）、用途广泛等优点。因受样品蒸气压限制，早期只是用于石油产品的分析，目前已广泛应用在石油化工、医药卫生、食品分析和环境监测等领域。在药物分析中，气相色谱已成为原料药和制剂的含量测定、中草药成分分析、有关杂质检查的重要方法。例如，在《中华人民共和国药典》（2015 年版，一部、二部）中就有几十种药品应用气相色谱进行定性定量分析。但是，气相色谱只适用于分析具有一定蒸气压且对热稳定性好的样品。据统计，能用气相色谱法直接分析的有机物占全部有机物的 20% 左右。

一、色谱流出曲线与色谱术语

1. 色谱流出曲线

色谱流出曲线，又称气相色谱图，是指样品各组分经过检测器时所产生的电压或电流强度随时间变化而变化的曲线。如图 13-5 所示。

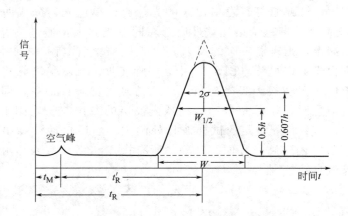

图 13-5　色谱流出曲线示意

2. 色谱术语

气相色谱的术语很多，主要有如下几类。

（1）基本术语

① 基线　在操作条件下，没有组分流出时的流出曲线。基线能反映气相色谱仪中检测器的噪声随时间的稳定情况，稳定的基线应是一条平行于横轴的直线。

② 色谱峰　色谱图上的突起部分称为色谱峰。正常色谱峰为对称形正态分布曲线。不正常色谱峰有两种：拖尾峰及前延峰。拖尾峰前沿陡峭，后沿拖尾；前延峰前沿平缓，后沿陡峭。峰的对称性可用拖尾因子（对称因子）f_s 来衡量，拖尾因子小于 0.95 为前延峰；大于 1.05 为拖尾峰，在 0.95～1.05 之间为对称峰。对称因子的求算见图 13-6。

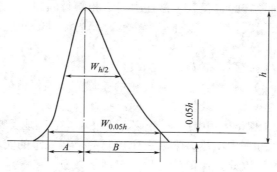

图 13-6 对称因子的求算

$$f_s = \frac{W_{0.05h}}{2A} = \frac{A+B}{2A} \tag{13-3}$$

③ 峰高（h） 色谱峰的峰顶至基线的垂直距离称为峰高。

④ 峰面积（A） 色谱峰与基线所包围的面积称为峰面积。峰高和峰面积常用于定量分析。

⑤ 标准偏差（σ） 正态分布曲线上两拐点间距离的一半，见图 13-5。正常峰的 σ 为峰高的 0.607 倍处的峰宽之半。σ 越小，区域宽度越小，说明流出组分越集中，越有利于分离，柱效越高。

⑥ 半峰宽（$W_{1/2}$） 峰高一半处的宽度称为半峰宽。

$$W_{1/2} = 2.355\sigma \tag{13-4}$$

⑦ 峰宽（W） 通过色谱峰两侧拐点作切线，在基线上的截距称为峰宽。

$$W = 4\sigma \quad \text{或} \quad W = 1.699 W_{1/2} \tag{13-5}$$

$W_{1/2}$ 与 W 都是由 σ 派生而来，除用于衡量柱效外，还用于计算峰面积。

一个组分的色谱峰可用峰高（或峰面积）、峰位和峰宽三个参数表达。

(2) 保留值 保留值是峰位的表达方式，是气相色谱法的定性参数，一般用试样中各组分在色谱柱中滞留的时间或各组分被带出色谱柱所需要载气的体积来表示，见图 13-5。

① 保留时间（t_R） 从开始进样到组分的色谱峰顶点所需要的时间称为该组分的保留时间。

② 死时间（t_M） 气相色谱中通常把出现空气峰或甲烷峰的时间称为死时间，也可以理解为不被固定相吸附或溶解的惰性气体（如空气、甲烷等）的保留时间。死时间与待测组分的性质无关。

③ 调整保留时间或校正保留时间（t_R'） 保留时间与死时间之差称为调整保留时间。

$$t_R' = t_R - t_M \tag{13-6}$$

在实验条件（温度、固定相等）一定时，调整保留时间只决定于组分的本性，故它们是色谱法定性的基本参数。

④ 保留体积（V_R） 从进样开始到某个组分的色谱峰峰顶的保留时间内所通过色谱柱的载气体积称为该组分的保留体积。

$$V_R = t_R F_c \tag{13-7}$$

式中 F_c——载气流速，mL/min。

F_c 大时，t_R 则变小，两者乘积不变，因此，V_R 与载气流速无关。

⑤ 死体积（V_M） 由进样器至检测器的路途中，未被固定相占有的空间称为死体积。

它包括进样器至色谱柱间导管的容积、色谱柱中固定相颗粒间间隙、柱出口导管及检测器内腔容积,与被测物的性质无关,也可以理解为在死时间内流过的载气体积。

$$V_M = t_M F_c \tag{13-8}$$

死体积越大,说明色谱峰越扩张(展宽),柱效越低。

⑥ 调整保留体积(V_R') 保留体积与死体积的差称为调整保留体积。

$$V_R' = V_R - V_M = t_R' F_c \tag{13-9}$$

V_R' 也与载气流速无关。保留体积中扣除死体积后,更能够合理地反映被测组分的保留特性。

保留值是由色谱分离过程中的热力学因素所控制的,在一定的实验条件下,任何一种物质都有一个确定的保留值,因此,保留值可用作定性参数。

(3) 容量因子(k) 容量因子是指在一定温度和压力下,组分在两相间的分配达平衡时的质量之比。它与 t_R' 的关系可用下式表示:

$$k = \frac{t_R'}{t_M} \tag{13-10}$$

可以看出,k 值越大,组分在柱中保留时间越长。

(4) 分配系数比(α) 分配系数比是指混合物中相邻两组分 A、B 的分配系数或容量因子或 t_R' 之比,可用下式表示:

$$\alpha = \frac{K_A}{K_B} = \frac{k_A}{k_B} = \frac{t_{RA}'}{t_{RB}'} \tag{13-11}$$

可以看出 α 越接近 1,两组分分离效果越差。

二、气相色谱仪

气相色谱仪是完成气相色谱分离分析的仪器装置。由高压钢瓶提供流动相(用来载送试样的惰性气体,称为载气,如氢气、氮气、氦气等),经压力调节器降压,进入净化器脱水并净化,再由稳压阀调至适宜的压力和流量,然后经汽化室(气态试样通过六通阀或注射器进样,液态试样用微量注射器注入,在汽化室瞬间汽化为气体),载气携带试样各组分进入色谱柱,被分离后依次进入检测器,检测器将载气中试样各组分的浓度或质量的变化信号,转变为电压或电流的变化信号,经放大、处理后记录下来,得到气相色谱流出曲线和色谱数据,最后载气放空,如图 13-7 所示。尽管国内外生产气相色谱仪的厂家多,仪器型号多,性能差别大,但其基本结构相似,均有载气系统、进样系统、分离系统、检测系统、温度控制系统及记录系统等六大系统。

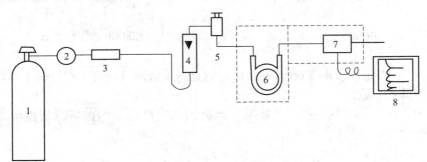

图 13-7 气相色谱仪示意

1—载气钢瓶;2—减压阀;3—净化器;4—流量计;5—进样器;
6—色谱柱;7—检测器;8—记录仪

1. 载气系统

气相色谱法的流动相称为载气，常用的载气有氢气、氮气和氦气等，通常根据色谱柱、检测器及其他分析要求选用，一般要求载气的纯度在99.9%以上。

（1）氢气　分子量较小，热导系数较大，黏度小，在使用热导检测器时常用作载气。在氢焰离子化检测器中其用作燃气。氢气易燃、易爆，使用时应注意安全。

（2）氮气　扩散系数小，使柱效比较高，常用作除热导检测器以外的几种检测器的载气。

（3）氦气　分子量小、热导系数大、黏度小、使用时线速度大，与氢气相比，更安全，但价格较高。常用于气-质联用分析中作载气。

载气以及辅助气体中存在的水分、氧气、烃类等杂质会影响色谱分离和检测，如水分和氧气会严重损毁或污染色谱柱和检测器，烃类杂质将增大氢焰离子化检测器的基线噪声等，降低其灵敏度。因此，载气和燃气在进入气相色谱仪前的管路中应增加净化管，除去其中的水分、氧气和烃类等。硅胶和分子筛可以除去水分，装有活性铜基催化剂的柱管和装有105型钯催化剂的柱管可降低氧含量，采用5A分子筛净化器可消除微量烃。净化管中的填料应经常更换。

载气流量和压力的控制直接影响分析结果的准确性和重现性，尤其是在毛细管气相色谱法中，载气流量小，如控制不精确，将影响保留时间和分析结果的重现性。中低档仪器常用阀门和转子流量计控制压力和流量，高档仪器基本上采用电子压力传感器和电子流量控制器，通过计算机自动控制。

2. 进样系统

进样系统主要由进样器和汽化室组成，试样由进样器注入汽化室，瞬间汽化后被载气带入分离系统。

（1）进样器　液体试样，用微量注射器（$1\mu L$，$5\mu L$，$10\mu L$，$50\mu L$）人工或者自动进样；固体试样，需要先用适当的溶剂制成溶液之后进样；气体试样，用针筒或六通阀进样。

（2）汽化室　汽化室是一根不锈钢管，其热容量大、死体积小、内壁无任何催化活性。管外绕有加热丝，便于将液体试样瞬间汽化为蒸气。根据试样的沸点、稳定性和进样量来选择汽化室温度，一般可等于或稍高于试样的沸点，以保证瞬间汽化，但温度一般不超过沸点以上50℃，以防试样分解。汽化室温度应高于柱温30~50℃。

3. 分离系统

分离系统主要是色谱柱，能够将试样各组分分离开来，是气相色谱仪的关键部件，被誉为气相色谱仪的"心脏"，其中的固定相最为重要。

（1）气-液色谱的固定相　气-液色谱的固定相称为固定液，涂于载体表面，试样各组分在气-液两相之间进行多次分配，实现彼此分离。

① 固定液　固定液一般都是高沸点液体，在操作温度下为液态。

对固定液的要求：选择性好，对试样各组分应有足够的溶解能力，且彼此之间有差异。热稳定性高。化学稳定性好，不与试样任一组分发生化学反应。蒸气压低，黏度小，能牢固地附着于载体上。

固定液的分类：固定液常用化学分类和极性分类两种方式。

化学分类是以固定液的化学结构为依据，可分为烃类、硅氧烷类、醇类、酯类等，其优点是便于按被分离组分与固定液的"相似相溶"原则来进行选择。

极性分类是按固定液的相对极性大小进行分类。极性的 β,β'-氧二丙腈的相对极性规定为 100，非极性的鲨鱼烷的相对极性为 0，其他固定液的相对极性在 0～100 之间。把 0～100 分成五级，每 20 为一级，用"+"表示。0 或 +1 为非极性固定液；+2，+3 为中等极性固定液；+4，+5 为极性固定液，如表 13-2 所示。

表 13-2 常用固定液的相对极性

固定液	相对极性	极性级别	最高使用温度/℃	应用范围
鲨鱼烷(SQ)	0	+1	140	标准非极性固定液
阿皮松(APL)	7～8	+1	300	各类高沸点化合物
甲基硅橡胶(SE-30,OV-1)	13	+1	350	非极性化合物
邻苯二甲酸二壬酯(DNP)	25	+2	100	中等极性化合物
三氟丙基甲基聚硅氧烷(QF-1)	28	+2	300	中等极性化合物
氰基硅橡胶(XE-60)	52	+3	275	中等极性化合物
聚乙二醇(PEG-20M)	68	+3	250	氢键型化合物
己二酸二乙二醇聚酯(DEGA)	72	+4	200	极性化合物
β,β'-氧二丙腈(ODPN)	100	+5	100	标准极性固定液

固定液的选择：选择固定液的一般原则是"相似相溶"，即按被分离组分的极性或官能团与固定液相似的原则来选择，这样，试样组分在固定液中的溶解度大、保留时间长，试样各组分被分离的可能性较大。

分离非极性物质时，选用非极性固定液，沸点低的组分先流出色谱柱。

分离中等极性物质时，选中等极性固定液，仍然是沸点低的组分先流出色谱柱。但对于沸点相同的组分，极性弱的组分先流出色谱柱。

分离强极性化合物时，选强极性固定液，极性弱的组分先流出色谱柱。

分离能形成氢键的物质时，选用氢键型固定液，形成氢键能力弱的组分先流出色谱柱。

② 载体 载体又称担体，是一种化学惰性的多孔性固体微粒，具备较大的惰性表面积，使固定液能以液膜状态均匀地分布在其表面。

对载体的要求：热稳定性高。粒度及孔径均匀，有一定的机械强度。呈化学惰性，表面积大，且无吸附或催化性。

载体的分类：常用硅藻土型载体，可分为红色载体和白色载体。

由天然硅藻土加黏合剂煅烧而成，因含有氧化铁而呈淡红色，故称为红色载体。红色载体表面孔穴密集，孔径较小，比表面积大，机械强度比白色载体大，吸附活性和催化活性强，适用于分析非极性或弱极性物质。

白色载体由天然硅藻土加助熔剂（碳酸钠）煅烧而成，煅烧后氧化铁转化成无色的铁硅酸钠配合物而呈白色，故称为白色载体。由于助熔剂的存在，白色载体颗粒疏松，机械强度较差，表面孔径较大，比表面积较小，吸附活性较低，常与极性固定液配合使用，分析极性物质。

载体的钝化：改善载体表面的结构和性质，使载体表面惰性化的过程称为载体的钝化。一种方法是酸洗，用 6mol/L 的盐酸浸泡 20～30min，除去载体表面的铁等金属氧化物，用水洗至中性，烘干备用，用于分析酸类和酯类化合物。再一种方法是碱洗，用 5% 的氢氧化钾-甲醇溶液浸泡或回流数小时，除去载体表面的三氧化二铝等酸性作用点，用水洗至中性，烘干备用，用于分析胺类等碱性化合物。第三种方法是硅烷化，将载体与硅烷化试剂反应，除去载体表面的硅醇及硅醚基，消除形成氢键的能力，用于分析具有形成氢键能力较强的化合物。

(2) 气-固色谱的固定相　气-固色谱的固定相有硅胶、氧化铝、石墨化炭黑、分子筛、高分子多孔微球等。目前，已经较少使用传统意义上的气-固色谱固定相，较多使用新型的固定相，如高分子多孔微球及化学键合相等。

① 高分子多孔微球　是一种人工合成的固定相，它既可作为载体，又可作为固定相，其分离机制一般认为具有吸附、分配及分子筛三种作用。高分子多孔微球的主要特点是：疏水性强，选择性好，分离效果好，特别适用于分析混合物中的微量水分；热稳定性好，最高使用温度达 200～300℃，且无流失现象，柱寿命长；比表面积极大，一般为 100～800m^2/g，故柱容量大，粒度均匀，机械强度高，耐腐蚀性好。在药物分析中应用较多。

② 化学键合相　用化学反应的方法将固定液键合到载体表面上而形成的固定相称为**化学键合相**，兼有吸附与分配两种作用，具有传质快、柱效高、分离效果好、不流失等优点，但价格较高。

(3) 毛细管柱　近年来，随着毛细管柱（柱内径为 0.1～0.5mm，柱长为 30～50m）制备技术不断提高，研制出了很多高效毛细管柱，为气相色谱法开辟了新途径。

① 开管型毛细管柱　将固定液（硅氧烷类）直接涂在玻璃或者金属毛细管内壁上而制成的毛细管称为**涂壁毛细管柱**。其缺点是固定液易消失，柱寿命短。为了克服这些缺点，先在毛细管内壁附着一层硅藻土载体，然后再在载体上涂渍固定液，这样制成的毛细管称为**载体涂层毛细管柱**。

② 填充型毛细管柱　将载体和吸附剂等松散地装入玻璃管中，然后拉制成毛细管就构成了**填充型毛细管柱**。一般柱内径≤1.0mm，填料粒度与内径的比值为 0.2～0.3，其缺点是柱效低。

毛细管柱与一般填充柱相比较，柱渗透性好，可以增加柱长，提高柱效，还可以用高载气流速进行快速分析；载气流量小，容易维持质谱仪离子源的高度真空，便于实现气相色谱-质谱联用。毛细管柱的柱容量小，因固定液含量只有几十毫克，故进样量不能多，进样器需有分流装置；定量重复性较差，由于进样量甚微，因此，多用于分离和定性，较少用于定量分析。

4. 检测系统

检测系统主要是检测器，能够将色谱柱分离后的各组分的浓度（或质量）变化信号转换为电信号（电压或电流），是气相色谱仪的关键部件，被誉为气相色谱仪的"眼睛"。检测器温度一般等于或高于进样器 20℃左右。

(1) 检测器的类型　根据检测原理的不同，检测器可分为浓度型和质量型两类。前者测量载气中组分浓度的瞬间变化，响应值与组分浓度成正比，与单位时间内组分进入检测器的质量及载气流速无关，如热导检测器和电子捕获检测器等。后者测量载气中组分进入检测器的质量瞬间变化，响应值与单位时间内进入检测器的组分质量成正比，如氢焰离子化检测器和火焰光度检测器等。

(2) 检测器的性能指标　通常要求检测器的灵敏度高、稳定性好、线性范围宽、噪声低、漂移小、死体积小、响应时间短等。

① 噪声和漂移　在没有试样通过检测器时，由仪器本身及工作条件等偶然因素引起的基线波动称为**噪声**；基线随时间朝某一方向的缓慢变化称为**漂移**。

② 灵敏度　又称**响应值**或**应答值**，它是指单位物质含量（质量或浓度）通过检测器时所产生的信号变化率，浓度型用 S_c 表示，质量型用 S_m 表示。

③ 检测限　灵敏度不能反映检测器的噪声水平，灵敏度高，但噪声较大时，微量组分也是无法检测的。检测限综合灵敏度与噪声来评价检测器的性能。**检测限**定义为某组分的峰高为噪声的两倍时，单位时间内引入检测器中该组分的质量（或浓度），常用 D 表示。

(3) 检测器结构和工作原理　常用的浓度型检测器为热导检测器，质量型检测器为氢焰离子化检测器。

① 热导检测器　是利用被测组分与载气的热导率不同来检测组分的浓度变化。它具有结构简单、稳定性好、线性范围宽、测定范围广，且试样不被破坏等特点，但灵敏度较低，噪声较大。

热导检测器由池体和热敏元件组成。池体用铜块或不锈钢块制成，热敏元件常用钨丝或铼钨丝制成，它的电阻随温度的变化而变化。

将两个材质、电阻完全相同的热敏元件，装入一个双腔池体中即构成双臂热导池，如图 13-8 所示，其中一臂接在色谱柱后，让组分和载气通过，作为测量臂；另一臂接在色谱柱前只通载气，作为参考臂。两臂的电阻分别为 R_1 和 R_2，将 R_1、R_2 与两个阻值相等的固定电阻 R_3、R_4 组成惠斯顿电桥，如图 13-9 所示。

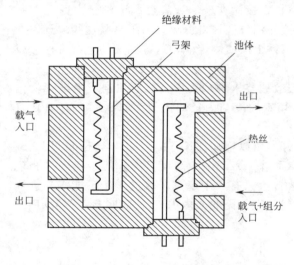

图 13-8　双臂热导池结构示意图

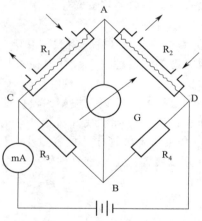

图 13-9　热导检测原理图

若仅有载气通过测量臂，则 R_1 和 R_2 相同，检流计中无电流通过。当有试样组分随载气进入测量臂时，组分与载气的热导率不同，则测量臂中热丝的温度、电阻值改变，电桥平衡被破坏，检流计指针发生偏转，电流经放大后，在记录仪上得到色谱图，以此来检测试样各组分的浓度。

② 氢焰离子化检测器　简称氢焰检测器，它是利用在氢焰的作用下，有机化合物燃烧而发生化学电离形成离子流，通过测定离子流强度进行检测。它具有灵敏度高、噪声小、响应快、线性范围宽、稳定性好等优点，但是，一般只能测定含碳有机物，而且检测时试样被破坏。

氢焰检测器的主要部件是由不锈钢制成的离子室。离子室下部有气体入口和氢火焰喷嘴，在火焰上方装有圆筒状的收集极（正极）和置于火焰下方的环状极化极（负极），两极间加有极化电压，喷嘴附近设有点火线圈，用以点燃火焰，如图 13-10 所示。

工作时，氢气在空气中燃烧，经色谱分离后的组分进入检测器时，在火焰中燃烧产生正

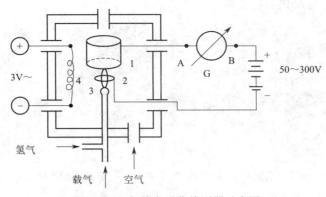

图 13-10 氢焰离子化检测器示意图
1—收集极；2—极化环；3—氢火焰；4—点火线圈

负离子，在电场作用下定向移动形成离子流，离子流的强度与单位时间内进入检测器中组分的质量成正比，离子流经放大后，在记录仪上得到色谱峰。当没有组分通过检测器时，也能产生极微弱的离子流，称为检测器的本底，在色谱图上表现为基线。

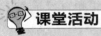

课堂活动
简述热导检测器和氢焰检测器的检测原理，它们各属于哪种类型的检测器？

5. 温度控制系统

温度是气相色谱分析的重要操作参数之一，它直接影响着色谱柱的选择性、分离度以及检测器的基线稳定性。分析时，要求汽化室、色谱柱和检测器的温度各不同，分别由各自的电加热温度控制器进行自动控制。

6. 信号处理及显示系统

包括信号放大器和色谱工作站等，其作用是处理检测系统输出的信号并记录成色谱图，用于定性和定量分析。色谱工作站是色谱仪专用的计算机软件，具有对色谱操作条件进行选择、控制和优化，以及对检测信号进行智能化处理等功能。

三、定性与定量分析方法

1. 定性分析

气相色谱定性分析用于鉴定样品中各组分，即确定每个色谱峰代表的是何种化合物。气相色谱法通常只能鉴定已知范围的未知物，对未知混合物的定性常需结合其他方法来进行。

气相色谱定性的常用方法有：已知物对照法、利用相对保留值法、保留指数法和两谱联用法等。气相色谱的分离效能很高，但定性能力则显不足；红外吸收光谱、质谱及核磁共振谱是定性的有力工具，但对试样纯度要求严格。因此，用气相色谱仪作为分离手段，用质谱仪、核磁共振波谱仪和红外分光光度计等作为检测器，将二者联合起来用于试样各组分的分离和定性，这种方法称为色谱-质谱及色谱-光谱联用，简称两谱联用。如气相色谱-质谱联用仪（GC-MS）、气相色谱-红外光谱联用仪（GC-IR）。它为解决复杂样品的分离与定性提供了快速、有效、可靠的现代分析手段。

> 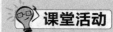 **课堂活动**
>
> 试判断下列说法是否正确。
> 1. 如果两个组分的保留值相同,则二者一定是同一物质。
> 2. 如果两个组分的保留值不同,则二者一定不是同一物质。

2. 定量分析

(1) 定量分析的依据　定量分析的依据是在实验条件恒定时,峰面积与组分的量成正比。

目前的气相色谱仪都带有色谱工作站,能显示并自动打印出保留值峰面积和峰高,其准确度为 0.2%~1%。

(2) 定量校正因子 (f)　在实际测定工作中,由于同一种物质在不同类型检测器上所测得的响应灵敏度不同,而且不同物质在同一检测器上的响应灵敏度也不同,导致相同质量的不同物质所产生的峰面积(峰高或峰宽)不同。因此必须引入定量校正因子 f。

定量校正因子分为绝对校正因子和相对校正因子,在实际工作中常采用相对校正因子,其定义为待测物质的质量 (m_i) 与峰面积 (A_i) 比值除以标准物质的质量 (m_s) 与峰面积 (A_s) 比值。质量相对校正因子 f_{mi} 可用下式表示:

$$f_{mi} = \frac{m_i/A_i}{m_s/A_s} = \frac{m_i A_s}{m_s A_i} \tag{13-12}$$

在《中华人民共和国药典》(2015 年版)中,用浓度 c 代替质量 m。组分的定量校正因子可以从有关手册或文献中查到,也可以自己测定。

(3) 定量计算方法　气相色谱常用的定量方法有归一化法、外标法、内标法、内标对比法等。

① 归一化法　如果试样中所有组分都能产生信号,得到相应的色谱峰,则可按下式计算各组分的含量:

$$w_i = \frac{A_i f_i}{A_1 f_1 + A_2 f_2 + \cdots + A_n f_n} \times 100\% \tag{13-13}$$

② 外标法　用待测组分的纯品作对照物,以对照物和试样中待测组分的响应信号相比较进行定量的方法称为外标法。此法分为标准曲线法及外标一点法。

标准曲线法是取对照品配制一系列浓度不同的标准溶液,以峰面积或峰高对浓度绘制标准曲线。再按相同的操作条件进行试样测定,根据待测组分的峰面积或峰高,从标准曲线上查出其对应的浓度。

外标一点法是用一种浓度的 i 组分的标准溶液,与试样溶液在相同条件下多次进样,测得峰面积的平均值,用下式计算样品溶液中 i 组分含量:

$$c_i = \frac{c_s A_i}{A_s} \tag{13-14}$$

式中　c_i——试样溶液中 i 组分的浓度,mol/L;

　　　A_i——试样溶液中 i 组分峰面积的平均值,mm^2;

　　　c_s——标准液的浓度,mol/L;

A_s——标准液的峰面积的平均值，mm^2。

③ 内标法　当在一个分析周期内样品中所有组分不能全部出峰，或检测器不能对每个组分产生响应，或只需测定试样中某些组分的含量，则可采用内标法。所谓内标法是以一定量的纯物质作对照物，加到准确称取的试样中，以待测组分和纯物质的响应信号对比，测定待测组分含量的方法。

$$w_i = \frac{A_i f_i}{A_s f_s} \times \frac{m_s}{m} \tag{13-15}$$

内标法的优点是定量结果较准确，只要被测组分及内标物出峰，就可定量。因此特别适合微量组分或杂质的含量测定。其缺点是每次分析都要准确称取试样和内标物的质量，而且内标物不易找到。

④ 内标对比法　先称取一定量的内标物（S），加入到标准液中，组成标准品溶液。再将相同量的内标物，加入到同体积的试样液中，组成试样溶液。将两种溶液分别进样，按下式计算出试样溶液中待测组分的含量：

$$c_{样品} = \frac{(A_i/A_s)_{样品} \, c_{标准}}{(A_i/A_s)_{标准}} \tag{13-16}$$

《中华人民共和国药典》（2015 年版）规定可用此法测定药品中某个杂质或主成分的含量。对于正常峰，可用峰高 h 代替峰面积 A 计算含量。

第三节　高效液相色谱法

一、高效液相色谱法的特点与分类

1. 高效液相色谱法的特点

高效液相色谱法（high performance liquid chromatography，HPLC）又称高压液相色谱法，是以经典液相色谱法为基础，引用了气相色谱的理论和实验技术，采用高效固定相、高压输液泵及高灵敏度在线检测手段而发展起来的现代分离分析方法。这种方法具有分离效能高、分析速度快、检测灵敏度高、自动化程度高和应用范围广等特点。

> **知识拓展**
>
> 高效液相色谱法在药物分析中的作用举足轻重。复方制剂、杂质或辅料干扰因素多的品种，以及绝大多数中成药的定量分析均采用高效液相色谱法。《中华人民共和国药典》（2015 年版）一部中采用高效液相色谱法测定含量的品种约有 500 种；二部中采用高效液相色谱法测定含量的品种约有 900 种。在生命科学研究中，用高效液相色谱法对 DNA 及其片段、单克隆抗体、蛋白质及多肽等进行分离分析，还可以制备微量而贵重的生物活性化合物，这是一般色谱技术难以解决的问题。

2. 高效液相色谱法的分类

高效液相色谱法的分类与经典液相色谱法的分类相似，按固定相的聚集状态可分为液-固色谱法及液-液色谱法两类；按分离原理可分为吸附色谱法、分配色谱法（包括化学键合相色谱法）、离子交换色谱法、分子排阻色谱法 4 类。

在现代液相色谱法中，化学键合相色谱法已经占据着极其重要的地位。

化学键合相色谱法（bonded phase chromatography，BPC）是由液-液分配色谱法发展而来的。将有机分子的官能团通过化学反应键合到载体表面，形成均一、牢固的单分子薄层，这样构成的固定相称为化学键合相，简称键合相。目前采用最多的是硅氧烷型键合相（Si—O—Si—C），这类固定相的特点是耐溶剂冲洗，化学性能稳定，热稳定性好，并且可以通过改变键合有机官能团的类型来改变分离的选择性。化学键合相色谱法的固定相和流动相均为液体，且互不相溶，试样各组分在两相之间的分配系数不同，随流动相移动的速度各不同，从而达到分离的目的。

> **知识拓展**
>
> 根据键合相与流动相极性的相对强弱，可将化学键合相色谱法分为正相键合相色谱法（NBPC）和反相键合相色谱法（RBPC）。前者的固定相（键合相）极性比流动相极性强，适用于分离中等极性和强极性的化合物。后者的固定相（键合相）极性比流动相极性弱，例如，十八烷基键合相（称为ODS），适用于分离非极性至中等极性的化合物。反相键合相色谱法流动相的调整范围较大，应用十分广泛。据统计，在高效液相色谱法的应用中，反相键合相色谱法占80%左右。

3. 高效液相色谱法的洗脱方式

（1）恒组成溶剂洗脱 用恒定配比的溶剂系统洗脱是最常用的色谱洗脱方式。其优点是操作简便、柱易再生。但对于成分复杂的样品往往难以获得理想的分离结果。

（2）梯度洗脱 梯度洗脱又称梯度淋洗或程序洗脱，指在一个分析周期内，按一定程序不断改变流动相的浓度配比或pH等。梯度洗脱可使复杂样品中性质差异较大的组分都能在各自适宜的条件下得到良好地分离。其优点是分析周期短、色谱峰形好、检测灵敏度高。但有时会引起基线漂移及重复性不好。

二、高效液相色谱仪

高效液相色谱仪是完成高效液相色谱分离分析的仪器装置。它通常由输液泵、进样器、色谱柱、检测器和微机处理器（也称色谱工作站）等部件组成，其基本结构如图13-11所示。

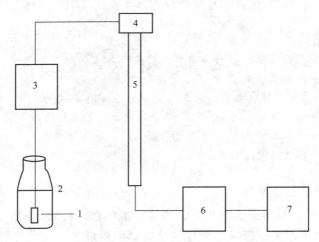

图13-11 高效液相色谱仪基本结构示意
1—过滤器；2—储液瓶；3—输液泵；4—进样器；5—色谱柱；6—检测器；7—色谱工作站

1. 输液泵和梯度洗脱装置

（1）输液泵　输液泵是高效液相色谱仪的关键部件之一，它将流动相变成高压液体，使之连续不断地输送到色谱柱中，试样随高压流动相在色谱柱中完成分离过程。输液泵性能的好坏直接影响整个仪器和分析结果的可靠性，因此，对输液泵的要求是：无脉动、流量恒定、流量范围宽且可调节、耐高压、耐腐蚀、适于梯度洗脱等。目前广泛使用的是柱塞式往复泵，其结构如图13-12所示。

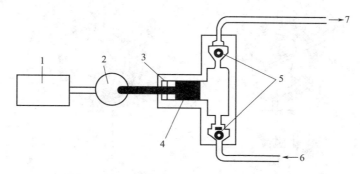

图13-12　柱塞式往复泵示意
1—电动机；2—偏心轮；3—密封垫；4—柱塞；5—球形单向阀；6—常压溶剂；7—高压溶剂

柱塞式往复泵具有很多优点，如流量不受柱阻等因素影响，易于调节控制，便于清洗和更换流动相，适于梯度洗脱。由于它的输液脉动较大，常用两个泵头并加脉冲阻尼器以克服脉冲。机械往复泵的泵压可达30MPa以上。现代仪器均有压力监测装置，待压力超过设定值时可自动停泵，避免损坏仪器。

（2）梯度洗脱装置　按多元流动相的加压与混合方式，可分为高压梯度与低压梯度两种洗脱方式。高压二元梯度洗脱是由两个输液泵分别吸入一种溶剂，加压后再混合，混合比由两个泵的速度决定。低压梯度洗脱是用比例阀将多种溶剂按比例混合后，再由输液泵加压输送至色谱柱。低压梯度仪器便宜，且易实施多元梯度洗脱，但重复性不如高压梯度洗脱好。现代的高效液相色谱仪，都由微机控制，可以指定任意形状（阶梯形、直线、曲线）的洗脱曲线进行灵活多样的梯度洗脱。

2. 进样器

进样器安装在色谱柱的进口处，其作用是将试样引入色谱柱。目前都采用自动进样器和带有定量管的六通进样阀，如图13-13所示。在状态（a），用微量注射器将试样注入定量管。进样后，转动六通阀手柄至状态（b），储样管内的试样被流动相带入色谱柱。储样管的体积固定，可按需更换。用六通进样阀进样，具有进样量准确、重复性好、可带压进样等优点。自动进样适合于大批量试样的常规分析。

3. 色谱柱

色谱柱是高效液相色谱仪的最重要部件，由柱管和固定相组成，柱管通常为内壁抛光的不锈钢管，形状几乎全为直形。长为10～30cm，能承受高压，对流动相呈化学惰性。按规格可分为分析型和制备型。常用分析型柱的内径为2～5mm，实验室制备型柱的内径为6～20mm。而新型的毛细管高效液相色谱柱，是由内径只有0.2～0.5mm的石英管制成。

色谱柱的填充常采用匀浆法高压（80～100MPa）装柱。即先将填料用等密度的有机溶剂（如二氧六环和四氯化碳的混合液等）调成匀浆，装入与色谱柱相连的匀浆罐中，然后，用泵将顶替液打进匀浆罐，把匀浆压入柱管中。

装填好的色谱柱（或购进），均应检查柱效，以评价色谱柱的质量。例如，硅胶柱可用苯、萘和联苯的己烷混合液为样品，以无水己烷或庚烷为流动相测定其柱效。

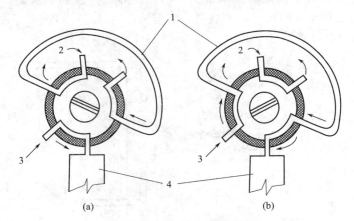

图 13-13 六通进样阀示意
(a) 载样位置（样品进入定量管）；(b) 进样位置（将六通阀旋转 $60°$，样品进入色谱柱）
1—定量管；2—进样口；3—流动相入口；4—色谱柱

4. 检测器

检测器也是高效液相色谱仪的重要部件。检测器能够反映色谱过程中组分浓度随时间的变化，应具备灵敏度高、噪声低、线性范围宽、重复性好、适用检测化合物的种类广等特点。目前，应用最广泛的是紫外检测器（UVD），其次是荧光检测器（FLD）、示差折光检测器（RID）、电化学检测器（ECD）、蒸发光散射检测器（ELSD）和光电二极管阵列检测器（PDA）等。

(1) 紫外检测器　紫外检测器的测定原理是基于被分析组分对特定波长紫外光的选择性吸收，其吸收度与组分浓度的关系服从光的吸收定律。紫外检测器的灵敏度、精密度及线性范围都较好，也不易受温度和流速的影响，可用于梯度洗脱。但它只能检测有紫外吸收的组分，对于流动相的选择有一定的限制，检测波长必须大于流动相的波长极限。常用纯溶剂的波长极限见表 13-3。

表 13-3　常用纯溶剂的波长极限

溶剂	波长极限/nm	溶剂	波长极限/nm	溶剂	波长极限/nm
水	190	对二氧六环	220	四氯化碳	260
甲醇	200	四氢呋喃	225	苯	280
正丁醇	210	甘油	230	甲苯	285
异丙醇	210	氯仿	245	吡啶	305
乙醇	215	乙酸乙酯	260	丙酮	330

(2) 荧光检测器　其原理是基于某些物质吸收一定波长的紫外光后能发射出一种比吸收波长更长的光波，即荧光。荧光强度与荧光物质浓度的关系服从 $F=kc$。通过测定荧光强度对试样进行检测。

荧光检测器的优点是灵敏度高，检测限可达 10^{-10} g/mL，选择性好；其缺点是并非所有的物质都能产生荧光，因而，其应用范围较窄。

(3) 示差折光检测器 该检测器是一种通用检测器,它是利用样品池和参比池之间折射率的差别来对组分进行检测,测得的折射率差值与试样组分浓度成正比。每种物质的折射率不同,原则上讲都可以用示差折光检测器来检测。其主要缺点是折射率受温度影响较大,且检测灵敏度较低,也不能用于梯度洗脱。

(4) 电化学检测器 该检测器是一种选择性检测器,它是利用组分在氧化还原过程中产生的电流或电压变化来对样品进行检测。电化学检测器只适于测定具有氧化还原活性的物质,其测定的灵敏度较高,检测限可达 10^{-9} g/mL。

(5) 光电二极管阵列检测器 光电二极管阵列管检测器又称光电二极管矩阵检测器,目前已大量用在高效液相色谱仪上。当复合光通过样品池被组分选择性吸收后进入单色器、照射在二极管阵列装置上时,可使每个纳米波长的光强度转变为相应的电信号强度。该检测器的缺点是只能检测有紫外吸收的物质。

(6) 蒸发光散射检测器 该检测器通过三个简单步骤对任何非挥发性样品成分进行检测。一是雾化,在雾化器中,柱洗脱液通过雾化器针管,在针的末端与氮气混合形成均匀的雾状液滴。二是流动相蒸发,液滴通过加热的漂移管,其中的流动相被蒸发,而试样分子会形成雾状颗粒悬浮在溶剂的蒸气之中。三是检测,试样颗粒通过流动池时受激光束照射,其散射光被硅晶体光电二极管检测并产生电信号。

> **知识链接**
>
> 蒸发光散射检测器不同于紫外和荧光检测器,其响应不依赖于试样的光学特性,响应值与试样的质量成正比,因而能用于测定试样的纯度或者检测未知物。任何挥发性低于流动相的试样均能被检测,不受其官能团的影响。该检测器已被广泛应用于多糖、类脂、脂肪酸和氨基酸、药物以及聚合物等的检测。

5. 色谱工作站

色谱工作站是高效液相色谱仪的辅助软件,它能够设置分析参数,收集、处理色谱检测器的电信号数据。中国、日本和美国均已开发生产了成熟的色谱工作站,使用前应详细阅读使用手册。

6. 高效液相色谱仪的一般操作规程

(1) 检查仪器各部件(包括输送泵、进样阀、检测器、色谱工作站和计算机,另外还包括打印机、不间断电源等辅助设备)的电源线、数据线和输液管道是否连接正常。

(2) 准备所需的流动相,用 $0.45\mu m$ 滤膜过滤,超声脱气 10~20min。

(3) 接通电源,依次开启不间断电源、检测器,待输液泵和检测器自检结束后,打开其他部件的电源开关。

(4) 设定实验参数,包括流动相的组成、流速、洗脱方式、分析程序、平衡系统等。

(5) 正确进样,采集数据,打印报告。

(6) 测定完毕,退出色谱工作站,关闭检测器电源,用适当的溶剂冲洗柱子 20~30min,确保冲洗干净后,关闭仪器各部分电源。

三、定性与定量分析方法

1. 定性分析方法

色谱定性分析就是要确定试样的组成,即确定每个色谱峰各代表什么组分。高效液相色谱法的定性分析方法与 GC 相似，有已知物对照法定性、利用相对保留值定性、保留指数定性和两谱联用定性等。定性的主要依据是各个待测组分的保留值，因此，一般需要标准品，离开已知纯物质的对照，就无法识别各色谱峰代表何种组分。对某一未知试样，单独用色谱法定性十分困难，必须与化学分析及其他仪器分析方法相结合，才能得出正确的结论。

2. 定量分析方法

高效液相色谱法定量分析的依据是，在一定操作条件下，待测组分 i 的质量（m_i）或其在载气中的浓度与检测器的响应信号（峰面积 A_i 或峰高 h_i）成正比，即：

$$A_i = S_i m_i$$

因此，高效液相色谱法的定量方法与气相色谱法相同，常用的是归一化法、外标法、内标法和内标对比法。在进行试样测定前要做系统适用性试验，即用规定的方法对仪器进行试验和调整，检查仪器系统是否符合药品标准的规定。

例如，《中华人民共和国药典》(2015 年版) 规定：复方丹参片中丹参酮ⅡA的含量测定（外标一点法），色谱条件与系统适用性试验，以十八烷基硅烷键合硅胶为填充剂，以甲醇：水（体积比＝73：27）为流动相，检测波长为 270nm。对照品溶液的制备是取丹参酮ⅡA对照品适量，精密称定，加甲醇制成每 1mL 含 40μg 的溶液，即得。供试品溶液的制备是取本品 10 片，精密称定，研细，取约 1g，精密称定，精密加入甲醇 25mL，称重，超声处理 15min，用甲醇补足减失的质量，滤过，得供试品溶液。测定方法是分别精密吸取对照品溶液及供试品溶液各 10μL，注入液相色谱仪测定。

达标测评

一、名词解释

1. 色谱法 2. 流动相 3. 固定相 4. 比移值 5. 相对比移值 6. 色谱流出曲线 7. 峰面积 8. 调整保留时间 9. 化学键合相 10. 反相键合色谱

二、单项选择题

1. 按分离机制不同，色谱法可分为（　　）。
   A. 气-液色谱、气-固色谱、液-液色谱、液-固色谱
   B. 柱色谱、薄层色谱、纸色谱
   C. 吸附色谱、分配色谱、离子交换色谱、分子排阻色谱
   D. 气相色谱、高效液相色谱、超临界流体色谱、毛细管电泳色谱
   E. 硅胶柱色谱、氧化铝色谱、大孔树脂柱色谱、活性炭柱色谱

2. 分配色谱法是依据物质的哪种性质而进行的分离分析方法。（　　）
   A. 溶解性　　　　B. 离子交换能力　　　　C. 分子大小
   D. 熔沸点　　　　E. 极性

3. 下列物质不能作吸附剂的是（　　）。
   A. 硅胶　　　　B. 氧化铝　　　　C. 氯化钠
   D. 聚酰胺　　　E. 活性炭

4. 下列各级别硅胶吸附性最弱的是（　　）。
   A. 五级　　　　B. 二级　　　　C. 一级

D. 三级　　　　E. 四级

5. 下列各溶剂极性从大到小排列顺序正确的是（　　）。
   A. 石油醚＜氯仿＜苯＜正丁醇＜乙酸乙酯　B. 甲醇＞水＞正丁醇＞醋酸＞碱水
   C. CCl_4＜$CHCl_3$＜苯＜丙酮＜乙醇　　　D. 丙酮＞乙酸乙酯＞$CHCl_3$＞苯
   E. $CHCl_3$＞CCl_4＞苯＞乙醚＞石油醚

6. 在吸附柱色谱中，被分离组分的极性越强，则（　　）。
   A. 在柱内保留时间越长　　　　　　B. 被吸附剂吸附得越不牢固
   C. 在柱中移动的速度越快　　　　　D. 应选择极性小的洗脱剂
   E. 应选择极性大的吸附剂

7. 纸色谱属于（　　）。
   A. 气相色谱　　　B. 凝胶过滤色谱　　　C. 吸附色谱
   D. 分配色谱　　　E. 离子交换色谱

8. 在纸色谱中，ΔR_f 值较大的组分间（　　）。
   A. 斑点离开原点较近　　　　B. 斑点离开原点较远　　C. 分离效果差
   D. 组分间分离的较远　　　　E. 组分间分离不开

9. 下列有关薄层色谱法叙述错误的是（　　）。
   A. 薄层色谱法具有快速、灵敏、仪器简单、操作简便之特点
   B. 薄层色谱法中用于定性分析的主要数据是各斑点的 R_f 值与 R_s 值
   C. 吸附薄层色谱中吸附剂的颗粒度应比吸附柱色谱中的吸附剂颗粒度粗一些
   D. 薄层色谱法是在薄层板上进行的一种色谱法
   E. 薄层色谱法的分离原理与柱色谱法相似，所以又称敞开的柱色谱法

10. 在吸附色谱中，分离极性小的物质应选用（　　）。
    A. 活度级别大的吸附剂和极性小的洗脱剂
    B. 活性高的吸附剂和极性大的洗脱剂
    C. 活性低的吸附剂和极性大的洗脱剂
    D. 活度级别小的吸附剂和极性小的洗脱剂
    E. 以上四种选择都不对

11. 薄层色谱中流动相称（　　）。
    A. 载体　　　B. 气体　　　C. 展开剂
    D. 洗脱剂　　E. 吸附剂

12. 硅胶 G 板和硅胶 CMC-Na 板称（　　）。
    A. 干板　　　B. 软板　　　C. 硬板
    D. 湿板　　　E. 以上都对

13. 设某组分在薄层色谱中展开后，起始线到溶剂前沿的距离为 x，斑点中心到原点的距离为 y，则该斑点的 R_f 值为（　　）。
    A. $\dfrac{x}{y}$　　　B. $\dfrac{y}{x}$　　　C. $\dfrac{x}{x+y}$
    D. $\dfrac{y}{x+y}$　　E. 以上都不正确

14. 薄层色谱点样线一般距玻璃板底端（　　）。
    A. 0.2～0.3cm　　B. 1cm　　　C. 1.5～2cm

D. 2～3cm　　　E. 4cm

15. 以下属于质量型检测器的是（　　）。
    A. 氢焰离子化检测器　　　　　B. 热导检测器
    C. 电子捕获检测器　　　　　　D. 以上三种都是　　　E. 以上都不正确
16. 色谱峰高（或面积）可用于（　　）。
    A. 定性鉴别　　B. 计算保留值　　C. 含量测定
    D. 判定被分离物组成　　　　　E. 判定被分离物相对分子质量
17. 以下定量方法中，操作条件稍有变化对结果影响不大的是（　　）。
    A. 内标对比法　　B. 外标法　　C. 内标法
    D. 外标一点法　　E. 归一化法
18. 在高效液相色谱仪中，对试样混合物起分离作用的部件是（　　）。
    A. 检测器　　　B. 记录器　　　C. 色谱柱
    D. 进样器　　　E. 高压输液泵
19. 高效液相色谱法的流动相在过滤时，应该使用的过滤膜是（　　）。
    A. 0.5μm　　　B. 0.45μm　　　C. 0.6μm
    D. 0.55μm　　E. 0.25μm
20. 在高效液相色谱中，色谱柱的长度一般为（　　）。
    A. 10～30cm　　B. 20～50m　　C. 1～2m
    D. 2～5m　　　E. 1～20m

三、填空题

1. 色谱分析法简称色谱法，是一种_____或_____分离分析方法。
2. 液相色谱法选择流动相时，应遵循的原则之一是"相似相溶"原理，即组分的_____、_____与固定液相似时，分离的可能性就大。
3. 纸色谱法是以_____作为载体的色谱法，按分离原理属于_____色谱法。
4. 如果分离极性较小的组分，应选用吸附活性_____的吸附剂和极性_____的流动相。
5. 薄板有两种：不加黏合剂的_____板和加黏合剂的_____板。
6. 在反相色谱法中，流动相的极性____固定相的极性，故样品中极性____的组分先流出色谱柱。
7. 高效液相色谱仪由_____、_____、_____、_____和_____等部件组成。

四、简答题

1. 按照操作方式分类，经典液相色谱法可分为哪几种？
2. 薄板有哪些类型？硅胶 G 和硅胶 CMC-Na 板有何区别？
3. 什么是 R_f 值、R_s 值？
4. 气相色谱法的特点是什么？
5. 简述高效液相色谱法与气相色谱法的主要异同点。

五、计算题

1. 某样品用纸色谱法展开后，斑点距原点 8.4cm，溶剂前沿距原点 14.0cm。求其 R_f 值。若溶剂前沿距原点为 17.0cm，则样品斑点应在何处？
2. 在同一薄层板上将某样品和标准品展开后，样品斑点中心距原点 10.0cm，标准品斑点中心距原点 8.5cm，溶剂前沿距原点 16cm，试求样品及标准品的 R_f 值和 R_s 值。

3. 准确称取纯苯（内标物）及纯化合物 Q，称其质量分别为 0.435g 和 0.864g，配成混合溶液，进行气相色谱分析。由色谱图上测得苯和化合物 A 峰面积分别为 $4.0cm^2$ 与 $7.6cm^2$，试计算化合物 Q 的相对质量校正因子（f_{mi}）。

4. 冰醋酸的含水量测定，内标物为 A.R. 甲醇，重 0.4896g，冰醋酸重 52.16g，水峰高为 16.30cm，半峰宽为 0.159cm，甲醇峰高 14.40cm，半峰宽 0.239cm。已知，用峰高表示的相对校正因子 $f_{H_2O}=0.224$，$f_{CH_3OH}=0.340$；用峰面积表示的相对校正因子 $f_{H_2O}=0.55$，$f_{CH_3OH}=0.58$。请用内标法分别以峰高及峰面积表示的相对校正因子计算该冰醋酸中的含水量。

分析化学操作技能

第一部分　分析化学操作技能基础知识

一、操作安全规则

（1）操作前预习操作内容及相关原理，明确操作目的要求，做好操作前的准备工作。

（2）师生必须穿戴好操作服后方可进入操作室。

（3）操作前检查本次操作的仪器、药品是否齐全，仪器是否破损，若有问题应及时报告指导教师。

（4）操作时要认真、仔细，保持室内安静，认真做好数据记录，养成独立思考、严谨求实的科学态度。

（5）实验药品及公用操作仪器应放在指定的位置使用，药品放置要合理、有序，保持操作台面清洁、整齐。注意节约药品、水、电，爱护仪器设备。

（6）操作完毕将药品、仪器、操作材料等放回原处，填写仪器使用记录。

（7）安排值日生，做好操作室的清洁、整理工作，清点操作仪器、药品、材料等，关好水、电、煤气、门窗后方可离开操作室。

二、操作安全知识

（1）严禁在操作室内饮食、喝水、抽烟，严禁将操作室内器皿用作餐具，严禁试剂入口。操作完毕必须认真洗手。

（2）开启易挥发的试剂（如浓盐酸、浓硝酸、高氯酸、氨水等），应在通风橱内进行。夏天取用浓氨水时，应将试剂瓶放在自来水中冷却数分钟后再开启。

（3）浓酸、浓碱等具有强烈腐蚀性，使用时切勿溅到皮肤和衣服上。若遇浓酸溅到皮肤上，应立刻用大量清水冲洗，然后用2%的$NaHCO_3$（或氨水、肥皂水）溶液冲洗，再用清水冲洗；若遇浓碱溅到皮肤上，用大量清水冲洗后，再用2%的硼酸溶液冲洗，再用清水冲洗。严重者立即送医院治疗。

（4）量取酒精、苯、乙醚等易燃液体时，必须远离火源，若操作时引起着火，应立即用湿布或沙土等扑灭；若火势较大，则用灭火器扑灭；若火源危及通电线路，则首先切断电源再灭火。

（5）使用或反应产物中若有有毒、异臭或强烈刺激性气味的物质时，必须在通风橱中操作。

（6）使用电器设备时，不可用湿手或湿物接触电闸和电源开关，以防止触电。若遇触电，应首先切断电源，再将伤员送到医院抢救。

（7）离开操作室时，要认真检查水、电、仪器、药品、试剂，关好门窗。

三、化学药品常识

1. 化学药品的分类

化学药品可分为一般化学试剂、基准试剂、专用试剂和化学危险品等。一般化学试剂是分析化学工作中常用试剂，按其纯度的不同可分为优级纯、分析纯和化学纯；基准试剂（又称标准试剂）其纯度高，常用于配制滴定液；专用试剂是指有专门用途的试剂，例如色谱试剂、光谱纯试剂、原子吸收光谱纯试剂等；化学危险品是指具有易燃易爆（如乙醚、三硝基甲苯）、腐蚀性（如强酸、强碱）、毒性（如氰化钾、氰化钠）及放射性等试剂。

2. 化学试剂的等级规格

化学试剂的等级规格

等级	中文标志	符号	标签颜色	适用范围
一级品	优级纯（保证试剂）	G. R.	绿色	纯度高，适用于精密分析工作和研究工作
二级品	分析纯（分析试剂）	A. R.	红色	纯度较高，适用于一般分析工作和科研工作
三级品	化学纯	C. P.	蓝色	纯度较低，适用于一般化学试验
四级品	实验试剂	L. R.	棕色	纯度低，适用于作实验辅助试剂

第二部分 分析化学操作技能

操作技能一 电子天平称量练习

【操作目的】

1. 了解电子天平的基本结构和用途。
2. 掌握直接称量法、减量称量法、固定质量称量法的操作方法。
3. 学会固体样品和液体样品的称量方法。
4. 学会正确记录称量数据。

【操作原理】

电子天平的称量方法有直接称量法、减量称量法、固定质量称量法、累计称量法和下称法等多种。

电子天平有去皮功能，应指导学生巧妙利用该功能进行操作。

由于下称法用处不多，并且需要特殊的操作台，不建议进行下称法操作。

【操作准备】

仪器 托盘天平、电子天平、干燥器（180mm）1只、称量瓶（25mm×40mm）1只、锥形瓶（250mL）4只、小烧杯（50mL）4只、小滴瓶（30mL）1只、药匙、称量纸、细纱手套或长纸条。

试剂 基准物质 $K_2Cr_2O_7$、NaCl 溶液（置于30mL小滴瓶中）。

【操作步骤】

1. 观察电子天平的结构

观察电子天平的结构，说出各部件的名称和作用。

2. 称量前的准备（操作方法详见第四章 电子天平的操作方法）

（1）清扫　取下天平罩，折叠整齐。用软毛刷清扫秤盘。

（2）检查、调节水平　调整水平调节螺丝使水泡在水平仪中心。

（3）预热　接通电源，在"OFF"状态下，预热30min（实验课前已经接通电源，这一步可省略）。

（4）开启显示器　按开关键，在"ON"状态下，天平进行自检，完毕后，显示"0.0000g"，如不是"0.0000g"，则按清零键（Tare）。

（5）校准　根据电子天平的型号，只能选择内校或外校中的一种方法进行校准。

3. 称量

（1）不去皮直接称量法　将一干燥洁净的小烧杯从边门放置于秤盘中央，关闭天平门，记下空烧杯的质量 m_1。用药匙从天平边门将试样加入小烧杯中，关闭天平门，称出小烧杯和试样的总质量为 m_2。两次称量质量之差（m_2-m_1）即为试样的质量。

（2）去皮直接称量法　将一干燥洁净的小烧杯从边门放置于秤盘中央，关闭天平门，按清零键（Tare），显示"0.0000g"后，用药匙从天平边门将试样加入小烧杯中，关闭天平门，显示值即为试样的质量 m。

（3）减量称量法称取0.5g基准物质 $K_2Cr_2O_7$（去皮法）　用手套或纸条将装有约1.5g（托盘天平上粗称）基准物质 $K_2Cr_2O_7$ 的称量瓶放在秤盘中央，关闭天平门，按清零键（Tare），显示"0.0000g"。用手套或纸条取出称量瓶，瓶盖轻敲称量瓶上口，将 $K_2Cr_2O_7$ 倾入洁净的锥形瓶中，倾出一定量后，放回天平盘上，关闭天平门后读数，显示值为"－"值，其数值即为所倾出 $K_2Cr_2O_7$ 的质量，要求倾出的量控制在±10%以内（即0.45~0.55g），记下第一份样品质量。若倾出的量不够，可继续倾出，如过量了，则弃去重称，继续称取第二份样品于第二只锥形瓶中。

（4）减量称量法称取0.8g NaCl溶液（去皮法）　用手套或纸条将装有NaCl溶液的小滴瓶放入秤盘中央，关闭天平门，按清零键（Tare），显示"0.0000g"。用手套或纸条拿出小滴瓶，同样用手套或纸条取出滴管，将NaCl溶液滴入锥形瓶中，与上述的固体称量相似，要求倾出的量控制在±10%以内（即0.72~0.88g），记录数据。取出两份样品分别置于两只锥形瓶中。

（5）固定质量称量法称取0.6129g基准物质 $K_2Cr_2O_7$　将一干燥洁净的小烧杯从边门放于秤盘中央，关闭天平门，按清零键（Tare），显示"0.0000 g"后，用药匙取基准物质 $K_2Cr_2O_7$，从天平边门伸入，将试样慢慢抖入小烧杯中，直至恰好达到0.6129g，关闭天平门，再次核实显示屏上的数值，并作记录。如不慎加多了，只能用药匙取出多余的试样，再重复上述操作，直到恰好达到固定质量0.6129g。

4. 称量结束

取下称量物，置于原位。按清零键（Tare），显示"0.0000 g"后，按开关键（ON/OFF），天平处于待机状态，不要拔电源。用软毛刷清扫秤盘，罩上天平罩，凳子放回原处，并在登记本上记录使用情况。

【数据记录与分析结果】

1. 不去皮直接称量法

空烧杯的质量（g）$m_1=$＿＿＿＿＿＿＿＿；小烧杯和试样的总质量（g）$m_2=$＿＿＿＿＿＿＿＿。

试样的质量（g）$m_2-m_1=$＿＿＿＿＿＿＿＿。

2. 去皮直接称量法

试样的质量（g）$m=$ _____ 。

3. 减量称量法称取 0.5g 基准物质 $K_2Cr_2O_7$

第一份样品的质量（g）$m_1=$ _____ ；第二份样品的质量（g）$m_2=$ _____ 。

4. 减量称量法称取 0.8g NaCl 溶液

第一份样品的质量（g）$m_1=$ _____ ；第二份样品的质量（g）$m_2=$ _____ 。

5. 固定质量称量法称取 0.6129g 基准物质 $K_2Cr_2O_7$

固定样品的质量（g）$m=$ _____ 。

注意：本实验中的电子天平的称量数据要求精确到 0.0001g，数据记录在实验报告或记录本上。如果记录错误，将错误的数据画一条横线，横线后签名，以示负责，并将正确的数据写在错误数据的下面。

【实验测评】

电子天平操作考核评分表

班级：　　　　学号：　　　　姓名：　　　　得分：

序号	考核内容考核要点	分值	得分记录
1	服装整齐,天平罩折叠平整	10	
2	说出各按钮的名称和作用	10	
3	清扫天平、调正水平仪、开机	10	
4	校准	10	
5	戴手套或用小纸条取称量瓶,放在秤盘中央	10	
6	称量时只能用两侧门,读数时关门,及时记录	10	
7	用称量瓶盖轻轻敲击瓶口上部倒样品,操作规范	10	
8	称量数据记录规范计算正确	10	
9	复原和清扫天平、罩好天平罩、填写使用登记表	10	
10	总用时≤40min(每超过 1min 扣 1 分)	10	
否定项	样品倒在容器外面者不及格		

考核时间　　　　评分员（签名）

【思考与讨论】

1. 电子天平是根据什么原理实现称量的？为什么本实验中称得的数值可以看作是物质的质量？

2. 为什么减量称量法通常借助于手套或小纸条接触称量瓶和称量瓶盖子？

操作技能二　滴定管的基本操作及滴定练习

【操作目的】

1. 熟悉滴定管的类型和用途。
2. 掌握滴定管的洗涤方法和基本操作。
3. 学会判断滴定终点的方法。
4. 培养学生科学、严谨的工作态度。

【操作原理】

滴定分析中误差的主要来源是溶液体积的测定误差，因此熟悉滴定管的操作方法是获得准确分析结果的重要条件之一。

【操作准备】

仪器 酸式滴定管（50mL）（或具四氟塞滴定管）、碱式滴定管（50mL）、锥形瓶（250mL）4只、小烧杯（50mL）2只、大烧杯（500mL）1只、洗瓶、滤纸、凡士林、剪刀。

试剂 0.1mol/L NaOH溶液、0.1mol/L HCl溶液、铬酸洗液、0.1%甲基橙指示剂、0.1%酚酞指示剂。

【操作步骤】

1. 滴定分析仪器的洗涤

按要求洗涤酸式滴定管、碱式滴定管、锥形瓶、烧杯等。

一般情况下，尽量使用自来水冲洗，如果内壁能被水均匀湿润而不挂水珠，则表明仪器洁净。否则可用毛刷蘸取洗涤剂刷洗。如仍不能洗净，可以用铬酸洗液处理。滴定管尽量不用毛刷刷洗。

使用铬酸洗液时，先将仪器内残留的水分尽量除去，然后注入器皿容积1/5的洗液，慢慢转动仪器使其内壁全部被洗液润湿后，将多余的洗液放回原洗液瓶中，用自来水冲洗，最后用纯化水荡洗2~3次。滴定管在滴定前还要用滴定液荡洗2~3次。

铬酸洗液具有很强的腐蚀性，能灼伤皮肤和腐蚀衣物，使用时应特别小心，如不慎把洗液洒在皮肤、衣物和实验桌上，应立即用水冲洗。洗液浸泡或润湿玻璃仪器后，倒回原试剂瓶中，洗液可重复使用。但如果洗液变为绿色，则不再具有去污能力，不能再继续使用。

2. 滴定管的装配

取酸式滴定管和碱式滴定管各一支，进行下述操作（操作方法详见第四章 滴定分析常用仪器及基本操作）。

$$装配 \rightarrow 检漏 \rightarrow 洗涤 \rightarrow 装液 \rightarrow 排气泡 \rightarrow 调至零刻度 \rightarrow 读数$$

3. 滴定管开关的控制

转动活塞（或橡胶管玻璃球阀），控制溶液流出速度，要求做到：逐滴放出→只放出1滴→使溶液成悬而未滴的状态，即练习加半滴溶液的技术。反复练习加半滴操作。

4. 滴定操作

（1）酸式滴定管的操作 从碱式滴定管中放出NaOH滴定液20.00mL于洁净的锥形瓶内，加入1滴甲基橙指示剂，将酸式滴定管中的HCl滴定液滴加到锥形瓶中，至溶液由黄色变橙色，记录消耗的HCl滴定液的体积，读数准确至0.01mL。注意近终点时要用洗瓶冲洗锥形瓶内壁，HCl滴定液应逐滴或半滴加入。平行试验2次，计算平均值和相对平均偏差。

（2）碱式滴定管的操作 与上述相似，从酸式滴定管中放出HCl滴定液20.00mL于洁净的锥形瓶内，加入1滴酚酞指示剂，用碱式滴定管中的NaOH滴定液滴定至溶液由无色变浅粉红色，且30s内不褪色为终点，记录NaOH的用量。平行试验2次，计算平均值和相对平均偏差。

滴定管是用来测定自管内流出体积的一种测量仪器，滴定管的零刻度在最上面，数值自上而下读取，因此，始读数和终读数要同一个人在同种环境下读取，以减小误差。

5. 滴定结束

实验结束后，滴定管和锥形瓶内的溶液倒入废物缸内，用自来水冲洗干净，并用纯化水荡洗2~3次，将滴定管倒挂在滴定管夹上。锥形瓶及其他物品洗净后放入指定的位置。保持桌面整洁。整理好实验室卫生。

【数据记录与分析结果】
1. 酸滴定碱

测定次数		1	2
NaOH 的体积/mL	V(始)		
	V(末)		
	V(NaOH)=V(末)-V(始)		
滴定消耗 HCl 滴定液的体积/mL	V(始)		
	V(末)		
	V(HCl)=V(末)-V(始)		
$\overline{V}$(HCl)/mL			
绝对偏差 d/mL		$d_1=$	$d_2=$
平均偏差 $\overline{d}$/mL			
相对平均偏差 $R\overline{d}=\dfrac{\overline{d}}{\overline{V}}\times 100\%$			

2. 碱滴定酸

测定次数		1	2
HCl 的体积/mL	V(始)		
	V(末)		
	V(HCl)=V(末)-V(始)		
滴定消耗 NaOH 滴定液的体积/mL	V(始)		
	V(末)		
	V(NaOH)=V(末)-V(始)		
$\overline{V}$(NaOH)/mL			
绝对偏差 d/mL		$d_1=$	$d_2=$
平均偏差 $\overline{d}$/mL			
相对平均偏差 $R\overline{d}=\dfrac{\overline{d}}{\overline{V}}\times 100\%$			

【思考与讨论】
1. 洗涤玻璃仪器时，什么情况下使用铬酸洗液？使用铬酸洗液时应特别注意什么？
2. 滴定管调节零点后，未用小烧杯靠掉出口管尖上的液滴就进行滴定，对滴定结果产生什么样的影响？为什么？
3. 酸滴定碱的实验中，从碱式滴定管中快速放出 NaOH 溶液后马上读数，与等 1min 后再读数有什么区别？请通过实验加以验证。

操作技能三　容量瓶、移液管的基本操作

【操作目的】
1. 熟悉容量瓶和移液管的类型和用途。

2. 掌握容量瓶和移液管的洗涤方法和基本操作。
3. 学会容量瓶和移液管的相对校准方法。
4. 具有科学、严谨的工作态度。

【操作原理】

滴定分析实验中测量溶液的体积须用已知容量的量器,主要有滴定管、容量瓶和移液管。量器有量出式和量入式之分,量出式量器上标有"Ex"字样,如滴定管和移液管,用于测量从量器中流出液体的体积;量入式量器上标有"In"字,如容量瓶,用于测量注入量器中液体的体积,本次实验是在认识滴定分析仪器的基础上,按照操作规范进行容量瓶和移液管的使用。

【操作准备】

仪器 刻度吸管(10mL)1支、移液管(25mL)1支、容量瓶(100mL)1只、容量瓶(250mL)1只、小烧杯(50mL)2只、大烧杯(500mL)1只、锥形瓶(250mL)2只、称量瓶(25mm×40mm)1只、洗瓶、小滴管、玻璃棒、电子天平、吸耳球(60mL)1只、粗纱线、剪刀、药匙、称量纸、滤纸、细纱手套或长纸条。

试剂 基准物质 $K_2Cr_2O_7$、铬酸洗液。

【操作步骤】

1. 配制 250mL 0.008334mol/L $K_2Cr_2O_7$ 滴定液

(1) 称量 在电子天平上准确称取 0.6129g 基准物质 $K_2Cr_2O_7$ 于洁净的小烧杯内。

(2) 溶解 加纯化水约 30mL,用玻璃棒搅拌溶解。

(3) 验漏 取 250mL 容量瓶,系上粗纱线,检查是否漏水(操作方法详见第四章 滴定分析常用仪器及基本操作,下同)。

(4) 洗涤 将容量瓶洗净,洗净的容量瓶内壁应不挂水珠。

(5) 定量转移 把小烧杯中的 $K_2Cr_2O_7$ 溶液用玻璃棒引流转移入 250mL 容量瓶中,洗涤烧杯和玻璃棒,洗涤液转移入容量瓶中,重复 2~3 次,加纯化水至容量瓶的 2/3 体积时平摇 10 周以上,使溶液大体混匀。继续加纯化水至距标线 1cm 左右时,改用洁净滴管小心滴加纯化水,至凹液面实线的最低处与标线相切。

(6) 摇匀 盖紧瓶塞,将容量瓶倒转 15 次以上,提瓶塞 3 次以上,确保溶液混匀。

(7) 计算 按下式计算 $K_2Cr_2O_7$ 溶液的物质的量浓度:

$$c(K_2Cr_2O_7) = \frac{m(K_2Cr_2O_7)}{M(K_2Cr_2O_7)V(K_2Cr_2O_7) \times 10^{-3}}$$

式中 $c(K_2Cr_2O_7)$——$K_2Cr_2O_7$ 溶液的物质的量浓度,mol/L;

$m(K_2Cr_2O_7)$——称取基准 $K_2Cr_2O_7$ 的质量,g;

$M(K_2Cr_2O_7)$——$K_2Cr_2O_7$ 的摩尔质量,g/mol;

$V(K_2Cr_2O_7)$——配制的 $K_2Cr_2O_7$ 溶液的体积,mL。

2. 移取 $K_2Cr_2O_7$ 溶液 25.00mL 和 7.00mL

(1) 取一只 50mL 小烧杯,用少量欲移取的 $K_2Cr_2O_7$ 溶液洗涤 3 次。加入适量的 $K_2Cr_2O_7$ 溶液,用于移液管的洗涤。

(2) 取 25mL 移液管和 10mL 刻度吸管各一支,用纯化水洗净后,用上述小烧杯中的 $K_2Cr_2O_7$ 溶液各荡洗 2~3 遍。

(3) 将 10mL 移液管插入容量瓶中,准确移取 7.00mL $K_2Cr_2O_7$ 溶液于锥形瓶中。量取溶液时从 0.00mL 刻度处放液至 7.00mL 处。

（4）将 25mL 移液管插入容量瓶中，准确移取 25.00mL $K_2Cr_2O_7$ 溶液于锥形瓶中。操作过程中左、右手都有明确的分工和规范。移液管移取溶液过程中左、右手的操作流程见下表。

移液管移取溶液过程中左、右手的操作流程

序号	移液管状态	右手	左手
1	插入待吸液前	中指和拇指握移液管	取滤纸片吸移液管内外壁溶液
2	插入待吸液 2cm 处	中指和拇指握移液管	拿吸耳球吸液至标线上 2cm 处
3	提出液面后	食指堵住管口	取滤纸片吸掉移液管外壁溶液
4	管尖靠杯壁调液面	拿移液管，使之垂直	斜拿小烧杯，杯壁与管尖成 30°
5	管尖靠瓶壁放溶液	拿移液管，使之垂直	斜拿锥形瓶，瓶壁与管尖成 30°
6	溶液刚流完	拿移液管，使之垂直	拿锥形瓶，倾斜 30°，等待 15s
7	溶液流完后 15s	移液管捻转后取出	拿锥形瓶靠管尖倾斜 30°

3. 移液管与容量瓶的相对校准

用 25mL 移液管移取纯化水于干净且晾干的 100mL 容量瓶中，移取 4 次后观察瓶颈处水的弯月面是否刚好与标线相切。若不相切，则可根据液面最低点，在瓶颈另作一记号。将容量瓶空干后再重复校准一次，以后配合该支移液管使用时，以新标记为准。经相互校准的容量瓶与移液管做上相同记号。如果容量瓶不干燥，可用少量乙醇润洗后，晾晒，可快速干燥。

【思考与讨论】

1. 用 25mL 移液管移取溶液，放液结束后，管内下端的残液是否需要吹出？
2. 用 10mL 刻度吸管移取 7.00mL 溶液时，一般不是从 3.00mL 刻度处将溶液全部放出，而是从 0.00mL 刻度处放液至 7.00mL 处，为什么？
3. 移液管最后的洗涤液是被移取的溶液，而容量瓶最后的洗涤液是纯化水，两者为什么不同？

操作技能四　氢氧化钠滴定液的配制与标定

【操作目的】

1. 掌握氢氧化钠滴定液的配制和标定方法。
2. 熟悉酚酞指示剂的使用。
3. 掌握氢氧化钠滴定液浓度的计算方法。

【操作原理】

由于固体 NaOH 易吸收空气中的 H_2O 和 CO_2，因此，NaOH 滴定液不能用直接法配制，必须用间接法配制后，再用基准物质标定。

由于 NaOH 易吸收空气及水中溶解的 CO_2，使配制的溶液中含有少量的 Na_2CO_3。含有少量碳酸盐的碱溶液，将使滴定反应复杂化，还会产生一定的误差，因此应配制不含碳酸盐的 NaOH 溶液。

利用 Na_2CO_3 在饱和 NaOH 溶液中溶解度很小的性质，可将 NaOH 先配制成饱和溶液（饱和 NaOH 溶液质量分数约为 0.52，相对密度约为 1.56），静置数日，待沉淀上面的溶液澄清后，取一定量的上清液，用新煮沸过的冷纯化水稀释至一定体积，摇匀即可。

标定 NaOH 滴定液的基准物质有草酸（$H_2C_2O_4 \cdot 2H_2O$）、苯甲酸（$C_7H_6O_2$）、邻苯二甲酸氢钾（$KHC_8H_4O_4$）等。通常用邻苯二甲酸氢钾标定 NaOH 标准溶液，标定反应如下：

$$\text{邻苯二甲酸氢钾(COOK, COOH)} + \text{NaOH} \longrightarrow \text{(COOK, COONa)} + H_2O$$

计量点时，生成的弱酸强碱盐水解，溶液为碱性（pH 约为 9.1），可用酚酞作指示剂。除用基准物质标定法标定 NaOH 滴定液外，还可用盐酸标准溶液比较法标定 NaOH 滴定液的浓度。

【操作准备】

仪器　电子天平、台秤、滴定管（50mL）、量筒、试剂瓶、电炉、表面皿、称量瓶、锥形瓶。

试剂　饱和 NaOH 溶液、基准物质邻苯二甲酸氢钾、酚酞指示液。

【操作步骤】

1. NaOH 滴定液的配制

（1）NaOH 饱和溶液的配制　用台秤称取 NaOH 约 120g，倒入装有 100mL 纯化水的烧杯中，搅拌使之溶解成饱和溶液，冷却后储于聚乙烯塑料瓶中，静置数日，待溶液澄清后备用。

（2）NaOH 滴定液（0.1mol/L）的配制　取澄清的饱和 NaOH 溶液 2.8mL，置于聚乙烯塑料瓶中，加新煮沸的冷纯化水至 500mL，摇匀，密塞，贴上标签，备用。

2. 0.1mol/L NaOH 滴定液的标定

用减重法精密称取在 105～110℃ 干燥至恒重的基准物质邻苯二甲酸氢钾 3 份，每份约 0.5g，分别置于 250mL 锥形瓶中，各加纯化水 50mL，使之完全溶解。加酚酞指示剂 2 滴，用待标定的 NaOH 溶液滴定至溶液呈淡红色，且 30s 不褪色，即为终点。平行测定三次，根据消耗 NaOH 溶液的体积，计算 NaOH 滴定液的浓度和相对平均偏差。

按下式计算 NaOH 滴定液的浓度：

$$c(\text{NaOH}) = \frac{m(\text{KHC}_8\text{H}_4\text{O}_4)}{V(\text{NaOH})M(\text{KHC}_8\text{H}_4\text{O}_4)} \times 10^3$$

【数据记录与分析结果】

测定次数		1	2	3
称取基准物质邻苯二甲酸氢钾的质量/g	m_1			
	m_2			
	$m(\text{KHC}_8\text{H}_4\text{O}_4)=m_1-m_2$			
滴定消耗 NaOH 滴定液的体积/mL	$V(\text{始})$			
	$V(\text{末})$			
	$V(\text{NaOH})=V(\text{末})-V(\text{始})$			
$c(\text{NaOH})/(\text{mol/L})$		$c_1=$	$c_2=$	$c_3=$
$\bar{c}(\text{NaOH})/(\text{mol/L})$				

测定次数	1	2	3
绝对偏差 d/(mol/L)	$d_1=$	$d_2=$	$d_3=$
平均偏差 $\bar{d}$/(mol/L)			
相对平均偏差 $R\bar{d}=\dfrac{\bar{d}}{\bar{c}}\times100\%$			

【思考与讨论】

1. 配制 NaOH 饱和溶液时，用什么仪器称取固体 NaOH？取 NaOH 饱和溶液时用什么仪器量取？

2. 待标定的 NaOH 溶液装入碱式滴定管前，为什么要用少量的此溶液淌洗滴定管 2~3 次？

3. 滴定终点时若溶液的淡红色在 30s 后褪色，说明什么？对标定结果是否有影响？

【注意事项】

1. 固体氢氧化钠应放在表面皿上或小烧杯中称量，不能在称量纸上称量，因为氢氧化钠极易吸潮。

2. 滴定前，应检查碱式滴定管的橡皮管内和滴定管尖处是否有气泡，如有气泡应排除。

3. 饱和氢氧化钠溶液和氢氧化钠滴定液在存放过程中应密封。

操作技能五 苯甲酸的含量测定

【操作目的】

1. 掌握酸碱滴定法测定苯甲酸含量的原理。
2. 熟练掌握测定苯甲酸含量的方法及操作技能。
3. 会计算苯甲酸的含量。

【操作原理】

由于苯甲酸属于芳香羧酸药物，其 $K_a=6.3\times10^{-5}$，故可用滴定液直接滴定，其滴定反应为：

$$\text{C}_6\text{H}_5\text{—COOH} + \text{NaOH} \longrightarrow \text{C}_6\text{H}_5\text{—COONa} + \text{H}_2\text{O}$$

计量点时，由于生成的苯甲酸钠水解，使溶液呈微碱性。所以，应选用在碱性区域变色的指示剂，本实验选用酚酞作指示剂。

【操作准备】

仪器 电子天平、称量瓶、碱式滴定管（50mL 或 25mL 等）、锥形瓶（250mL）、量筒（100mL、10mL）、烧杯（400mL）、试剂瓶（500mL）。

试剂 0.1mol/L 氢氧化钠滴定液、苯甲酸、中性乙醇（95% 的乙醇 53mL 加水至 100mL，用 0.1mol/L NaOH 滴定液滴至酚酞指示剂显微粉色）、酚酞指示剂（0.1% 乙醇溶液）。

【操作步骤】

用减重法精密称取苯甲酸（$C_7H_6O_2$）约 0.27g（称量至 0.0001g），加中性乙醇 25mL 溶解后，加酚酞指示剂 3 滴，用 NaOH 滴定液滴定至溶液呈淡红色。平行测定三次，根据消耗 NaOH 滴定液的体积，计算苯甲酸的含量和相对平均偏差。

按下式计算苯甲酸的质量分数：

$$w(C_7H_6O_2)=\frac{c(NaOH)V(NaOH)M(C_7H_6O_2)\times 10^{-3}}{m_{样}}$$

【数据记录及分析结果】

	测定次数	1	2	3
称取苯甲酸的质量/g	m_1			
	m_2			
	$m(C_7H_6O_2)=m_1-m_2$			
滴定消耗 NaOH 滴定液的体积/mL	V(始)			
	V(末)			
	$V(NaOH)=V$(末)$-V$(始)			
w(苯甲酸)		$w_1=$	$w_2=$	$w_3=$
$\bar{w}$(苯甲酸)				
绝对偏差 d		$d_1=$	$d_2=$	$d_3=$
平均偏差 $\bar{d}$				
相对平均偏差 $R\bar{d}=\frac{\bar{d}}{\bar{w}}\times100\%$				

【思考与讨论】

1. 测定苯甲酸的含量能否用甲基橙和甲基红指示剂？为什么？

2. 苯甲酸可以用 NaOH 滴定液直接滴定，那么苯甲酸钠是否可用 HCl 滴定液直接测定？

操作技能六　HCl 滴定液的配制与标定

【操作目的】

1. 学会 HCl 滴定液的配制方法。

2. 能熟练掌握用无水 Na_2CO_3 作为基准物质标定 HCl 滴定液的方法及操作技能。

3. 学会用甲基橙指示剂判断滴定终点。

【操作原理】

市售的盐酸浓度通常为 12mol/L，由于浓盐酸极易挥发放出氯化氢气体，直接配制准确度差，所以 HCl 滴定液只能用间接法配制。标定 HCl 滴定液常用硼砂（$Na_2B_4O_7 \cdot 10H_2O$）或无水碳酸钠（Na_2CO_3）作为基准物质，因为无水碳酸钠（Na_2CO_3）价格低廉、容易制得纯品，所以本实验用无水碳酸钠（Na_2CO_3）作为基准物质，化学计量点时溶液的 pH 约为 3.89，选用甲基橙作为指示剂来指示滴定终点，颜色由黄色变为橙色时即为终点。标定反应如下：

$$2HCl+Na_2CO_3 \longrightarrow 2NaCl+CO_2\uparrow+H_2O$$

【操作准备】

仪器　量筒（10mL）、量杯（500mL）、分析天平（或电子天平）、酸式滴定管（50mL）、锥形瓶（250mL）、试剂瓶（500mL）、烘箱。

试剂　浓 HCl（A.R.）、Na_2CO_3（基准物质）、甲基橙指示剂、纯化水。

【操作步骤】

1. 配制 0.1mol/L HCl 滴定液 500mL

用量筒量取市售的浓 HCl 4.5mL，置于装有少量纯化水的 500mL 的量杯中，加纯化水稀释至刻线，转移入试剂瓶中，盖上玻璃塞，摇匀，贴上标签。

2. 标定 0.1mol/L HCl 滴定液

在分析天平（或电子天平）上用减重法准确称取 3 份在 270~300℃ 干燥至恒重的基准物质无水 Na_2CO_3 0.13g（称量至 0.0001g），分别置于 250mL 锥形瓶中，加新煮沸过的冷的纯化水 25mL 溶解后，加入甲基橙指示剂 1~2 滴，摇匀，用待标定的 HCl 滴定液滴定至溶液由黄色变为橙色，即为终点。记录消耗 HCl 滴定液的体积，平行测定 3 次。

按下式计算 HCl 滴定液的物质的量浓度：

$$c(HCl) = \frac{2m(Na_2CO_3)}{M(Na_2CO_3)V(HCl) \times 10^{-3}}$$

【数据记录与分析结果】

测定次数		1	2	3
称取基准 Na_2CO_3 的质量/g	m_1			
	m_2			
	$m(Na_2CO_3)=m_1-m_2$			
滴定消耗 HCl 滴定液的体积/mL	V(始)			
	V(末)			
	$V(HCl)=V(末)-V(始)$			
$c(HCl)$/(mol/L)		$c_1=$	$c_2=$	$c_3=$
$\bar{c}(HCl)$/(mol/L)				
绝对偏差 d/(mol/L)		$d_1=$	$d_2=$	$d_3=$
平均偏差 $\bar{d}$/(mol/L)				
相对平均偏差 $R\bar{d}=\frac{\bar{d}}{\bar{c}} \times 100\%$				

【思考与讨论】

1. HCl 滴定液能否用直接法配制？为什么？
2. 无水 Na_2CO_3 使用前为什么需要在 270~300℃ 干燥至恒重？
3. 实验中所用的锥形瓶是否需要烘干？加入纯化水的体积是否需要准确？

操作技能七 药用碳酸氢钠的含量测定

【操作目的】

1. 理解用盐酸测定药用碳酸氢钠含量的原理。
2. 掌握混合指示剂的使用方法及终点判定。
3. 进一步巩固滴定操作。

【操作原理】

碳酸氢钠有弱碱性，能迅速中和胃酸，为吸收性抗酸药。可用盐酸滴定液直接滴定，以甲基红－溴甲酚绿为指示剂，滴定反应如下：

$$NaHCO_3 + HCl \longrightarrow NaCl + CO_2 \uparrow + H_2O$$

【操作准备】

仪器　分析天平（或电子天平）、酸式滴定管（50mL）、锥形瓶（250mL）、量筒（50mL）、电炉。

试剂　药用碳酸氢钠（固体）、甲基红-溴甲酚绿混合指示剂、HCl（0.1mol/L）标准溶液、纯化水。

【操作步骤】

准确称取药用碳酸氢钠约 0.2g，加纯化水 50mL 振摇使溶解，加 10 滴甲基红-溴甲酚绿混合指示剂，用 0.1mol/L 的盐酸滴定液滴定至溶液由绿色转变为紫红色，停止滴定，将锥形瓶放在电炉上加热煮沸 2min，溶液又从紫红色变回绿色，冷却至室温，继续用盐酸滴定至溶液再由绿色转变为暗紫色，即为终点，记录消耗盐酸标准溶液的体积。平行操作 3 次。

按下式计算药用碳酸氢钠的含量：

$$w(NaHCO_3) = \frac{c(HCl)V(HCl)M(NaHCO_3) \times 10^{-3}}{m_s}$$

【数据记录与分析结果】

测定次数		1	2	3
称取药用碳酸氢钠的质量/g	m_1			
	m_2			
	$m_s = m_1 - m_2$			
滴定消耗 HCl 滴定液的体积/mL	$V(始)$			
	$V(末)$			
	$V(HCl) = V(末) - V(始)$			
$c(HCl)/(mol/L)$				
$w(NaHCO_3)$		$w_1 =$	$w_2 =$	$w_3 =$
$\bar{w}(NaHCO_3)/(mol/L)$				
绝对偏差 d		$d_1 =$	$d_2 =$	$d_3 =$
平均偏差 $\bar{d}$				
相对平均偏差 $R\bar{d} = \frac{\bar{d}}{\bar{w}} \times 100\%$				

【思考与讨论】

1. 若煮沸约 2min 后，溶液仍然显紫红色，说明滴入盐酸溶液已经过量，应重做。
2. 为了防止 CO_2 对滴定终点的干扰，在滴定终点附近应剧烈摇动锥形瓶，排除 CO_2。

操作技能八　药用硼砂的含量测定

【操作目的】

1. 学会用酸碱滴定法测定硼砂的含量。
2. 掌握用甲基红指示剂确定硼砂的滴定终点。
3. 会正确计算硼砂的含量和测定结果的相对平均偏差。

【操作原理】

$Na_2B_4O_7 \cdot 10H_2O$ 是强碱弱酸盐，其滴定产物硼酸是很弱的酸（$K_{a_1}=5.8\times10^{-10}$），不会干扰盐酸滴定液对硼砂的测定。在计量点前溶液的酸度很弱，计量点后，盐酸稍过量时溶液 pH 值急剧下降，形成突跃。反应式如下：

$$Na_2B_4O_7+2HCl+5H_2O \longrightarrow 2NaCl+4H_3BO_3$$

计量点时 pH＝5.1，可选用甲基红为指示剂。

【操作准备】

仪器 分析天平、酸式滴定管（50mL）、称量瓶、移液管、玻璃棒、量筒、锥形瓶。

试剂 硼砂固体试样、HCl 滴定液（0.1mol/L）、甲基红指示剂（0.1％乙醇溶液）。

【操作步骤】

取本品约 0.4g，精密称定，加水 50mL 使溶解，加 2 滴甲基红指示剂，用 HCl 滴定液（0.1mol/L）滴定至溶液由黄色变为橙色，即为滴定终点。平行测定 3 次，按下式计算 $Na_2B_4O_7 \cdot 10H_2O$ 的含量：

$$w(Na_2B_4O_7 \cdot 10H_2O)=\frac{c(HCl)V(HCl)M(Na_2B_4O_7 \cdot 10H_2O)\times10^{-3}}{2m_s}$$

【数据记录与分析结果】

测定次数		1	2	3
称取硼砂的质量/g	m_1			
	m_2			
	$m(Na_2B_4O_7 \cdot 10H_2O)=m_1-m_2$			
滴定消耗 HCl 滴定液的体积/mL	V(始)			
	V(末)			
	$V(HCl)=V$(末)$-V$(始)			
$w(Na_2B_4O_7 \cdot 10H_2O)$		$w_1=$	$w_2=$	$w_3=$
$\bar{w}(Na_2B_4O_7 \cdot 10H_2O)$				
绝对偏差 d		$d_1=$	$d_2=$	$d_3=$
平均偏差 $\bar{d}$				
相对平均偏差 $R\bar{d}=\frac{\bar{d}}{\bar{w}}\times100\%$				

【思考与讨论】

1. 酸碱滴定中，哪些盐类可用直接法进行测定？

2. 用 HCl 滴定液（0.1mol/L）滴定硼砂的实验中，能用甲基橙指示终点吗？若用酚酞作指示剂会产生多大误差？

操作技能九　阿司匹林的含量测定

【操作目的】

1. 掌握酸碱滴定法测定药物含量的基本方法及有关计算。
2. 掌握乙酰水杨酸含量的测定方法。
3. 学习实验数据的记录和实验结果表格的设计。

【操作原理】

乙酰水杨酸（阿司匹林）是最常用的药物之一。它是有机弱酸（$pK_a=3.49$），摩尔质量为 180.16g/mol，微溶于水，易溶于乙醇。在 NaOH 或 Na_2CO_3 等强碱性溶液中溶解，并分解为水杨酸（即邻羟基苯甲酸）和乙酸盐：

$$\text{[邻-COOH, OCOCH}_3\text{]} + 3\text{OH}^- \longrightarrow \text{[邻-COO}^-\text{, O}^-\text{]} + \text{CH}_3\text{COO}^- + 2\text{H}_2\text{O}$$

由于它的 pK_a 较小，可以作为一元酸用 NaOH 溶液直接滴定，以酚酞为指示剂。为了防止乙酰基水解，应在10℃以下的中性冷乙醇介质中进行滴定，滴定反应为：

$$\text{[邻-COOH, OCOCH}_3\text{]} + \text{OH}^- \longrightarrow \text{[邻-COO}^-\text{, OCOCH}_3\text{]} + \text{H}_2\text{O}$$

【操作准备】

仪器 碱式滴定管、酸式滴定管、瓷研钵、移液管、容量瓶、分析天平（或电子天平）。

试剂 阿司匹林药片、0.1mol/L HCl 溶液、0.1mol/L NaOH 滴定液、中性乙醇、酚酞指示液（取酚酞 0.2g，加乙醇 100mL 使溶解）。

【操作步骤】

取本品约 0.4g，精密称定，加中性乙醇（对酚酞指示液显中性）20mL 溶解后，加酚酞指示液 3 滴，在不超过 10℃ 的温度下，用氢氧化钠滴定液（0.1mol/L）滴定，滴定至溶液显粉红色。平行测定 3 次，按下式计算阿司匹林的含量：

$$w(C_9H_8O_4) = \frac{c(\text{NaOH})V(\text{NaOH})M(C_9H_8O_4) \times 10^{-3}}{m_s}$$

【数据记录与分析结果】

测定次数		1	2	3
称取阿司匹林的质量/g	m_1			
	m_2			
	$m(C_9H_8O_4)=m_1-m_2$			
消耗 NaOH 滴定液的体积/mL	$V(始)$			
	$V(末)$			
	$V(\text{HCl})=V(末)-V(始)$			
$w(C_9H_8O_4)$		$w_1=$	$w_2=$	$w_3=$
$\bar{w}(C_9H_8O_4)$				
绝对偏差 d		$d_1=$	$d_2=$	$d_3=$
平均偏差 $\bar{d}$				
相对平均偏差 $R\bar{d}=\dfrac{\bar{d}}{\bar{w}}\times 100\%$				

【思考与讨论】

1. 称取纯品试样时，所用锥形瓶是否需要干燥？为什么？
2. 含量测定中为何要加入中性乙醇？中性乙醇是否真正中性？为什么要用这种中性乙醇？

操作技能十　药用 NaOH 的含量测定（双指示剂法）

【操作目的】

1. 掌握双指示剂法测定 NaOH 和 Na_2CO_3 混合物中个别组分含量的原理和方法。
2. 熟练掌握酸式滴定管的滴定操作和滴定终点的判定。
3. 练习减重称量法称取固体物质的操作。

【操作原理】

NaOH 易吸收空气中的 CO_2 生成 Na_2CO_3，易形成 NaOH 和 Na_2CO_3 的混合物。

此混合物用 HCl 滴定液滴定。在溶液中先加入酚酞指示剂，当酚酞变无色时，NaOH 全部被 HCl 中和，而 Na_2CO_3 只被滴定到 $NaHCO_3$，即只中和了一半，设这时用去 HCl 滴定液的体积为 V_1 mL；向此溶液中再加入甲基橙指示剂，继续滴定至甲基橙变橙色时，$NaHCO_3$ 进一步被中和为 CO_2，此时消耗的 HCl 滴定液体积为 V_2 mL，则 Na_2CO_3 消耗的 HCl 滴定液的体积为 $2V_2$ mL，NaOH 消耗 HCl 滴定液的体积为 (V_1-V_2) mL。据此，即可分别计算 NaOH 和 Na_2CO_3 的含量。

【操作准备】

仪器 酸式滴定管、锥形瓶、烧杯、容量瓶、分析天平（或电子天平）、移液管。

试剂 0.1mol/L HCl 液、酚酞指示剂、甲基橙指示剂、药用氢氧化钠。

【操作步骤】

1. 配制溶液

利用减重称量法在分析天平上迅速称取本品约 0.35g 于 50mL 小烧杯中，加少量蒸馏水溶解后，定量转移至 100mL 容量瓶中，加水稀释至刻度，摇匀。

2. 滴定

用移液管精密吸取 25.00mL 样品溶液于 250mL 锥形瓶中，加 25mL 蒸馏水及 2 滴酚酞指示剂，以 HCl 滴定液（0.1mol/L）滴至酚酞的红色消失为止（不易判断，要仔细观察），记下所用 HCl 滴定液体积（V_1）。再加入 2 滴甲基橙指示剂，继续用 HCl 滴定液（0.1mol/L）滴定，由于样品中所含 Na_2CO_3 量较少，所需盐酸量少，滴定时要小心，注意观察溶液的颜色变化（由黄色变为橙色）。快到终点时要充分摇动，防止形成 CO_2 的过饱和溶液，使终点提前。记下所用 HCl 滴定液体积（V_2）。平行测定 3 次，分别按下式计算供试品中 NaOH 和 Na_2CO_3 的含量：

$$w(NaOH) = \frac{c(HCl)[V_1(HCl)-V_2(HCl)]M(NaOH)\times 10^{-3}}{m_s \times \frac{25}{100}}$$

$$w(Na_2CO_3) = \frac{1}{2} \times \frac{c(HCl)\times 2V_2(HCl) M(Na_2CO_3)\times 10^{-3}}{m_s \times \frac{25}{100}}$$

$$= \frac{c(HCl)V_2(HCl)M(Na_2CO_3)\times 10^{-3}}{m_s \times \frac{25}{100}}$$

【数据记录与分析结果】

测定次数			1	2	3
称取供试品的质量/g		m_1			
		m_2			
		$m(NaOH)=m_1-m_2$			
消耗 HCl 滴定液的体积/mL	第一计量点(V_1)	V(始)			
		V(末)			
	$V_1(HCl)=V$(末)$-V$(始)				
	第二计量点(V_2)	V(始)			
		V(末)			
	$V_2(HCl)=V$(末)$-V$(始)				

续表

测定次数	1	2	3
$w(NaOH)$	$w_1=$	$w_2=$	$w_3=$
$\bar{w}(NaOH)$			
绝对偏差 d	$d_1=$	$d_2=$	$d_3=$
平均偏差 $\bar{d}$			
相对平均偏差 $R\bar{d}=\dfrac{\bar{d}}{\bar{w}}\times 100\%$			
$w(Na_2CO_3)$	$w_1=$	$w_2=$	$w_3=$
$\bar{w}(Na_2CO_3)$			
绝对偏差 d	$d_1=$	$d_2=$	$d_3=$
平均偏差 $\bar{d}$			
相对平均偏差 $R\bar{d}=\dfrac{\bar{d}}{\bar{w}}\times 100\%$			

【思考与讨论】
1. 吸取样品溶液及配制样品溶液时，移液管和容量瓶是否要烘干？
2. 用盐酸标准溶液滴定至酚酞变色时，如超过终点是否可用碱标准溶液回滴？试说明原因。

操作技能十一　$AgNO_3$ 滴定液的配制与标定

【操作目的】
1. 掌握硝酸银滴定溶液的配制、标定和保存方法。
2. 掌握以氯化钠为基准物标定硝酸银滴定液的基本原理、反应条件、操作方法和计算。
3. 学会以 K_2CrO_4 为指示剂判断滴定终点的方法。

【操作原理】
（1）$AgNO_3$ 滴定溶液可以用经过预处理的基准试剂 $AgNO_3$ 直接配制。但非基准试剂 $AgNO_3$ 中常含有杂质，如金属银、氧化银、游离硝酸、亚硝酸盐等，因此用间接法配制。先配成近似浓度的溶液，再用基准物质 NaCl 标定。

（2）以 NaCl 作为基准物质，溶样后，在中性或弱碱性溶液中，以 K_2CrO_4 作为指示剂，用 $AgNO_3$ 滴定液滴定。其反应如下：

$$Ag^+ + Cl^- \rightleftharpoons AgCl\downarrow（白）\quad K_{sp}=1.8\times10^{-10}$$

$$2Ag^+ + CrO_4^{2-} \rightleftharpoons Ag_2CrO_4\downarrow（砖红色）\quad K_{sp}=2.0\times10^{-12}$$

（3）达到化学计量点时，微过量的 Ag^+ 与 CrO_4^{2-} 反应析出砖红色 Ag_2CrO_4 沉淀，指示滴定终点。

【操作准备】
仪器　酸式滴定管（50mL）、锥形瓶（250mL）、容量瓶（250mL）、移液管（20.00mL）、棕色试剂瓶、量筒、小烧杯。

试剂　硝酸银（A.R.）、氯化钠（G.R.，于 270℃ 干燥至恒重，放干燥器内备用）、K_2CrO_4 指示剂（50g/L）。

【操作步骤】
1. 0.1mol/L $AgNO_3$ 滴定液的配制

称取 8.5g $AgNO_3$ 溶于 500mL 不含 Cl^- 的蒸馏水中，储存于带玻璃塞的棕色试剂瓶中，摇匀，置于暗处，待标定。

2. $AgNO_3$ 滴定液的标定

精密称取于 270℃ 干燥至恒重的基准氯化钠 1.6～1.8g，置于小烧杯中，加入少量蒸馏水溶解。将溶液转移至 250mL 容量瓶中，加水至刻度，摇匀。精密吸取上述溶液 25.00mL，置 250mL 锥形瓶中，加 20mL 蒸馏水，1mL 的铬酸钾指示剂，在不断摇动下，用 $AgNO_3$ 滴定液滴定至呈现砖红色即为终点。平行测定 3 次。根据消耗的 $AgNO_3$ 滴定液的体积，按下式计算 $AgNO_3$ 滴定液的浓度：

$$c(AgNO_3) = \frac{m(NaCl) \times \frac{25}{250}}{M(NaCl)V(AgNO_3) \times 10^{-3}}$$

【数据记录与分析结果】

测定次数		1	2	3
移取基准物质 NaCl 溶液的体积/mL		25.00	25.00	25.00
消耗 $AgNO_3$ 滴定液的体积/mL	V(始)			
	V(末)			
	$V(AgNO_3)=V$(末)$-V$(始)			
$c(AgNO_3)$/(mol/L)		$c_1=$	$c_2=$	$c_3=$
$\bar{c}(AgNO_3)$/(mol/L)				
绝对偏差 d/(mol/L)		$d_1=$	$d_2=$	$d_3=$
平均偏差 $\bar{d}$/(mol/L)				
相对平均偏差 $R\bar{d}=\frac{\bar{d}}{\bar{c}}\times 100\%$				

【思考与讨论】

1. 用 $AgNO_3$ 滴定液滴定 NaCl 溶液时，为什么要充分摇动溶液？如果不充分摇动溶液，对测定结果有何影响？

2. 莫尔法中，为什么溶液的 pH 需控制在 6.5～10.5？

3. K_2CrO_4 指示液的用量太大或太小对测定结果有何影响？

操作技能十二　食盐中 NaCl 的含量测定

【操作目的】

1. 学会铬酸钾指示剂法的应用。
2. 熟练铬酸钾指示剂法的操作。
3. 掌握沉淀滴定法的基本操作技术。

【操作原理】

(1) 中性或弱碱性溶液中，以 K_2CrO_4 为指示剂，用 $AgNO_3$ 滴定液滴定氯化钠。

(2) AgCl 的溶解度＜Ag_2CrO_4 的溶解度，因此溶液中首先析出 AgCl 沉淀，当达到终点后，过量的 $AgNO_3$ 与 CrO_4^{2-} 生成砖红色沉淀。

$$Ag^+ + Cl^- \rightleftharpoons AgCl \downarrow (白色)$$

$$2Ag^+ + CrO_4^{2-} \rightleftharpoons Ag_2CrO_4 \downarrow (砖红色)$$

【操作准备】

仪器 量筒（10mL）、锥形瓶（250mL）、移液管（25mL）、容量瓶（250mL）、酸式滴定管（50mL）。

试剂 50g/L 的 K_2CrO_4 溶液、0.1012mol/L 的 $AgNO_3$ 滴定液、食盐样品。

【操作步骤】

食盐样品中 NaCl 含量的测定。

(1) 用减重法精密称取 1.6g 左右的食盐样品于 100mL 小烧杯中，加蒸馏水溶解后，定量转入 250mL 容量瓶中，稀释至刻度，摇匀，备用。

(2) 准确移取上述溶液 25.00mL，置于 250mL 锥形瓶中，加蒸馏水 20mL，50g/L 的 K_2CrO_4 溶液 1mL，在不断旋摇下，用标定好的 $AgNO_3$ 滴定液滴定至出现砖红色，经摇动不褪色即为终点。平行测定三次，记录所消耗的 $AgNO_3$ 滴定液的体积。

(3) 必要时进行空白测定，即取 25.00mL 蒸馏水按上述方法进行测定，记录所消耗的 $AgNO_3$ 滴定液的体积。按下式计算食盐样品中 NaCl 的含量：

$$w(NaCl)=\frac{c(AgNO_3)[V(AgNO_3)-V_{空白}]M(NaCl)\times 10^{-3}}{m_s\times \frac{25}{250}}$$

【数据记录与分析结果】

测定次数		1	2	3
吸取试样溶液的体积/mL		25.00	25.00	25.00
滴定消耗 $AgNO_3$ 标准溶液的体积/mL	V(始)			
	V(末)			
	$V_{空白}$			
	$V(AgNO_3)=V$(末)$-V$(始)			
w(NaCl)		$w_1=$	$w_2=$	$w_3=$
$\bar{w}$(NaCl)				
绝对偏差 d		$d_1=$	$d_2=$	$d_3=$
平均偏差 $\bar{d}$				
相对平均偏差 $R\bar{d}=\frac{\bar{d}}{\bar{w}}\times 100\%$				

【思考与讨论】

1. K_2CrO_4 的量控制在多少为宜？加多或加少对实验结果产生什么影响？
2. 能否用莫尔法以 NaCl 标准溶液直接滴定 $AgNO_3$？为什么？

操作技能十三　$KMnO_4$ 滴定液的配制与标定

【操作目的】

1. 学会 $KMnO_4$ 滴定液的配制方法。
2. 能熟练掌握用基准 $Na_2C_2O_4$ 标定 $KMnO_4$ 滴定液的方法及操作技能。
3. 学会利用自身指示剂法确定滴定终点的方法。

【操作原理】

在市售的 $KMnO_4$ 晶体中含有少量的 MnO_2 等杂质，所以 $KMnO_4$ 滴定液只能用间接法配制。同时 $KMnO_4$ 溶液在放置过程中会慢慢分解，因此久置的 $KMnO_4$ 滴定液使用前需重新标定。标定 $KMnO_4$ 滴定液常用基准物质 $Na_2C_2O_4$，$Na_2C_2O_4$ 具有很强的还原性，且不含结晶水，性质稳定易于提纯。标定反应如下：

$$2KMnO_4 + 5Na_2C_2O_4 + 8H_2SO_4 \longrightarrow 2MnSO_4 + K_2SO_4 + 10CO_2\uparrow + 5Na_2SO_4 + 8H_2O$$

【操作准备】

仪器 托盘天平、烧杯（500mL）、分析天平（或电子天平）、酸式滴定管（50mL）、锥形瓶（250mL）、棕色试剂瓶（500mL）、垂熔玻璃漏斗、烘箱、量筒（10mL）、酒精灯、石棉网、电炉、温度计。

试剂 $KMnO_4$（固体）、$Na_2C_2O_4$（G.R）、H_2SO_4（3mol/L）、纯化水。

【操作步骤】

1. 配制 0.02mol/L $KMnO_4$ 滴定液 500mL

在托盘天平上称取 1.6g 固体 $KMnO_4$ 置于烧杯中，加纯化水 500mL，煮沸 15min，冷却后置于棕色试剂瓶中，暗处静置 2 日以上，用垂熔玻璃漏斗过滤。

2. 标定 0.02mol/L $KMnO_4$ 滴定液

在分析天平（或电子天平）上准确称取在 105℃ 干燥至恒重的基准 $Na_2C_2O_4$ 0.2g，加新煮沸过的冷的纯化水 100mL，3mol/L 的 H_2SO_4 10mL，振摇，溶解，然后加热至 75~85℃，趁热用待标定的 $KMnO_4$ 滴定液滴定至溶液呈淡红色（30s 内不褪色）。平行实验 3 次。

按下式计算 $KMnO_4$ 滴定液的物质的量浓度：

$$c(KMnO_4) = \frac{2}{5} \times \frac{m(Na_2C_2O_4)}{M(Na_2C_2O_4)V(KMnO_4) \times 10^{-3}}$$

【数据记录与分析结果】

测定次数		1	2	3
称取基准 $Na_2C_2O_4$ 的质量/g	m_1			
	m_2			
	$m(Na_2C_2O_4) = m_1 - m_2$			
滴定消耗 $KMnO_4$ 滴定液的体积/mL	V（始）			
	V（末）			
	$V(KMnO_4) = V$（末）$- V$（始）			
$c(KMnO_4)/(mol/L)$		$c_1 =$	$c_2 =$	$c_3 =$
$\bar{c}(KMnO_4)/(mol/L)$				
绝对偏差 $d/(mol/L)$		$d_1 =$	$d_2 =$	$d_3 =$
平均偏差 $\bar{d}/(mol/L)$				
相对平均偏差 $R\bar{d} = \frac{\bar{d}}{\bar{c}} \times 100\%$				

【思考与讨论】

1. 配制 $KMnO_4$ 滴定液时，为何要加热煮沸一定的时间？过滤 $KMnO_4$ 滴定液的目的是什么？能否用滤纸过滤？

2. 用基准 $Na_2C_2O_4$ 标定 $KMnO_4$ 滴定液时，能否用 H_2SO_4 或 HNO_3 酸化溶液？为什么？

3. 配制好的 $KMnO_4$ 滴定液为什么必须装在棕色试剂瓶中？长久放置的 $KMnO_4$ 滴定液使用前为什么必须重新标定？

操作技能十四 过氧化氢的含量测定

【操作目的】

1. 学会稀释 H_2O_2 的方法。

2. 熟练掌握 $KMnO_4$ 法测定 H_2O_2 含量的方法及操作技能。
3. 会计算 H_2O_2 的含量。

【操作原理】

H_2O_2 既具有氧化性又具有还原性，与 $KMnO_4$ 反应表现为还原性。在酸性介质中 $KMnO_4$ 与 H_2O_2 的反应如下：

$$2KMnO_4 + 5H_2O_2 + 3H_2SO_4 \longrightarrow K_2SO_4 + 2MnSO_4 + 5O_2\uparrow + 8H_2O$$

【操作准备】

仪器　刻度吸量管（5mL）、容量瓶（100mL）、锥形瓶（250mL）、酸式滴定管（50mL）、移液管（25mL）。

试剂　市售 H_2O_2（30%）、H_2SO_4（3mol/L）、$KMnO_4$（0.02mol/L）、纯化水。

【操作步骤】

1. 稀释 H_2O_2

用刻度吸量管吸取市售的 H_2O_2 样品液 5.00mL，置于盛有 30mL 纯化水的 100mL 容量瓶中，加水稀释至标线，摇匀。

2. 测定 H_2O_2 含量

精密吸取稀释后的 H_2O_2 样品液 25.00mL 置于锥形瓶中，加 3mol/L H_2SO_4 溶液 10mL，用 0.02mol/L $KMnO_4$ 滴定液滴定至溶液呈现淡红色（30s 内不褪色）。平行测定 3 次。

按照下式计算 H_2O_2 的含量：

$$\rho(H_2O_2) = \frac{5}{2} \times \frac{c(KMnO_4)V(KMnO_4)M(H_2O_2) \times 10^{-3}}{V_s \times \frac{25.00}{100.0}}$$

【数据记录及分析结果】

测定次数		1	2	3
吸取 H_2O_2 的体积/mL		25.00	25.00	25.00
滴定消耗 $KMnO_4$ 滴定液的体积/mL	V(始)			
	V(末)			
	$V(KMnO_4)=V$(末)$-V$(始)			
$\rho(H_2O_2)/(g/mL)$		$\rho_1=$	$\rho_2=$	$\rho_3=$
$\bar{\rho}(H_2O_2)/(g/mL)$				
绝对偏差 $d/(g/mL)$		$d_1=$	$d_2=$	$d_3=$
平均偏差 $\bar{d}/(g/mL)$				
相对平均偏差 $R\bar{d} = \frac{\bar{d}}{\bar{\rho}} \times 100\%$				

【思考与讨论】

1. 稀释双氧水时，能否用玻璃棒充分搅拌？为什么？
2. 用 $KMnO_4$ 测定 H_2O_2 含量时，能否用加热的方法提高反应速率？为什么？

操作技能十五　I_2 滴定液的配制与标定

【操作目的】

1. 学会 I_2 滴定液的配制方法。

2. 能熟练掌握利用 $Na_2S_2O_3$ 滴定液比较法标定 I_2 滴定液的方法及操作技能。
3. 能利用淀粉指示剂确定滴定终点。

【操作原理】

I_2 升华提纯后，可用直接法配制 I_2 滴定液。但由于 I_2 具有挥发性和腐蚀性，一般情况下，I_2 滴定液仍采用间接法配制。根据《中华人民共和国药典》（2015 年版）规定，碘滴定液可采用比较法标定，即用已知准确浓度的 $Na_2S_2O_3$ 滴定液与待标定的 I_2 滴定液反应，求得 I_2 滴定液的浓度。标定反应如下：

$$2Na_2S_2O_3 + I_2 \longrightarrow Na_2S_4O_6 + 2NaI$$

【操作准备】

仪器 托盘天平、烧杯（500mL）、酸式滴定管（50mL）、碘量瓶（250mL）、棕色试剂瓶（500mL）、垂熔玻璃漏斗、移液管（25mL）、量筒（100mL）。

试剂 I_2（固体）、KI（固体）、纯化水、HCl（1mol/L）、$Na_2S_2O_3$ 滴定液（0.1mol/L）、淀粉指示液。

【操作步骤】

1. 配制 0.05mol/L I_2 滴定液 500mL

用托盘天平分别称取 6.5g 碘和 18g 碘化钾，放入 500mL 烧杯中，加纯化水 50mL，稀盐酸 2 滴，搅拌使溶解，再用纯化水稀释至 500mL，摇匀，用垂熔玻璃漏斗滤过，置于棕色试剂瓶中暗处保存。

2. 标定 0.05mol/L I_2 滴定液

准确量取待标定的 I_2 滴定液 25.00mL 置于碘量瓶中，加纯化水 100mL，1mol/L 盐酸 1mL，用 $Na_2S_2O_3$ 滴定液（0.1mol/L）滴定至近终点时，加入淀粉指示剂 2mL，继续滴定至溶液的蓝色消失。平行实验 3 次。

按下式计算待标定的 I_2 滴定液的浓度：

$$c(I_2) = \frac{c(Na_2S_2O_3)V(Na_2S_2O_3)}{2V(I_2)}$$

【数据记录与分析结果】

测定次数		1	2	3
移取待标定滴定液 I_2 的体积/mL		25.00	25.00	25.00
滴定消耗 $Na_2S_2O_3$ 滴定液的体积/mL	V(始)			
	V(末)			
	$V(Na_2S_2O_3)=V$(末)$-V$(始)			
$c(I_2)$/(mol/L)		$c_1=$	$c_2=$	$c_3=$
$\bar{c}(I_2)$/(mol/L)				
绝对偏差 d/(mol/L)		$d_1=$	$d_2=$	$d_3=$
平均偏差 $\bar{d}$/(mol/L)				
相对平均偏差 $R\bar{d}=\dfrac{\bar{d}}{\bar{c}}\times100\%$				

【思考与讨论】

1. 配制 I_2 滴定液时，加入 KI 和盐酸的目的是什么？
2. 能否用锥形瓶代替碘量瓶完成标定实验，为什么？

3. 本实验如何判定滴定接近终点？

操作技能十六　维生素C的含量测定（直接碘量法）

【操作目的】

1. 熟练掌握直接碘量法测定维生素C含量的方法及操作技能。
2. 学会直接碘量法滴定终点的判定，能熟练地利用淀粉指示剂确定滴定终点。
3. 会计算维生素C的含量。

【操作原理】

维生素C具有较强的还原性，可与氧化剂I_2发生定量反应。维生素C与I_2的反应如下：

（反应式图略）+ I_2 → （反应产物图略）+ 2HI

【操作准备】

仪器　分析天平、称量瓶、洗瓶（500mL）、碘量瓶（250mL）、酸式滴定管（棕色，50mL）、量筒（100mL）。

试剂　维生素C、I_2（0.05mol/L）、稀HAc、淀粉指示剂、纯化水。

【操作步骤】

1. 溶解维生素C

精密称取维生素C约0.2g，置于250mL碘量瓶中，并加入新煮沸放冷的蒸馏水100mL和稀HAc溶液10mL，搅拌，使维生素C溶解。

2. 测定维生素C含量

向维生素C溶液中加入淀粉指示剂1mL，用0.05mol/L I_2滴定液滴定至溶液呈现蓝色（30s内不褪色）。平行实验3次。

按照下式计算维生素C的含量：

$$w(C_6H_8O_6) = \frac{c(I_2)V(I_2)M(C_6H_8O_6) \times 10^{-3}}{m_s}$$

【数据记录及分析结果】

测定次数		1	2	3
称量维生素C的质量/g				
滴定消耗I_2滴定液的体积/mL	V(始)			
	V(末)			
	$V(I_2)=V$(末)$-V$(始)			
$w(C_6H_8O_6)$		$w_1=$	$w_2=$	$w_3=$
$\bar{w}(C_6H_8O_6)$				
绝对偏差d_i		$d_1=$	$d_2=$	$d_3=$

测定次数	1	2	3
平均偏差 $\bar{d}$			
相对平均偏差 $R\bar{d}=\dfrac{\bar{d}}{\bar{w}}\times 100\%$			

【思考与讨论】
1. 为什么本实验使用棕色酸式滴定管进行滴定？
2. 利用哪些手段可提高本实验测定结果的准确度？
3. 直接碘量法指示剂何时加入，终点颜色是什么？

操作技能十七 $Na_2S_2O_3$ 滴定液的配制与标定

【操作目的】
1. 学会间接法配制 $Na_2S_2O_3$ 滴定液的方法。
2. 熟练掌握用 $K_2Cr_2O_7$ 标定 $Na_2S_2O_3$ 滴定液的滴定条件及操作技能。
3. 会正确使用分析天平或电子天平、碱式滴定管、碘量瓶。
4. 学会用淀粉指示剂指示滴定终点。

【操作原理】
在硫代硫酸钠晶体（$Na_2S_2O_3 \cdot 5H_2O$）中含有少量的 S、Na_2SO_3、Na_2SO_4 等杂质，且其易风化潮解，另外，水中的微生物、CO_2、空气中的 O_2、日光等均可使 $Na_2S_2O_3$ 分解，所以，配制 $Na_2S_2O_3$ 滴定液时只能用间接法配制。为了减少溶解在水中的 CO_2、O_2，需用新煮沸过的冷的纯化水配制，同时加入少量 Na_2CO_3 使溶液呈微碱性，以抑制微生物的生长及防止 $Na_2S_2O_3$ 分解。

标定 $Na_2S_2O_3$ 滴定液常用基准物质 $K_2Cr_2O_7$。其反应式为：

$$K_2Cr_2O_7 + 6KI + 7H_2SO_4 \longrightarrow 4K_2SO_4 + Cr_2(SO_4)_3 + 3I_2 + 7H_2O$$
$$2Na_2S_2O_3 + I_2 \longrightarrow Na_2S_4O_6 + 2NaI$$

【操作准备】
仪器 托盘天平、分析天平或电子天平、烧杯（500mL）、棕色试剂瓶（500mL）、垂熔玻璃漏斗、酒精灯、石棉网、电炉、碘量瓶、碱式滴定管。

试剂 $Na_2S_2O_3 \cdot 5H_2O$（晶体）、Na_2CO_3（固体）、$K_2Cr_2O_7$（G.R）、KI（固体）、H_2SO_4（3mol/L）、淀粉指示剂、纯化水。

【操作步骤】
1. 配制 0.1mol/L $Na_2S_2O_3$ 滴定液 500mL

在托盘天平上称取 $Na_2S_2O_3 \cdot 5H_2O$ 晶体 13g，无水 Na_2CO_3 固体 0.1g，加适量的新煮沸过的冷的纯化水溶解并稀释至 500mL，搅拌均匀后转移到棕色试剂瓶中，置暗处一个月后过滤。

2. 标定 0.1mol/L $Na_2S_2O_3$ 滴定液

准确称取在 120℃ 干燥至恒重的基准 $K_2Cr_2O_7$ 约 0.15g（准确至 ±0.0001g），置碘量瓶中，加纯化水 50mL，2.0g KI，轻轻振摇使其溶解，再加 3mol/L 的 H_2SO_4 10mL，摇匀，密塞，放暗处 5~10min 后，加纯化水 100mL 稀释（并冲洗碘量瓶内壁和瓶塞）。然后用 $Na_2S_2O_3$ 滴定液滴定至近终点（浅黄绿色）时，加淀粉指示剂 3mL，继续滴定至溶液的蓝色消失而显亮绿色。平行测定 3 次。

按下式计算 $Na_2S_2O_3$ 滴定液的浓度：

$$c(\mathrm{Na_2S_2O_3}) = \frac{6m(\mathrm{K_2Cr_2O_7})}{M(\mathrm{K_2Cr_2O_7})V(\mathrm{Na_2S_2O_3}) \times 10^{-3}}$$

【数据记录与分析结果】

测定次数		1	2	3
称取基准 $\mathrm{K_2Cr_2O_7}$ 的质量/g	m_1			
	m_2			
	$m(\mathrm{K_2Cr_2O_7}) = m_1 - m_2$			
滴定消耗 $\mathrm{Na_2S_2O_3}$ 滴定液的体积/mL	V(始)			
	V(末)			
	$V(\mathrm{Na_2S_2O_3}) = V$(末)$-V$(始)			
$c(\mathrm{Na_2S_2O_3})/(\mathrm{mol/L})$		$c_1=$	$c_2=$	$c_3=$
$\bar{c}(\mathrm{Na_2S_2O_3})/(\mathrm{mol/L})$				
绝对偏差 $d/(\mathrm{mol/L})$		$d_1=$	$d_2=$	$d_3=$
平均偏差 $\bar{d}/(\mathrm{mol/L})$				
相对平均偏差 $R\bar{d} = \dfrac{\bar{d}}{\bar{c}} \times 100\%$				

【思考与讨论】

1. 配制 $\mathrm{Na_2S_2O_3}$ 滴定液时加入固体 $\mathrm{Na_2CO_3}$ 的作用是什么？

2. 用 $\mathrm{K_2Cr_2O_7}$ 标定 $\mathrm{Na_2S_2O_3}$ 滴定液时，加入过量 KI 的作用是什么？滴定前将溶液置暗处 5~10min 的目的是什么？

3. 本实验用淀粉指示剂时为什么必须在近终点时加入？

操作技能十八　硫酸铜的含量测定

【操作目的】

1. 熟练掌握测定硫酸铜含量的方法及操作技能。
2. 熟练掌握碘量瓶、酸式滴定管的使用方法。
3. 能正确判断滴定终点。

【操作原理】

硫酸铜中的 $\mathrm{Cu^{2+}}$ 具有氧化性，在硫酸铜溶液中加入过量的 KI，使其反应产生定量的 $\mathrm{I_2}$，然后用 $\mathrm{Na_2S_2O_3}$ 滴定液滴定生成的 $\mathrm{I_2}$，从而间接地测定硫酸铜的含量。

$$2\mathrm{Cu^{2+}} + 4\mathrm{I^-} \longrightarrow \mathrm{I_2} + 2\mathrm{CuI} \downarrow \text{（乳白色）}$$

$$2\mathrm{S_2O_3^{2-}} + \mathrm{I_2} \longrightarrow 2\mathrm{I^-} + \mathrm{S_4O_6^{2-}}$$

【操作准备】

仪器　托盘天平、分析天平（电子天平）、碘量瓶、碱式滴定管（50mL）、吸量管（5mL）。

试剂　$\mathrm{CuSO_4 \cdot 5H_2O}$（固体）、KI（固体）、$\mathrm{Na_2S_2O_3}$ 滴定液（0.1mol/L）、$\mathrm{CH_3COOH}$（6mol/L）、KSCN（10%溶液）、淀粉指示剂、纯化水。

【操作步骤】

准确称取 $\mathrm{CuSO_4 \cdot 5H_2O}$ 约为 0.5g（准确至 ±0.0001g），置于碘量瓶中，加纯化水 50mL 使其溶解，加入 6mol/L 醋酸 4mL，KI 约 2.0g，用 $\mathrm{Na_2S_2O_3}$ 滴定液滴定至浅黄色时，加入淀粉指示剂 2mL，继续滴定至溶液呈淡蓝色时加入 10% 的 KSCN 溶液 5mL，然后继续滴定至蓝色恰好消失,溶液呈米色悬浮液时即为终点。平行测定 3 次。

按照下式计算样品中 $CuSO_4 \cdot 5H_2O$ 含量:

$$w(CuSO_4 \cdot 5H_2O) = \frac{c(Na_2S_2O_3)V(Na_2S_2O_3)M(CuSO_4 \cdot 5H_2O) \times 10^{-3}}{m_s}$$

【数据记录与分析结果】

	测定次数	1	2	3
称取 $CuSO_4 \cdot 5H_2O$ 样品的质量/g	m_1			
	m_2			
	$m(CuSO_4 \cdot 5H_2O) = m_1 - m_2$			
滴定消耗 $Na_2S_2O_3$ 滴定液的体积/mL	$V(始)$			
	$V(末)$			
	$V(Na_2S_2O_3) = V(末) - V(始)$			
$w(CuSO_4 \cdot 5H_2O)$		$w_1 =$	$w_2 =$	$w_3 =$
$\bar{w}(CuSO_4 \cdot 5H_2O)$				
绝对偏差 $d_i =$		$d_1 =$	$d_2 =$	$d_3 =$
平均偏差 $\bar{d}$				
相对平均偏差 $R\bar{d} = \frac{\bar{d}}{\bar{w}} \times 100\%$				

【思考与讨论】

1. 碘量法测定硫酸铜含量时,溶液的 pH 应控制在什么范围内?为什么?
2. 碘量法测定硫酸铜含量时,加入 KSCN 的作用是什么?

操作技能十九 EDTA 滴定液的配制与标定

【操作目的】

1. 掌握 EDTA 滴定液的配制与标定的原理及方法。
2. 熟悉金属指示剂的变色原理。
3. 巩固直接称量、准确配制溶液、准确移取溶液、滴定等基本操作。

【操作原理】

EDTA(乙二胺四乙酸)是四元酸,常用 H_4Y 表示,是一种白色晶性粉末,常温下在水中的溶解度很小,因此,实际工作中常用它的二钠盐($Na_2H_2Y \cdot 2H_2O$)配制 EDTA 滴定液。通常采用间接方法配制,即先配成近似所需浓度的溶液,再用氧化锌为基准物标定其浓度。标定时以铬黑 T 为指示剂,EDTA 为滴定液,在 pH 约为 10 的溶液中进行。当溶液由紫红色变为纯蓝色即为滴定终点。

滴定前 Zn^{2+} 与铬黑 T 反应:

$$Zn^{2+} + HIn^{2-}(纯蓝色) \rightleftharpoons ZnIn^-(紫红色) + H^+$$

滴定开始至终点前:

$$Zn^{2+} + H_2Y^{2-} \rightleftharpoons ZnY^{2-} + 2H^+$$

滴定终点时:

$$ZnIn^-(紫红色) + H_2Y^{2-} \rightleftharpoons ZnY^{2-} + HIn^{2-}(纯蓝色) + H^+$$

终点时稍过量的 EDTA 滴定液即可夺取 $ZnIn^-$ 中的 Zn^{2+},生成更加稳定的 ZnY^{2-} 配合物,使指示剂游离出来,溶液显纯蓝色指示终点。

【操作准备】

仪器 分析天平、台秤、称量瓶、酸式滴定管、量杯、烧杯、锥形瓶、量筒、硬质玻璃试剂瓶、电炉。

试剂 乙二胺四乙酸二钠、ZnO（G.R.）、铬黑T指示剂、稀HCl溶液、0.025%甲基红乙醇溶液、氨试液、$NH_3·H_2O-NH_4Cl$缓冲液。

【操作步骤】

1. EDTA滴定液（0.05mol/L）的配制

称取$Na_2H_2Y·2H_2O$约19g，加蒸馏水200mL温热使其溶解，然后加蒸馏水稀释至1000mL，摇匀，移入硬质玻璃瓶或聚乙烯瓶中，贴好标签待标定。

2. EDTA滴定液（0.05mol/L）的标定

精密称取在800℃灼烧至恒重的基准物ZnO 0.12g于锥形瓶中，加稀盐酸3mL使其溶解，加蒸馏水25mL，甲基红指示剂1滴，滴加氨试液使溶液呈微黄色，再加蒸馏水25mL，$NH_3·H_2O-NH_4Cl$缓冲溶液10mL，铬黑T指示剂3滴，用EDTA滴定液（0.05mol/L）滴定至溶液由紫红色变为纯蓝色为终点，记录所消耗的EDTA滴定液的体积。平行测定3次。

按下式计算EDTA滴定液的物质的量浓度：

$$c(EDTA) = \frac{m(ZnO)}{M(ZnO)V(EDTA) \times 10^{-3}}$$

【实验数据记录与处理】

测定次数		1	2	3
称取基准ZnO的质量/g	m_1			
	m_2			
	$m(ZnO)=m_1-m_2$			
滴定消耗EDTA滴定液的体积/mL	V（始）			
	V（末）			
	$V(EDTA)=V$（末）$-V$（始）			
$c(EDTA)/(mol/L)$		$c_1=$	$c_2=$	$c_3=$
$\bar{c}(EDTA)/(mol/L)$				
绝对偏差$d_i/(mol/L)$		$d_1=$	$d_2=$	$d_3=$
平均偏差$\bar{d}/(mol/L)$				
相对平均偏差$R\bar{d}=\frac{\bar{d}}{\bar{c}}\times 100\%$				

【思考与讨论】

1. 配制EDTA标准溶液时，为什么不用乙二胺四乙酸而用其二钠盐？
2. 在滴定时为什么常用铬黑T指示剂固体，而不用铬黑T水溶液？
3. 为什么在滴定时要加$NH_3·H_2O-NH_4Cl$缓冲溶液？

操作技能二十 乳酸钙的含量测定

【操作目的】

1. 了解用配位滴定法测定乳酸钙含量的原理及方法。
2. 掌握配位滴定法中加入辅助指示剂指示滴定终点的原理。

【操作原理】

乳酸钙的含量测定一般采用 EDTA 滴定液为滴定剂，铬黑 T 为指示剂，MgY^{2-} 为辅助指示剂。因为铬黑 T 指示剂在 pH=10 的条件下，与 Ca^{2+} 形成的配合物稳定性较小，会使终点提前，而且显色不够敏感，而铬黑 T 与 Mg^{2+} 形成的配合物相当稳定。因此，在 pH=10 的条件下用 EDTA 滴定液滴定 Ca^{2+} 时，常于溶液中加入少量的 MgY^{2-} 作辅助指示剂，可避免终点过早的出现。

向含有 Ca^{2+} 的试液中加入铬黑 T 及 MgY^{2-} 混合液后，由于 CaY^{2-}（$K_{CaY}^{2-}=10^{10.25}$）的稳定性大于 MgY^{2-}（$K_{MgY}^{2-}=10^{8.25}$），$CaIn^-$ 的稳定性小于 $MgIn^-$，因此发生下列反应：

$$MgY^{2-}+Ca^{2+} \rightleftharpoons CaY^{2-}+Mg^{2+}$$

$$Mg^{2+}+HIn^{2-}（纯蓝色）\rightleftharpoons MgIn^-（酒红色）+H^+$$

滴定时，EDTA 滴定液先与游离的 Ca^{2+} 配位，故终点前溶液显 $MgIn^-$ 的酒红色。当到达滴定终点时，EDTA 夺取 $MgIn^-$ 中的 Mg^{2+} 生成更加稳定的 MgY^{2-}，从而置换出铬黑 T 指示剂，结果溶液由酒红色转变为纯蓝色：

$$H_2Y^{2-}+MgIn^-（酒红色）\rightleftharpoons HIn^{2-}（纯蓝色）+MgY^{2-}+H^+$$

在滴定进行过程中，MgY^{2-} 并未消耗滴定液 EDTA，而只是起到了辅助铬黑 T 指示终点的作用。

【操作准备】

仪器 分析天平、台秤、称量瓶、酸式滴定管（50mL）、量杯（500mL）、烧杯（500mL）、锥形瓶（250mL）、量筒（10mL）、硬质玻璃试剂瓶（500mL）、电炉。

试剂 0.05mol/L、EDTA 滴定液、ZnO（G.R.）、铬黑 T 指示剂、$NH_3 \cdot H_2O$-NH_4Cl 缓冲溶液（pH=10.0）、乳酸钙、稀 $MgSO_4$ 试液。

【操作步骤】

1. 辅助指示剂的配制

取蒸馏水 10mL，加 $NH_3 \cdot H_2O$-NH_4Cl 缓冲溶液（pH=10）10mL，稀 $MgSO_4$ 试液 1 滴，铬黑 T 指示剂 2 滴，用 EDTA 滴定液（0.05mol/L）滴定至溶液由酒红色变为纯蓝色。

2. 乳酸钙的含量测定

精密称取乳酸钙样品 0.4g 于锥形瓶中，加蒸馏水 100mL，加热使其溶解，放冷至室温，加入辅助指示剂 20mL，摇匀，用 EDTA 滴定液（0.05mol/L）滴定至溶液由酒红色转变为纯蓝色，即为终点，记录所消耗 EDTA 滴定液的体积。平行测定 3 次。

按下式计算乳酸钙的含量：

$$w(C_6H_{10}O_6Ca \cdot 5H_2O)=\frac{c(EDTA)V(EDTA)M(C_6H_{10}O_6 \cdot 5H_2O) \times 10^{-3}}{m_s}$$

【数据记录与分析结果】

测定次数		1	2	3
称取乳酸钙的质量/g	m_1			
	m_2			
	m(乳酸钙)=m_1-m_2			

续表

测定次数		1	2	3
滴定消耗 EDTA 滴定液的体积/mL	V(始)			
	V(末)			
	V(EDTA)=V(末)－V(始)			
w（乳酸钙）		$w_1=$	$w_2=$	$w_3=$
$\bar{w}$（乳酸钙）				
绝对偏差 d_i		$d_1=$	$d_2=$	$d_3=$
平均偏差 $\bar{d}$				
相对平均偏差 $R\bar{d}=\dfrac{\bar{d}}{\bar{w}}\times 100\%$				

【思考与讨论】
1. 对 Ca^{2+} 的测定除用铬黑 T 加辅助指示剂外，还可用哪种指示剂指示终点？为什么？
2. 在水的硬度测定中，水中也含有 Ca^{2+}，为什么不需加入辅助指示剂？

操作技能二十一　水的总硬度测定

【操作目的】
1. 掌握水的总硬度测定方法及计算。
2. 熟悉配位滴定法测定水的硬度的原理及方法。
3. 掌握移液管的正确使用。

【操作原理】
有较多钙、镁离子的水叫硬水。测定水的总硬度就是测定水中钙、镁离子的总含量，可用配位滴定法测定。滴定时，Fe^{3+}、Al^{3+} 等干扰离子可用三乙醇胺予以掩蔽；Cu^{2+}、Pb^{2+}、Zn^{2+} 等重属离子，可用 KCN、Na_2S 或巯基乙酸予以掩蔽。

测定时可取一定量水样，调节 pH 至 10 左右，以 EBT 作指示剂，用 EDTA 滴定液（0.05mol/L）滴定 Ca^{2+}、Mg^{2+} 总量，即可计算水的总硬度。

水的总硬度有多种表示方法，《中华人民共和国药典》（2015 年版）规定以每升水中所含 Ca^{2+}、Mg^{2+} 总量折算成 $CaCO_3$ 的质量表示，单位为 mg/L。工业上水的总硬度通常用德国度表示，1 度相当于 1L 水中含 CaO 10mg。反应式为：

滴定前　M+EBT $\rightleftharpoons$ M-EBT
　　　　　　　　　　酒红色
滴定时　M+EDTA $\rightleftharpoons$ M-EDTA
终点时　M-EBT+EDTA $\rightleftharpoons$ M-EDTA+EBT
　　　　酒红色　　　　　　　　　　蓝色

【操作准备】
仪器　移液管（50mL）、酸式滴定管（50mL）、锥形瓶（250mL）、烧杯（100mL）、量筒（10mL）。
试剂　0.05mol/L EDTA（$Na_2H_2Y\cdot 2H_2O$）、EBT 指示剂、$NH_3\cdot H_2O$-NH_4Cl 缓冲溶液（pH=10.0）。

【操作步骤】
精密移取 100mL 水样于 250mL 锥形瓶中，加 $NH_3\cdot H_2O$-NH_4Cl 缓冲溶液（pH≈10）

10mL,EBT 指示剂少许,用 EDTA 标准溶液(0.05mol/L)滴定,至溶液由酒红色变为蓝色即为终点,记录所消耗 EDTA 的体积 V。平行测定 3 次。

按照下式计算水的总硬度:

$$\rho_{\text{总}}(\text{CaCO}_3) = c(\text{EDTA})V(\text{EDTA})M(\text{CaCO}_3) \times 10$$

【数据记录与分析结果】

测定次数		1	2	3
吸取 H_2O 的体积/mL		100.00	100.00	100.00
滴定消耗 EDTA 滴定液的体积/mL	V(始)			
	V(末)			
	V(EDTA)=V(末)−V(始)			
水的总硬度($\rho_{\text{总}}$)/(mg/L)		$\rho_1=$	$\rho_2=$	$\rho_3=$
$\overline{\rho}_{\text{总}}$/(mg/L)				
绝对偏差 d_i/(mg/L)		$d_1=$	$d_2=$	$d_3=$
平均偏差 $\overline{d}$/(mg/L)				
相对平均偏差 $R\overline{d}=\dfrac{\overline{d}}{\overline{\rho}_{\text{总}}}\times 100\%$				

【注意事项】

1. 本实验的总硬度计算公式只适用于取样量为 100mL。

2. 若水的硬度较高,可在加入缓冲溶液之前,先将水样酸化,搅拌 2min 驱逐 CO_2 气体。

3. 水样中若含有 Mn^{2+} 时,在碱性条件下可被空气中的氧氧化成 MnO_2,MnO_2 能将铬黑 T(EBT)指示剂氧化使其褪色,此时应加入盐酸羟胺以防止指示剂被氧化。

4. 滴定速度不能太快,近终点时要缓慢,并充分摇动,以免滴定过量。

5. 配位滴定法对纯化水的质量要求较高,不能含有 Fe^{3+}、Al^{3+}、Cu^{2+}、Mg^{2+} 等离子。

【思考与讨论】

1. 用铬黑 T 指示剂时,为什么要控制 pH≈10?

2. 水的硬度有哪些表示方法?

3. 用 EDTA 滴定 Ca^{2+}、Mg^{2+} 时,为什么要加氨性缓冲溶液?

操作技能二十二　$KMnO_4$ 溶液吸收曲线的绘制

【操作目的】

1. 熟练掌握 722 型分光光度计的操作方法。

2. 学会绘制吸收光谱曲线的一般方法。

3. 知道根据吸收光谱曲线找出最大吸收波长。

【操作原理】

吸收曲线又称吸收光谱或光谱曲线,是通过测量一定浓度的溶液对不同波长单色光的吸光度,以入射光波长(λ)为横坐标,以波长对应的光的吸光度(A)为纵坐标,所绘制的曲线。在吸收曲线中,吸收峰最高处所对应的波长称为最大吸收波长,用 $\lambda_{\max}$ 表示。吸收曲线的形状和最大吸收波长与吸光物质的本性有关,吸收峰的高度与吸光物质的浓度有关,定量测定的准确度与测定时所选的波长有关。因此,吸收曲线是对物质进行定性鉴别和定量测定的重要依据之一。

【操作准备】

仪器 722型分光光度计、电子天平、称量瓶、容量瓶(100mL、50mL)、吸量管(20mL)、烧杯(100mL)、洗耳球、擦镜纸。

试剂 $KMnO_4$(A.R.)。

【操作步骤】

1. 配制 $KMnO_4$ 标准溶液

精密称取 $KMnO_4$(A.R.)试剂 0.0125g,置于洁净的小烧杯中,加适量的纯化水溶解后,定量转入 100mL 容量瓶中,用纯化水稀释至标线,摇匀备用。此 $KMnO_4$ 溶液的浓度为 0.125g/L。

2. 绘制 $KMnO_4$ 溶液的吸收曲线

(1) 精密吸取 $KMnO_4$ 标准溶液 20.00mL 置于洁净的 50mL 容量瓶中,加纯化水稀释至标线处,摇匀备用。此时 $KMnO_4$ 溶液的浓度为 $50\mu g/L$。

(2) 将稀释好的 $KMnO_4$ 溶液和参比溶液(纯化水)分别置于 1cm 的吸收池中,并放入 722 型分光光度计的吸收池架上,按照 722 型分光光度计的操作规程(见教材正文)测定其吸光度。

(3) 分别以波长为 420nm、440nm、460nm、480nm、500nm、515nm、520nm、525nm、530nm、535nm、540nm、550nm、560nm、580nm、600nm、620nm、640nm、660nm、680nm 的光作为入射光,测定其吸光度,并做好数据的记录。

注意:每改变一次入射光的波长,都需要用蒸馏水调节透光率为 100%,再测定溶液的吸光度。

(4) 根据测定结果,以入射光波长(λ)为横坐标,以波长对应的光的吸光度(A)为纵坐标,将测得的吸光度数值逐点描绘在坐标纸上,将各点连成平滑的曲线,即得吸收光谱曲线。

3. 找出最大吸收波长

在吸收光谱曲线中,找到吸收峰最高处所对应的波长,即 $KMnO_4$ 溶液的最大吸收波长。

【思考与讨论】

1. 用不同浓度的 $KMnO_4$ 溶液绘制的吸收光谱曲线,最大吸收波长是否相同?
2. 同一波长下,不同浓度的 $KMnO_4$ 溶液吸光度的变化有什么规律?
3. 吸收曲线在实际应用中有何意义?

操作技能二十三　　$KMnO_4$ 溶液的含量测定(工作曲线法)

【操作目的】

1. 学会绘制工作曲线(标准曲线)的一般方法。
2. 会用标准曲线法测定高锰酸钾溶液的含量。
3. 熟练掌握使用 722 型分光光度计测定溶液吸光度的方法。

【操作原理】

当一束平行的单色光通过均匀、无散射的溶液时,在单色光波长、强度、溶液的温度等条件不变的情况下,溶液的吸光度与溶液的浓度及液层厚度的乘积成正比,即:$A = KcL$。

当溶液的浓度、温度、液层的厚度一定时,溶液对 λ_{max} 的光吸收程度最大。因此,在实际工作中,为了获得较高的测定灵敏度,测定溶液的吸光度时,常用最大吸收波长(λ_{max})的光作为入射光。若固定吸收池的厚度,则吸光度的大小与吸光性物质溶液的浓度成正比。用722型分光光度计测定不同浓度的标准溶液的吸光度,以标准溶液浓度(c)为横坐标,所对应的吸光度(A)为纵坐标,绘制出工作曲线,也称为标准曲线或 A-c 曲线。

测定样品溶液的吸光度。根据样品溶液的吸光度,在标准曲线上可以查出样品溶液的浓度。再根据下式计算原样品溶液的浓度:

$$c_{原样} = c_{样} \times 稀释倍数$$

【操作准备】

仪器 722型分光光度计、电子天平、容量瓶、吸量管、洗耳球、擦镜纸。

试剂 $KMnO_4$(A.R.)、0.05mol/L 的 H_2SO_4 溶液。

【操作步骤】

1. 配制 $KMnO_4$ 标准溶液

精密称取 $KMnO_4$(A.R.)试剂 0.5000g,置于 250mL 烧杯中,加纯化水 100mL 和 0.05mol/L 的 H_2SO_4 溶液 20mL,溶解后,定量转移至 1000mL 容量瓶中,加纯化水稀释至标线,摇匀备用。此 $KMnO_4$ 溶液的浓度为 0.5000mol/L。

2. 绘制工作曲线(标准曲线)

(1) 标准系列溶液的配制 取 5 个洁净的 50mL 容量瓶,编号,分别加入上述标准溶液 1.00mL、2.00mL、3.00mL、4.00mL、5.00mL,依次加纯化水稀释至刻度,摇匀,放置 5min。

(2) 标准系列溶液吸光度的测定 以操作技能二十二测定的 $KMnO_4$ 溶液的最大吸收波长作为入射光,以纯化水作参比(空白),以 1cm 比色皿作吸收池,用 722 型分光光度计依次从稀溶液至浓溶液测定标准系列的吸光度。

(3) 绘制工作曲线 以吸光度(A)为纵坐标、浓度(c)为横坐标,绘制出工作曲线,也称为标准曲线或 A-c 曲线。

3. 测定 $KMnO_4$ 样品溶液的浓度

精密吸取 $KMnO_4$ 样品溶液(浓度约为 0.5000mol/L)5.00mL,置于 50mL 容量瓶中,加入纯化水稀释至刻度,摇匀,放置 5min。按测定标准系列溶液吸光度的相同条件和方法,测定该溶液的吸光度($A_{样}$)。在标准曲线上根据 $A_{样}$ 的数据查出 $c_{样}$,并按下式计算高锰酸钾原样品溶液的浓度:

$$c_{原样} = c_{样} \times 10$$

【思考与讨论】

1. 为什么要以溶液的最大吸收波长作为入射光来测定该溶液的吸光度?
2. 如果待测物是 $KMnO_4$ 固体样品,能否用此法测其含量?

操作技能二十四 直接电位法测定溶液的 pH

【操作目的】

1. 学会直接电位法测定溶液 pH 的原理及方法。
2. 熟练掌握使用酸度计测定溶液 pH 的操作技能。

【操作原理】

将 pH 玻璃电极和甘汞电极插入被测溶液中可组成测定 pH 的原电池。在一定条件下,电池电动势 EMF 与被测溶液 pH 的关系为：
$$EMF = K + 0.059 pH \quad (25℃)$$

其中，K 为未知的常数。为消除公式中的常数 K，可将 pH 玻璃电极-甘汞电极对（或复合电极）分别插入 pH_s 标准溶液和 pH_x 未知溶液中，则电池电动势 EMF_s 和 EMF_x 分别为：

$$EMF_s = K + 0.059 pH_s$$
$$EMF_x = K + 0.059 pH_x$$

两式相减可得：

$$pH_x = pH_s - \frac{EMF_s - EMF_x}{0.059} \quad (25℃)$$

酸度计可把测得的电动势 EMF_s 和 EMF_x 直接转化成 pH 表示出来。测定过程分两步进行：首先，将 pH 玻璃电极-甘汞电极对（或复合电极）插入 pH_s 标准溶液，利用酸度计上的定位调节器直接调出标准溶液的 pH_s 值（消除 K），之后，再将 pH 玻璃电极-甘汞电极对（或复合电极）插入 pH_x 未知液，此时，酸度计显示的即为被测溶液的 pH_x 值。

【操作准备】

仪器 pH_s-3C 型酸度计、231 型 pH 玻璃电极、232 型饱和甘汞电极（或复合 pH 玻璃电极 E-201-Q9）、烧杯（50mL）、温度计、塑料洗瓶、滤纸、胶头滴管、广泛 pH 试纸。

试剂 邻苯二甲酸氢钾标准缓冲溶液（pH=4.00）、磷酸盐标准缓冲溶液（pH=6.86）、硼酸盐标准缓冲溶液（pH=9.18）、50g/L 葡萄糖溶液、12.5g/L 碳酸氢钠溶液、生理盐水、纯化水。

【操作步骤】

1. 酸度计的准备与校准

(1) 将玻璃电极提前 24h 以上在纯化水中浸泡活化（复合玻璃电极在纯化水中浸泡活化 8h 以上即可）。

(2) 接通电源，按下开关，指示灯亮。预热 30min 以上。

(3) 取下短路电极插，安装电极。

(4) 选择仪器测量方式为"pH"方式。

(5) 调节"温度"补偿器，使仪器显示的温度与待测液的温度一致。

(6) 将浸泡好的电极用纯化水清洗后，用滤纸吸干水分，插入 pH=6.86 的标准缓冲溶液中，调节"定位"调节器，使酸度计显示屏的读数为 6.86。

(7) 取出电极，用纯化水清洗，再用滤纸吸干水分，之后将其插入 pH=4.00 的邻苯二甲酸氢钾标准缓冲溶液中，调节"斜率"调节器，使酸度计显示屏读数为 4.00。

重复 (6) (7) 步操作，直至酸度计显示屏的数据重复显示标准缓冲溶液的 pH 值（允许变化范围为±0.01pH）。

2. 待测液 pH 的测定

(1) 50g/L 葡萄糖溶液 pH 的测定 将电极从 pH=4.00 的邻苯二甲酸氢钾标准缓冲溶液中取出，用纯化水清洗干净，再用葡萄糖待测液清洗一次，用滤纸吸干水分后，将电极插入葡萄糖待测液中，轻轻晃动烧杯，待显示屏上显示的数据稳定后（读数在 1min 内改变不超过±0.05pH），读取葡萄糖溶液的 pH。重复测量三次，记录数值。

(2) 生理盐水 pH 的测定 用 pH=6.86 的磷酸盐标准缓冲溶液代替 pH=4.00 的邻苯二甲酸氢钾标准缓冲溶液进行"斜率"校正，然后，用同样的方法测量生理盐水的 pH，重复测量三次，记录数值。

（3）12.5g/L 碳酸氢钠溶液 pH 的测定　用 pH=9.18 的硼砂盐标准缓冲溶液代替 pH=4.00 的邻苯二甲酸氢钾标准缓冲溶液进行"斜率"校正，然后，用同样的方法测量碳酸氢钠溶液的 pH，重复测量 3 次，记录数值。

以上测量完毕，关上"电源"开关，拔去电源。取下电极，用纯化水将电极清洗干净，浸入纯化水中备用。

【数据记录与分析结果】

测定次数	1	2	3
50g/L 葡萄糖溶液 pH	$pH_1=$	$pH_2=$	$pH_3=$
$\overline{pH}$			
绝对偏差 d_i	$d_1=$	$d_2=$	$d_3=$
平均偏差 $\overline{d}$			
相对平均偏差 $R\overline{d}=\dfrac{\overline{d}}{\overline{pH}}\times 100\%$			
生理盐水 pH	$pH_1=$	$pH_2=$	$pH_3=$
$\overline{pH}$			
绝对偏差 d_i	$d_1=$	$d_2=$	$d_3=$
平均偏差 $\overline{d}$			
相对平均偏差 $R\overline{d}=\dfrac{\overline{d}}{\overline{pH}}\times 100\%$			
12.5g/L 碳酸氢钠溶液 pH	$pH_1=$	$pH_2=$	$pH_3=$
$\overline{pH}$			
绝对偏差 d_i	$d_1=$	$d_2=$	$d_3=$
平均偏差 $\overline{d}$			
相对平均偏差 $R\overline{d}=\dfrac{\overline{d}}{\overline{pH}}\times 100\%$			

【思考与讨论】

1. 直接电位法测定溶液的 pH 时，利用标准 pH 缓冲溶液对酸度计进行定位的目的是什么？
2. 玻璃电极或复合电极使用前应如何处理？
3. 直接电位法测定溶液的 pH 时，如何选择仪器和测定方法？
4. 用一点校准测量未知液的 pH 时，应如何选择标准缓冲溶液，为什么？

操作技能二十五　几种金属离子的分离柱色谱法

【操作目的】

1. 学会色谱柱的制作方法。
2. 学会用柱色谱法对常见的几种金属离子进行分离操作。

【操作原理】

不同的金属离子因其所带的电荷不同，电子层结构不同，被吸附剂吸附的能力就不同，即和吸附剂的结合力不同。当用适当的溶剂洗脱时，它们在色谱柱中流动的速度就不同，从而达到分离的目的。

【操作准备】

仪器 色谱柱（1cm×20cm）或用酸式滴定管、滴定台架、蝴蝶夹、漏斗、锥形瓶、玻璃棒。

试剂 Fe^{3+}、Cu^{2+}、Co^{2+} 三种离子混合液、活性氧化铝（80～120目）。

【操作步骤】

1. 装柱

取色谱柱一支，从上端塞入脱脂棉一小团用细长的玻璃棒推到色谱柱底部，并用玻璃棒轻轻压平，夹在蝴蝶夹上。然后，通过漏斗加入80～120目的活性氧化铝约10～15cm高，边装边慢慢敲打色谱柱，使氧化铝填装均匀。再在氧化铝上面加入一小团脱脂棉，用玻璃棒轻轻压平。

2. 加样

用滴管加入 Fe^{3+}、Cu^{2+}、Co^{2+} 三种离子混合液10滴。

3. 洗脱

当 Fe^{3+}、Cu^{2+}、Co^{2+} 三种离子混合液全部渗入氧化铝后，慢慢地、连续不断地加入纯化水进行洗脱，同时打开色谱柱下端活塞，使洗脱剂慢慢流出。由于活性氧化铝对三种离子的吸附力不同，三种离子在氧化铝中的流速就不同，可以看到三种离子形成三种不同的色带。继续添加纯化水进行洗脱，分别用锥形瓶接收不同的离子溶液，观察现象并记录结果。

【思考与讨论】

1. 装柱时，氧化铝为什么要尽量均匀、紧密，上面还要放一小团棉花并压平？
2. 简述离子的电荷与它在色谱柱中的保留时间有何关系。

操作技能二十六　几种氨基酸的分离与分析（纸色谱法）

【操作目的】

1. 通过氨基酸的分离，学习纸色谱法的基本原理及操作方法。
2. 掌握氨基酸纸色谱法的操作技术（点样、平衡、展层、显色、鉴定）。

【操作原理】

纸色谱法是分配色谱的一种，以滤纸作为惰性支持物。层析溶剂（扩展剂）由有机溶剂和水组成。

在纸上水被吸附在纤维素的纤维之间形成固定相。由于纤维素上的羟基具有亲水性，和水以氢键相连，使这部分水不易扩散，所以能与水混合的溶剂仍然形成类似不相混合的两相。当有机相沿纸流动经过层析点时，层析点上溶质就在水相和有机相之间进行分配，有一部分溶质离开原点随有机相移动而进入无溶质的区域，这时又重新进行分配，一部分溶质从有机相进入水相。当有机相不断流动时，溶质就沿着有机相流动的方向移动，不断进行分配。溶质中各组分的分配系数不同，移动速率也不同，因而可以彼此分开。物质被分离后在纸色谱图谱上的位置是用 R_f 值（比移）来表示的。

$$R_f = \frac{原点到斑点中心的距离}{原点到溶剂前沿的距离}$$

在一定的条件下某种物质的 R_f 值是常数。R_f 值的大小与物质的结构、性质、溶剂系统、pH 层析滤纸的质量和层析温度等因素有关。氨基酸、糖、核苷酸、甾体激素、维生素、抗生素等很多物质都能用纸色谱法分离。

【操作准备】

仪器 玻璃展开槽（150mm×300mm）、层析滤纸（100mm×200mm）、平口毛细管（直径1mm左右）、喷雾器。

试剂 展开剂（正丁醇：甲酸：水=15：3：2）、显色剂[水合茚三酮正丁醇溶液（1g/L）]、异亮氨酸、赖氨酸和谷氨酸。

【操作步骤】

1. 供试品溶液及对照溶液的制备

（1）氨基酸标准溶液　将异亮氨酸、赖氨酸和谷氨酸分别配成2g/L的水溶液。

（2）氨基酸混合试液　将上述异亮氨酸、赖氨酸和谷氨酸溶液等量混合。

2. 点样

用拇指和食指捏住滤纸的最上方取纸条，在距离下端2.5cm处，用铅笔画一水平线，在线上等间距离2cm画出4个点（可标记为A、B、C、D），作为原点。用毛细管在A、B、C点分别点上3种氨基酸标准溶液，在D点上点氨基酸混合溶液，斑点直径不能大于3mm（注意：点样的毛细管不能混用）。

3. 展开分离

将点好样的滤纸晾干，然后用挂钩挂在展开槽盖上，放入已盛有50mL展开剂的展开槽中，饱和0.5h。然后，滤纸下端浸入展开剂约0.5cm，进行展开。注意原点必须离开液面。当展开剂前沿上升至15～17cm（也可以距离滤纸顶端约2cm）时，取出层析纸，画出溶剂前沿，将滤纸晾干或烘干。

4. 显色

展开后的滤纸晾干或烘干后，用喷雾器在层析纸上均匀喷上显色剂茚三酮，放入100℃烘箱中烘3～5min，滤纸干后，即可显出紫红色的层析斑点，用铅笔描出各斑点的轮廓，计算 R_f 值。

5. 定性分析

比较混合液中氨基酸的斑点与各种氨基酸的斑点的大小和颜色的深浅，判断混合液中各种氨基酸。

【思考与讨论】

1. 影响 R_f 值的因素有哪些？
2. 在色谱实验中为何常采用标准品对照？

操作技能二十七　几种磺胺类药物的分离与分析（薄层色谱法）

【操作目的】

1. 熟练掌握制作薄层硬板的铺制方法。
2. 熟悉薄层色谱法分离鉴定混合物的原理。
3. 熟练掌握 R_f 的计算方法。

【操作原理】

由于不同的磺胺类药物结构不同，分子的极性大小不同，分子量不同，因此被吸附剂吸附的能力就不同。一般规律是：极性大的组分被极性吸附剂牢固吸附，不易被展开剂展开，R_f 值小；极性小的组分被极性吸附剂吸附得不牢固，易被展开剂展开，R_f 值就大，从而可将混合物中不同的磺胺类药物分开，通过斑点定位后即可进行磺胺类药物的定性和定量分析。

【操作准备】

试剂 薄层色谱用硅胶 H 或硅胶 G（200～400 目）、1%羧甲基纤维素钠（CMC-Na）水溶液、氯仿-甲醇-水（体积比＝32∶8∶5）、0.2%的磺胺嘧啶、磺胺甲嘧啶、磺胺二甲嘧啶的对照品甲醇溶液、2%的对二甲氨基苯甲醛的 1mol/L 盐酸溶液（显色剂）、三种磺胺类药物的混合甲醇溶液。

仪器 色谱槽、玻片（5cm×10cm）、研钵、内径 1mm 左右的平口毛细玻璃管（或微量注射器）、喷雾器、电吹风。

【操作步骤】

1. 硅胶 CMC-Na 薄层板的制备

取 5g 硅胶 H（200～400 目）置于研钵中，加入 1%CMC-Na 约 15mL，研磨成糊，置于三块洁净的玻片上，用两端缠绕胶布的玻璃棒（两边胶布的距离就是薄层板的宽度，胶布的厚度就是薄层板的厚度）将糊状物涂覆于整个玻片，再在试验台上轻轻地振动玻片，使糊状物平铺于玻片上，形成均匀的薄层，然后置于水平台上自然晾干，再放入烘箱中于 110℃活化 1～2h，取出置于干燥器中储存备用。

2. 点样

在活化后的薄层板上，用铅笔在距底边 1.5～2cm 处标记起始线，在线上等间距离画出 4 个点（可标记为 A、B、C、D）作为原点。用毛细管在 A、B、C 点分别点上 3 种磺胺类药物的标准溶液，在 D 点上点磺胺类药物的混合液，斑点直径约 2mm 大小（注意：点样的毛细管不能混用）。

3. 展开

将点好样的薄层板置于被展开剂饱和的密闭色谱槽中，注意原点必须离开液面。待展开至 3/4～4/5 高度时取出，立即用铅笔标出溶剂前沿，晾干。

4. 显色

用喷雾器将显色剂均匀地喷洒在薄层板上，即可见斑点，记录斑点的颜色。

5. 定性鉴别

用铅笔画出各斑点，用直尺量出各斑点中心到原点的距离、溶剂前沿到原点的距离，计算各种磺胺类药物的 R_f 值，通过比较样品与对照品的 R_f 值进行定性鉴别。

$$R_f = \frac{原点到斑点中心的距离}{原点到溶剂前沿的距离}$$

【思考与讨论】

1. 薄层色谱法的操作方法可分为哪几步？假若硅胶和羧甲基纤维素钠（CMC-Na）混合不均匀，制取的薄层板对分析结果有何影响？
2. 若色谱槽没有预先用展开剂的蒸气饱和，将对实验有什么影响？
3. 试述磺胺嘧啶、磺胺甲嘧啶、磺胺二甲嘧啶的 R_f 值存在差异的原因？
4. 如果色谱结果出现斑点不集中、有拖尾现象，可能是什么原因造成的？

操作技能二十八　乙醇中微量水分的含量测定（气相色谱法）

【操作目的】

1. 掌握气相色谱法测定微量水分的方法。
2. 掌握内标法的原理及其应用。
3. 熟悉气相色谱仪的操作程序。

【操作原理】

内标法即准确称取一定量的样品（m），并准确加入一定量的内标物（m_s），混匀后进样，根据所称质量与相应峰面积之间的关系求出待测组分的含量：

$$w_i = \frac{A_i f_i}{A_s f_s} \times \frac{m_s}{m}$$

内标法具备归一化的优点，即实验条件的变动对定量结果影响不大，而且只要被测组分与内标物产生信号即可用于定量，很适合中药和复方药物的某些有效成分的含量测定。另外，还特别适用于微量杂质的检查，由于杂质与主要成分含量相差悬殊，无法用归一化法测定杂质含量，采用内标法则很方便。加入一个与杂质质量相当的内标物，增大进样量突出杂质峰，测定杂质峰与内标物峰面积之比，则可求出杂质含量。

上试401有机载体属于高分子多孔小球，本身既是载体又是固定相，可以在高温活化后直接用于分离，也可以作为载体涂上其他固定液后再用于分离，直接使用时，对于含有—OH的化合物均有相对低的亲和力，且峰形对称，故特别适合于有机物中痕量水分的测定，还可以用于多元醇、脂肪酸和胺类等分析。

【操作准备】

仪器 102G型气相色谱仪（或其他型号仪器）、微量注射器（10μL）。

试剂 无水甲醇（A.R.，内标物），样品：无水乙醇（A.R.或C.P.）。

【操作步骤】

1. 实验条件

色谱仪：102G型气相色谱仪；色谱柱：上试401载体（2m×4mm）；柱温：100～120℃；汽化室温度：150℃；检测器温度：140℃；载气：H_2；流速：40～50mL/min；检测器：热导池；桥流：150mA；进样量：6～10μL；内标物：无水甲醇（A.R.）。

2. 样品配制

准确量取100mL待检无水乙醇，精密称其质量。用减重法加入无水甲醇约0.25g，精密称定，混匀待用。

3. 测定

待基线平直后，进样6～10μL，测定水及甲醇的峰高及半峰宽，计算无水乙醇的含水量。

【数据记录与分析结果】

1. 数据记录

组分	t_R/min	h/cm	$W_{1/2}$/cm	A/cm²	f (h)	f (A)	m/g	H_2O的含量(以峰高计算)		H_2O的含量(以峰面积计算)	
								$\rho(H_2O)$/(g/L)	$w(H_2O)$/%	$\rho(H_2O)$/(g/L)	$w(H_2O)$/%
水					0.224	0.55					
甲醇					0.340	0.58					

2. 数据处理

(1) 以峰高及其校正因子计算含水量（需对称因子在0.95～1.05之间）。

$$\rho(H_2O) = \frac{h(\text{甲醇}) \times 0.224}{h(\text{甲醇}) \times 0.340} \times \frac{m(\text{甲醇})}{100} \times 1000$$

$$w(H_2O) = \frac{h(H_2O) \times 0.224}{h(\text{甲醇}) \times 0.340} \times \frac{m(\text{甲醇})}{79.39}$$

(2) 用峰面积及其校正因子计算含水量。

$$\rho(H_2O) = \frac{A(H_2O) \times 0.55}{A(甲醇) \times 0.58} \times \frac{m(甲醇)}{100} \times 1000$$

$$w(H_2O) = \frac{A(H_2O) \times 0.55}{A(甲醇) \times 0.58} \times \frac{m(甲醇)}{79.39}$$

【思考与讨论】
1. 热导检测器中载气流速与峰高、峰面积的关系如何？试解释内标法中以峰面积定量时为何载气流速的变化对测定结果影响较小？
2. 试解释本实验色谱峰的流出顺序为何按水、甲醇、乙醇流出？

操作技能二十九　维生素 E 的含量测定（气相色谱法）

【操作目的】
1. 掌握气相色谱法的操作方法。
2. 熟悉气相色谱法测定维生素 E 的色谱条件选择。
3. 掌握基于校正因子的内标法的含量测定。

【操作原理】
维生素 E 是苯并二氢吡喃的衍生物，是与生殖功能有关的一类维生素的总称。用气相色谱法测定时，以聚硅氧烷（OV-17）为固定相，以正三十二烷为内标物，以内标法定量测定。

供试品和内标均制成溶液，进入气相色谱仪进行色谱分离，于波长 254nm 处检测维生素 $E(C_{31}H_{52}O_3)$ 和内标物正三十二烷的吸收值，计算出其含量。

【操作准备】
仪器　气相色谱仪、微量注射器（5μL）、分析天平、色谱柱［以聚硅氧烷（OV-17）为固定相，涂布含量为 2％；或以 HP-1 毛细管柱（100％二甲基聚硅氧烷）为分析柱；理论塔板数按维生素 E 峰计算不低于 500（填充柱）或 5000（毛细管柱），维生素 E 峰与内标物质峰的分离度应符合要求］。

试剂　正三十二烷、正己烷、维生素 E 对照品、维生素 E 样品。

【操作步骤】
1. 溶液的制备
(1) 内标物溶液的配制　精密称取内标物正三十二烷 50mg，置于小烧杯中，加入 20mL 正己烷用玻璃棒搅拌使其溶解，然后，用玻璃棒引流到 50mL 容量瓶中，用少量的正己烷洗烧杯 2~3 次。洗液全部引流到容量瓶中，继续往容量瓶中加正己烷至刻度，摇匀。得浓度为 1.0mg/mL 的内标物溶液。

(2) 对照品溶液的制备　精密称取维生素 E 对照品 20.0mg，置于棕色具塞瓶中，精密加入内标物溶液 10mL，溶解，得到浓度为 2.0mg/mL 的对照品溶液。

(3) 供试品溶液的制备　精密称取样品 30.0mg，置于棕色具塞瓶中，精密加入内标物溶液 10mL，溶解，即得。

2. 色谱条件
检测波长 254nm、柱温 265℃。

【数据记录与分析结果】
1. 校正因子的测定
精密吸取对照品 2μL，注入气相色谱仪，测量峰高，计算相对校正因子。

$$校正因子(f) = \frac{A_s/m_s}{A_t/m_t}$$

式中　A_s——内标物的峰面积或峰高；
　　　A_t——维生素 E 对照品的峰面积或峰高；
　　　m_s——加入内标物的量；
　　　m_t——加入维生素 E 对照品的量。

2. 样品的测定

精密吸取样品 $2\mu L$，注入气相色谱仪，测量峰高，计算样品含量。

$$含量(m_x) = f \times \frac{A_x}{A_s/m_s}$$

式中　m_x——维生素 E 样品的量；
　　　A_x——维生素 E 样品的峰面积或峰高；
　　　f——校正因子；
　　　A_s——内标物的峰面积或峰高；
　　　m_s——加入内标物的量。

【思考与讨论】
1. 简述气相色谱法的原理。
2. 简述气相色谱法测定维生素 E 的步骤。

操作技能三十　内标对比法测定扑热息痛片的含量（高效液相色谱法）

【操作目的】
1. 掌握用内标对比法测定药物含量的实验步骤和计算方法。
2. 掌握高效液相色谱仪的使用方法。
3. 学会用高效液相色谱法测定扑热息痛含量的方法。

【操作原理】

内标对比法是内标法的一种，是高效液相色谱最为常用的定量分析方法。内标对比法采用配制含有相同内标物浓度的对照品溶液和样品溶液，分别注入色谱仪，测得对照品溶液中待测组分 i 和内标物的峰面积 $A_{i对照}$ 和 $A_{s对照}$ 及样品溶液中待测组分 i 和内标物的峰面积 $A_{i样品}$ 和 $A_{s样品}$，按下式计算样品溶液中待测组分 i 的浓度：

$$c_{i样品} = c_{i对照} \times \frac{A_{i样品}/A_{s样品}}{A_{i对照}/A_{s对照}}$$

扑热息痛即对乙酰氨基酚，其稀溶液在 (257 ± 1)nm 处有最大吸收，可用于定量测定。在其生产中，有可能引入对氨基酚等中间体，这些杂质亦产生紫外吸收，因此采用高效液相色谱法测定含量更为合适。

【操作准备】

仪器　托盘天平、烧杯（500mL）、分析天平、容量瓶、移液管、高效液相色谱仪。

试剂　甲醇（A.R.）、重蒸馏水、扑热息痛片、对乙酰氨基酚对照品、咖啡因对照品（内标物）。

【操作步骤】

1. 色谱条件

色谱柱　ODS柱（15cm×4.6cm，5μm）；
流动相　甲醇：水＝3V：2V；
流速　0.6mL/min；
检测波长　257nm；
柱温　20℃左右；
内标物　咖啡因。

2. 对照品溶液的配制

精密称取扑热息痛对照品约50mg及内标物咖啡因约50mg，同置100mL容量瓶中，加甲醇（A.R.）适量，振摇使溶解，并稀释至刻度，摇匀。精密吸取上述溶液1mL，置50mL容量瓶中，用流动相稀释至刻度，摇匀。然后，过4.5μm的微孔滤膜，取滤液备用。

3. 样品溶液的配制

精密称取扑热息痛样品约50mg，及内标物咖啡因约50mg，同置100mL容量瓶中，加甲醇适量，振摇使溶解，并稀释至刻度，摇匀。精密吸取上述溶液1mL，置50mL容量瓶中，用流动相稀释至刻度，摇匀。然后，过4.5μm的微孔滤膜，取滤液备用。

4. 测量分析

（1）流动相脱气→泵抽滤头放入流动相→开泵电源→放空阀逆时针转180°→按Puege键→观察废液中是否有气泡→按Puege键停泵→顺时针关闭放空阀→设置流速0.6mL/min→开泵。

（2）开检测器，设置检测波长257nm。

（3）打开工作站，设置参数，查看基线。

（4）待基线平稳后，用微量注射器吸取对照品溶液，进样20μL，记录色谱图，重复三次。

（5）以同样方式分析样品溶液。

【数据记录与分析结果】

测定次数	对照品溶液			样品溶液		
	A_i	A_s	A_i/A_s	A_i	A_s	A_i/A_s
1						
2						
3						
平均值						

$$w_{扑热息痛} = \frac{(A_i/A_s)_{样品}}{(A_i/A_s)_{对照品}} \times \frac{m_{对照品}}{m_{s对照品}} \times \frac{m_{s样品}}{m_{样品}}$$

【思考与讨论】

1. 内标对比法有何优点？如何选择内标物质？
2. 配制样品溶液时，为什么要使其浓度与对照品浓度接近？

达标测评参考答案

第一章 绪 论

二、单项选择题
1．E，2．D，3．A，4．E，5．A，6．C

三、填空题
1．研究物质化学组成的分析方法及相关理论的
2．仪器分析、定性分析、滴定分析、重量分析
3．常量
4．定性分析、定量分析

第二章 误差与分析数据处理

二、单项选择题
1．D，2．C，3．A，4．D，5．B，6．B，7．D，8．C，9．D，10．B，11．C，12．C

三、多项选择题
1．AD，2．CDE，3．BCDE，4．CDE，5．ABC，6．ABDE，7．CD，8．BC

五、计算题
1．(1) 153.1；(2) 2.86
2．20.03%，0.01%，0.05%，0.016%，0.08%
3．0.1019 应保留

第三章 滴定分析法概论

二、单项选择题
1．A，2．D，3．C，4．A，5．B，6．A，7．C，8．C，9．A，10．D

三、多项选择题
1．ABCD，2．BC，3．AE，4．ABCDE，5．ABCE

四、填空题
1．滴定液、标准溶液
2．滴定液、被测物质
3．直接滴定、剩余滴定、置换滴定、间接滴定
4．$c_B = \dfrac{T_B \times 1000}{M_B}$
5．基准物质标定法、滴定液标定法

六、计算题

1. 18mol/L 28mL

2. 2.667mol/L 133.4mL

3. 0.1221g/mL

4. 0.1182mol/L

5. 0.9873

6. 0.9068

第四章 滴定分析常用仪器及基本操作

二、单项选择题

1. A，2. A，3. B，4. A，5. D，6. B，7. B，8. B，9. A，10. C，11. A，12. C，13. B

三、填空题

1. 电磁力平衡、杠杆

2. 降低

3. 浓度相同

4. 1、以使附着在管壁上的溶液流下、0.00

5. 刻度线附近、1min、旋转180°

6. 小烧杯、玻璃棒、容量瓶、3、10、1、滴管、凹液面的最低处、15

7. 0.01、15、0.00、废液缸

五、计算题

1. 19.98mL

2. $V_{实际}=31.23$mL

第五章 酸碱滴定法

二、单项选择题

1. C，2. C，3. D，4. C，5. B，6. E，7. B，8. B，9. A，10. C，11. E，12. B

三、填空题

1. 滴定终点、滴定突跃

2. 偏高、不变

3. $cK_a \geqslant 10^{-8}$、$cK_b \geqslant 10^{-8}$

4. 酸的浓度、酸的强度

5. 越大、越小、越大、越小

6. 有机弱酸或弱碱、不同颜色、酸式色、碱式色

7. pK_{HIn}、过渡色、$pK_{HIn} \pm 1$

五、计算题

1. 0.1146mol/L

2. pH=12.36

3. 0.1123mol/L

4. $w(Na_2CO_3)=0.5804$，$w(NaHCO_3)=0.1409$

第六章　沉淀滴定法

二、单项选择题
1. B, 2. A, 3. C, 4. C, 5. B, 6. A, 7. A, 8. C, 9. D, 10. B

三、填空题
1. 糊精、淀粉
2. 有机、阴、颜色
3. Cl^-、Br^-、I^-、SCN^-
4. 提前、负、推迟、正

五、计算题
1. 0.1005
2. 0.9870
3. 0.175g，0.075g
4. 0.654

第七章　氧化还原滴定法

二、单项选择题
1. C, 2. C, 3. D, 4. E, 5. B, 6. C, 7. E, 8. D, 9. B, 10. B, 11. D

三、填空题
1. 氧化、直接配制、$Na_2C_2O_4$、H_2SO_4、自身、淡红色
2. 氧化、还原、还原、氧化
3. 淀粉、蓝色、蓝色消失

五、计算题
1. 0.03098g/mL
2. 0.1171mol/L
3. 0.9149
4. 0.8243

第八章　配位滴定法

二、单项选择题
1. A, 2. D, 3. A, 4. D, 5. A, 6. D, 7. C, 8. B, 9. D, 10. B, 11. D

三、填空题
1. 封闭现象、掩蔽剂
2. 乙二胺四乙酸、6、7、6
3. 10、Ca^{2+}和Mg^{2+}总量、NaOH、$Mg(OH)_2$、Ca^{2+}

五、计算题
1. 0.01008mol/L
2. 0.99573
3. 111.1mg/L，Ca^{2+} 8.73mg/L，Mg^{2+} 21.69mg/L
4. 0.9831

第九章 电位法和永停滴定法

二、单项选择题
1. A，2. C，3. B，4. D，5. C，6. D，7. C

三、填空题
1. 氯离子浓度、0.2412V
2. 蒸馏水、24、在膜表面形成稳定的水化凝胶层、减小、稳定不对称电位
3. 酸度计、两次测量、消除公式中的常数项、消除不对称电位的影响
4. 可逆电对、电解反应、有
5. 三、可逆、不可逆、不可逆、可逆、可逆、可逆

第十章 紫外-可见分光光度法

二、单项选择题
1. B，2. A，3. C，4. B，5. A，6. B，7. C，8. A

三、填空题
1. 0.11、0.47
2. $\sqrt[3]{T}$
3. 最大吸收峰、最大吸收波长、形状、最大吸收波长、定性分析
4. 相似、相同、不同、高低峰不同

四、计算题
1. 2.65×10^4 L/(mol·cm)
2. 6.07×10^{-5} mol/L
3. 0.835

第十一章 原子吸收分光光度法

一、单项选择题
1. B，2. B，3. B，4. A，5. C，6. A，7. E，8. C

二、判断题
1×，2×，3√，4√，5×

第十二章 荧光分析法

二、单项选择题
1. B，2. B，3. C，4. B，5. A，6. A，7. B，8. C，9. B，10. E

三、填空题
1. 强烈吸收紫外－可见光、荧光效率足够大
2. 越大、长波、减弱
3. 相似、镜像关系
4. 温度、溶剂的极性、溶液的酸度、荧光熄灭剂、散射光
5. 光源、激发单色器、样品池、荧光单色器、荧光检测器、记录与显色器
6. 工作曲线法、对比法、联立方程法

四、问答题

1. 答：荧光的寿命比磷光短。荧光效率又称为荧光量子产率，是指激发态分子发射荧光的量子数与基态分子吸收激发光的量子数之比。

2. 答：荧光性物质的分子结构特点是具有共轭结构。分子结构对荧光强度的影响是：发荧光的物质中都含有共轭双键的强吸收基团，共轭体系越大，荧光效率越高；分子的刚性平面结构有利于荧光的产生；取代基对荧光物质的荧光特征和强度有很大影响，给电子取代基可使荧光增强，吸电子取代基使荧光减弱。

五、辨是非题

1. ×　2. √　3. ×　4. ×　5. √

六、计算题

解：根据题意可知，供试品溶液中炔雌醇的浓度范围为

$$\frac{31.5\mu g \times 20}{250ml} \times \frac{5ml}{10ml} \sim \frac{38.5\mu g \times 20}{250ml} \times \frac{5ml}{10ml}$$

即浓度为 1.26～1.54μg/ml 之间为合格品。

对照品浓度为 1.4μg/ml，其荧光计计数为 65。

由 $\frac{F_x}{F_s} = \frac{c_x}{c_s}$ 得，合格片的荧光光度计读数应在 58.5～71.5 之间。

答：合格片的荧光光度计读数应在 58.5～71.5 之间。

第十三章　色谱分析法

二、单项选择题

1. C，2. A，3. C，4. A，5. D，6. A，7. D，8. D，9. C，10. A，11. C，12. C，13. B，14. C，15. A，16. C，17. E，18. C，19. B，20. A

三、填空题

1. 物理、物理化学

2. 结构、性质

3. 纸纤维、分配

4. 较大、较小

5. 软、硬

6. 大于、较大

7. 输液泵、进样器、色谱柱、检测器、微机处理器

五、计算题

1. 0.60；10.2cm

2. 0.625，0.531，1.18

3. 1.045

4. 0.70%，0.67%

附录

附录一 常用弱酸、弱碱在水中的解离常数

名 称	化学式	温度/℃	分步	K_a（或 K_b）	pK_a 或 pK_b
砷酸	H_3AsO_4	25	1	5.8×10^{-3}	2.24
		25	2	1.1×10^{-7}	6.96
		25	3	3.02×10^{-12}	11.50
亚砷酸	$HAsO_2$	25		6×10^{-10}	9.23
硼酸	H_3BO_3	25		7.3×10^{-10}	9.14
碳酸	H_2CO_3	25	1	4.3×10^{-7}	6.34
		25	2	5.61×10^{-11}	10.25
氢氰酸	HCN	25		4.93×10^{-10}	9.31
氢氟酸	HF	25		3.53×10^{-4}	3.45
氢硫酸	H_2S	25	1	9.5×10^{-8}	7.02
		25	2	1.3×10^{-14}	13.9
铬酸	H_2CrO_4	25	1	1.8×10^{-1}	0.74
		25	2	3.2×10^{-7}	6.50
过氧化氢	H_2O_2	25		2.4×10^{-12}	11.62
磷酸	H_3PO_4	25	1	7.52×10^{-3}	2.12
		25	2	6.23×10^{-8}	7.21
		25	3	2.2×10^{-13}	12.66
焦磷酸	$H_4P_2O_7$	25	1	3.0×10^{-2}	2.12
		25	2	4.4×10^{-3}	2.36
		25	3	2.5×10^{-7}	6.60
		25	4	5.6×10^{-10}	9.25
硫酸	H_2SO_4	25	2	1.2×10^{-2}	1.92
亚硫酸	H_2SO_3	25	1	1.3×10^{-2}	1.90
		25	2	6.3×10^{-8}	7.20
亚磷酸	H_3PO_3	25	1	5.0×10^{-2}	1.30
		25	2	2.5×10^{-7}	6.60
偏硅酸	H_2SiO_3	25	1	1.7×10^{-10}	9.77
		25	2	1.6×10^{-12}	11.8
甲酸	HCOOH	25		1.8×10^{-4}	3.74
乙酸	CH_3COOH	25		1.76×10^{-5}	4.75
乳酸	$CH_3CHOHCOOH$	25		1.4×10^{-4}	3.85
草酸	$H_2C_2O_4$	25	1	6.5×10^{-2}	1.19
		25	2	6.1×10^{-5}	4.21
苯甲酸	C_6H_5COOH	25		6.46×10^{-5}	4.19
酒石酸	$(CHOHCOOH)_2$	25	1	1.04×10^{-3}	2.98
		25	2	4.55×10^{-5}	4.34

续表

名称	化学式	温度/℃	分步	K_a(或 K_b)	pK_a 或 pK_b
邻苯二甲酸	$C_6H_4(COOH)_2$	25	1	1.3×10^{-3}	2.89
		25	2	3.9×10^{-5}	5.51
一氯乙酸	$CH_2ClCOOH$	25		1.4×10^{-3}	2.85
二氯乙酸	$CHCl_2COOH$	25		5.0×10^{-2}	1.30
三氯乙酸	CCl_3COOH	25		2×10^{-1}	0.7
柠檬酸	$C_3H_4OH(COOH)_3$	25	1	7.4×10^{-4}	3.13
		25	2	1.7×10^{-5}	4.76
		25	3	4.0×10^{-7}	6.40
羟基乙酸	$CH_2(OH)COOH$	25		1.52×10^{-4}	3.82
水杨酸(邻羟基苯甲酸)	$C_6H_4OHCOOH$	20	1	1.0×10^{-3}	2.98
		20	2	2.5×10^{-14}	13.6
苹果酸(羟基丁二酸)	$HOCHCH_2(COOH)_2$	25	1	4.0×10^{-4}	3.40
		25	2	7.8×10^{-6}	5.11
抗坏血酸	$C_6H_8O_6$	25	1	5.0×10^{-5}	4.30
		25	2	1.5×10^{-10}	9.82
苯酚	C_6H_5OH	25		1.1×10^{-10}	9.95
对羟基苯甲酸	HOC_6H_5COOH	19	1	3.3×10^{-5}	4.48
		19	2	4.8×10^{-10}	9.32
氨水	$NH_3\cdot H_2O$	25		$1.76\times10^{-5}(K_b)$	$4.75(pK_b)$
氢氧化钙	$Ca(OH)_2$	25	1	$4.3\times10^{-2}(K_b)$	$1.40(pK_b)$
		25	2	$3.74\times10^3(K_b)$	$2.43(pK_b)$
甲胺	CH_3NH_2	25		$4.2\times10^{-4}(K_b)$	$3.38(pK_b)$
苯胺	$C_6H_5NH_2$	25		$1.3\times10^{10}(K_b)$	$9.37(pK_b)$
联苯胺	$(C_6H_4NH_2)_2$	20	1	$6.3\times10^{10}(K_b)$	$9.03(pK_b)$
		20	2	$5.6\times10^{11}(K_b)$	$10.25(pK_b)$

附录二 常用式量表

分子式	分子量	分子式	分子量	分子式	分子量
AgBr	187.77	$Ca(OH)_2$	74.09	H_3PO_4	98.00
AgCl	143.32	CO_2	44.01	H_2S	34.08
AgI	234.77	CuO	79.55	H_2SO_3	82.07
$AgNO_3$	169.87	Cu_2O	143.09	H_2SO_4	98.07
AgCN	133.89	$CuSO_4\cdot 5H_2O$	249.68	KBr	119.00
AgSCN	165.95	FeO	71.85	$KBrO_3$	167.00
Ag_2CrO_4	331.73	Fe_2O_3	159.69	KCl	54.551
Al_2O_3	101.96	$FeSO_4\cdot 7H_2O$	278.01	K_2CO_3	138.21
As_2O_3	197.84	$FeSO_4\cdot (NH_4)_2SO_4\cdot 6H_2O$	392.13	K_2CrO_4	194.19
$BaCl_2\cdot 2H_2O$	244.27	HCl	36.46	$K_2Cr_2O_7$	294.18
BaO	153.33	HClO	100.47	KH_2PO_4	136.09
$BaSO_4$	233.39	HNO_3	63.02	$KAl(SO_4)_2\cdot 12H_2O$	1474.38
$CaCO_3$	100.09	H_2O	18.01528	$KClO_3$	122.55
CaO	56.08	H_2O_2	34.01	KCN	65.116

续表

分子式	分子量	分子式	分子量	分子式	分子量
KSCN	97.18	$Na_2P_2O_7$	222.55	NH_3	17.03
KI	166.00	$Na_2B_4O_7 \cdot 10H_2O$	381.37	P_2O_5	141.49
KIO_3	214.00	NaBr	102.89	SO_2	64.06
$KMnO_4$	158.03	NaCl	58.44	SO_3	80.05
KNO_3	101.10	Na_2CO_3	105.99	ZnO	81.36
KOH	56.106	$NaHCO_3$	84.01	CH_3COOH(醋酸)	60.05
K_2SO_4	174.25	$NaNO_2$	69.00	$H_2C_2O_4 \cdot H_2O$(草酸)	126.07
$MgCO_3$	84.31	$NaNO_3$	85.00	$KHC_4H_4O_6$(酒石酸氢钾)	188.15
$MgCl_2$	95.21	Na_2O	61.98	$KHC_8H_4O_4$(邻苯二钾酸氢钾)	204.44
$MgCl_2 \cdot 6H_2O$	203.30	NaOH	40.00	$Na_2C_2O_4$(草酸钠)	134.00
$MgSO_4 \cdot 7H_2O$	246.47	I_2	253.81	$NaC_7H_5O_2$(苯甲酸钠)	144.41
MgO	40.304	Br_2	159.80	$Na_2C_6H_5O_7 \cdot 2H_2O$(枸橼酸钠)	294.02
$Mg(OH)_2$	58.32	Cl_2	70.90		

附录三 常用化学试剂的配制

1. 酸碱试剂溶液的配制

名称	相对密度(20℃)	浓度/(mol/L)	质量分数	配制方法
浓盐酸(HCl)	1.19	12	0.3723	
稀盐酸(HCl)	1.10	6	0.200	浓盐酸500mL,加纯化水稀释至1000mL
稀盐酸(HCl)	—	3	—	浓盐酸250mL,加纯化水稀释至1000mL
稀盐酸(HCl)	1.036	2	0.0715	浓盐酸167mL,加纯化水稀释至1000mL
浓硝酸(HNO_3)	1.42	16	0.6980	
稀硝酸(HNO_3)	1.20	6	0.3236	浓硝酸375mL,加纯化水稀释至1000mL
稀硝酸(HNO_3)	1.07	5	0.1200	浓硝酸127mL,加纯化水稀释至1000mL
浓硫酸(H_2SO_4)	1.84	18	0.956	
稀硫酸(H_2SO_4)	1.18	3	0.248	将浓硫酸167mL慢慢倒入800mL纯化水中,边加边搅拌,然后加纯化水稀释至1000mL
稀硫酸(H_2SO_4)	1.08	1	0.0927	将浓硫酸53mL慢慢倒入800mL纯化水中,边加边搅拌,然后加纯化水稀释至1000mL
冰醋酸(CH_3CCOH)	1.05	17	0.995	
稀醋酸(CH_3CCOH)	—	6	0.350	冰醋酸353mL,加纯化水稀释至1000mL
稀醋酸(CH_3CCOH)	1.016	2	0.1210	冰醋酸118mL,加纯化水稀释至1000mL
浓磷酸(H_3PO_4)	1.69	14.7	0.8509	
浓氨水($NH_3 \cdot H_2O$)	0.90	15	0.25～0.27	
稀氨水($NH_3 \cdot H_2O$)	—	6	0.10	浓氨水400mL,加纯化水稀释至1000mL
稀氨水($NH_3 \cdot H_2O$)	—	2	—	浓氨水133mL,加纯化水稀释至1000mL
稀氨水($NH_3 \cdot H_2O$)	—	1	—	浓氨水67mL,加纯化水稀释至1000mL
氢氧化钠(NaOH)	1.22	8	0.197	氢氧化钠250g溶于水后,加纯化水稀释至1000mL
氢氧化钠(NaOH)	—	2	—	氢氧化钠80g溶于水后,加纯化水稀释至1000mL
氢氧化钠(NaOH)	—	1	—	氢氧化钠80g溶于水后,加纯化水稀释至1000mL
氢氧化钾(KOH)	—	2	—	氢氧化钾112g溶于水后,加纯化水稀释至1000mL

2. 指示剂的配制

名　称	配制方法
甲基橙	取甲基橙 0.1g,加纯化水 100mL 溶解后,过滤即可
酚酞	取酚酞 1g,加 95％的乙醇 100mL 溶解后即可
铬酸钾	取铬酸钾 5g,加纯化水溶解,稀释至 100mL 即可
硫酸铁铵	取硫酸铁铵 8g,加纯化水溶解,稀释至 100mL 即可
铬黑 T	取铬黑 T 0.2g,溶于 15mL 的三乙醇胺及 5mL 甲醇中即可
钙指示剂	取钙指示剂 0.1g,加氯化钠 10g,混合研磨均匀即可
淀粉	取淀粉 0.1g,加纯化水 5mL 搅匀后,慢慢加入到 100mL 沸水中,边加边搅拌,煮沸 2min,放置至室温,取上层清液使用(应临用时配制)
碘化钾淀粉	取碘化钾 0.5g,加新配制的淀粉指示液 100mL,搅拌溶解即可。本液配制超过 24h 后不能再使用

3. 洗液的配制

取工业重铬酸钾 10g,溶解于 30mL 热水中,冷却至室温后,边搅拌边慢慢加入浓硫酸 170mL,溶液呈暗红色即可（将溶液储存于玻璃瓶中保存）。

参 考 文 献

[1] 李发美. 分析化学. 北京：人民卫生出版社，2012.
[2] 谢庆娟，杨其绛. 分析化学. 北京：人民卫生出版社，2008.
[3] 石宝珏. 无机与分析化学基础. 北京：人民卫生出版社，2008.
[4] 李维斌. 分析化学. 北京：高等教育出版社，2005.
[5] 刘珍. 化验员读本化学分析. 北京：化学工业出版社，2012.
[6] 刘瑞雪. 化验员习题集. 北京：化学工业出版社，2012.
[7] 李继睿，李赞忠. 化工分析. 北京：化学工业出版社，2008.
[8] 钱芳. 分析化学. 北京：北京大学医学出版社，2011.
[9] 李锡霞. 分析化学. 北京：人民卫生出版社，2002.
[10] 李培阳. 药物分析化学. 北京：人民卫生出版社，2002.
[11] 王世渝. 分析化学. 北京：中国医药科技出版社，2000.
[12] 潘国石. 分析化学. 北京：人民卫生出版社，2010.
[13] 邱细敏. 分析化学. 北京：中国医药科技出版社，2006.
[14] 周纯宏. 无机与分析化学基础. 北京：科学出版社，2009.
[15] 张龙. 分析化学. 北京：高等教育出版社，2012.
[16] 胡运昌. 药用基础化学. 北京：化学工业出版社，2010.
[17] 孙毓庆，分析化学. 北京：人民卫生出版社，1999.
[18] 孙毓庆. 分析化学实验. 北京：人民卫生出版社，1994.
[19] 席先荣. 分析化学. 北京：中国中医药出版社，2006.
[20] 李冬洪. 定量分析技术. 北京：中国医药科技出版社，2007.
[21] 四川大学化工学院. 分析化学实验. 北京：高等教育出版社，2003.
[22] 马长华，曾元儿. 分析化学. 北京：科学出版社，2005.
[23] 王慧文. 卫生检验员. 北京：人民军医出版社，2008.
[24] 吕杰，谢庆娟. 分析化学及实验技术. 北京：人民军医出版社，2012.
[25] 闫冬良，王润霞. 分析化学. 北京：人民卫生出版社，2015.